Vechtaer Beiträge zur Gerontologie

Reihe herausgegeben von
F. Frerichs
E. Kalbe
S. Kirchhoff-Kestel
H. Künemund
H. Theobald
U. Fachinger

Vechta, Deutschland

Die Gerontologie ist eine noch junge Wissenschaft, die sich mit Themen des individuellen und gesellschaftlichen Alterns befasst. Die Beiträge in dieser Reihe dokumentieren den Stand und Perspektiven aus verschiedenen wissenschaftlichen Blickwinkeln. Zielgruppe sind nicht nur Forschende und Lehrende in der Gerontologie, sondern auch in den Bezugswissenschaften – insbesondere aus der Soziologie, Psychologie, Ökonomik, Demographie und den Politikwissenschaften – sowie Entscheidungsträger in Politik und Verwaltung.

Weitere Bände in der Reihe http://www.springer.com/series/13099

Harald Künemund · Uwe Fachinger
(Hrsg.)

Alter und Technik

Sozialwissenschaftliche
Befunde und Perspektiven

Herausgeber
Harald Künemund
Vechta, Deutschland

Uwe Fachinger
Vechta, Deutschland

Vechtaer Beiträge zur Gerontologie
ISBN 978-3-658-21053-3   ISBN 978-3-658-21054-0 (eBook)
https://doi.org/10.1007/978-3-658-21054-0

Die Deutsche Nationalbibliothek verzeichnet diese Publikation in der Deutschen National-bibliografie; detaillierte bibliografische Daten sind im Internet über http://dnb.d-nb.de abrufbar.

Springer VS
© Springer Fachmedien Wiesbaden GmbH, ein Teil von Springer Nature 2018
Das Werk einschließlich aller seiner Teile ist urheberrechtlich geschützt. Jede Verwertung, die nicht ausdrücklich vom Urheberrechtsgesetz zugelassen ist, bedarf der vorherigen Zustimmung des Verlags. Das gilt insbesondere für Vervielfältigungen, Bearbeitungen, Übersetzungen, Mikroverfilmungen und die Einspeicherung und Verarbeitung in elektronischen Systemen.
Die Wiedergabe von Gebrauchsnamen, Handelsnamen, Warenbezeichnungen usw. in diesem Werk berechtigt auch ohne besondere Kennzeichnung nicht zu der Annahme, dass solche Namen im Sinne der Warenzeichen- und Markenschutz-Gesetzgebung als frei zu betrachten wären und daher von jedermann benutzt werden dürften.
Der Verlag, die Autoren und die Herausgeber gehen davon aus, dass die Angaben und Informationen in diesem Werk zum Zeitpunkt der Veröffentlichung vollständig und korrekt sind. Weder der Verlag noch die Autoren oder die Herausgeber übernehmen, ausdrücklich oder implizit, Gewähr für den Inhalt des Werkes, etwaige Fehler oder Äußerungen. Der Verlag bleibt im Hinblick auf geografische Zuordnungen und Gebietsbezeichnungen in veröffentlichten Karten und Institutionsadressen neutral.

Gedruckt auf säurefreiem und chlorfrei gebleichtem Papier

Springer VS ist ein Imprint der eingetragenen Gesellschaft Springer Fachmedien Wiesbaden GmbH und ist Teil von Springer Nature
Die Anschrift der Gesellschaft ist: Abraham-Lincoln-Str. 46, 65189 Wiesbaden, Germany

Inhaltsverzeichnis

Vorwort 7

Harald Künemund & Uwe Fachinger
Einleitung 9

Grundlegende Perspektiven und ökonomische Einschätzungen

Rolf G. Heinze
Alter und Technik 15

Josef Hilbert, Denise Becka, Michael Cirkel & Elke Dahlbeck
Alter und Technik: Perspektiven der Gesundheitswirtschaft 33

Uwe Fachinger
Altern und Technik: Anmerkungen zu den ökonomischen Potentialen 51

Tanja Bratan & Sven Wydra
Gesamtgesellschaftliche Auswirkungen des medizintechnischen Fortschritts . 69

Erfahrungen und Befunde aus der Forschung

Helga Pelizäus-Hoffmeister
Wechselbeziehungen zwischen den Technikdeutungen und dem Technikeinsatz Älterer 91

Annette Spellerberg & Lynn Schelisch
PAUL und die Frauen 113

Andreas Hoff, Sue Yeandle, Kate Hamblin & Emma-Reetta Koivunen
Das AKTIVE-Projekt – Maßgeschneiderte assistive Technologien für sturzgefährdete und demenzkranke ältere Menschen in Großbritannien 129

Sibylle Meyer
Technische Assistenzsysteme zu Hause – warum nicht? Vergleichende
Evaluation von 14 aktuellen Forschungs- und Anwendungsprojekten 147

Diego Compagna
Partizipation und Moderne: Nutzerorientierte Technikentwicklung als
missverstandene Herausforderung 177

Cordula Endter
How older people matter – Nutzer- und Nutzerinnenbeteiligung in AAL-
Projekten 207

Verzeichnis der Autorinnen und Autoren 227

Vorwort

Seit mehreren Jahrzehnten schon werden die demographische Alterung der Gesellschaft wie auch das individuelle Altern als Problem, gelegentlich aber auch als Chance thematisiert. Obgleich die Gerontologie – verstanden als multidisziplinäre wissenschaftliche Auseinandersetzung mit Fragen des individuellen und des gesellschaftlichen Alter(n)s – eine gewisse Expertise in diesen Bereichen für sich reklamieren kann, ist sie dennoch in manchen gesellschaftlichen Bereichen und anderen Fachdisziplinen eher unbekannt oder außenstehend. Dies gilt auch für den Bereich Alter und Technik, wo zwar Sozialwissenschaftler/-innen seit längerem (und zunehmend) beteiligt sind, sich deren Rolle aber oftmals auf die „Begleitforschung" beschränkt.

Für die Jahrestagung des Instituts für Gerontologie im Jahr 2014 hatten wir die Möglichkeit, eine Reihe von Wissenschaftler/-innen aus den Bereichen der Ökonomik, Soziologie und Gerontologie zusammenzubringen, die – wie wir selbst auch – im Feld „Alter und Technik" über die genannte Rolle der Begleitforschung hinaus in der Forschung tätig sind. Schon damals war ausgemacht, dass die (damals aktuellen) Ergebnisse in diesem Sammelband zusammengetragen werden sollten, doch leider hinderten uns alterskorrelierte Entwicklungen, diesen Plan auch unmittelbar umzusetzen. Einige Beträge sind daher bereits 2014, andere – auch von Autorinnen und Autoren, die seinerzeit nicht dabei waren – in den Jahren 2015–2017 fertiggestellt worden, die Zusammenstellung des Bandes musste mehrmals ungeplant unterbrochen werden. Wir sind aber umso mehr erleichtert und froh, dass diese Zusammenstellung von Perspektiven, Befunden und Erfahrungen nunmehr erscheint, und danken allen Autorinnen und Autoren für ihre Geduld. Unser Dank gilt ebenfalls Kira Baresel für die Unterstützung bei der Erstellung des druckfähigen Manuskripts, unseren Kolleginnen und Kollegen im Institut für Gerontologie für die Unterstützung des Projekts, sowie insbesondere der Lektorin Dr. Elke Flatau, die wir mehrfach verströsten mussten.

Vechta, im August 2017

Harald Künemund & Uwe Fachinger

Einleitung

Harald Künemund & Uwe Fachinger

Als George Lawton vor rund 70 Jahren sein Buch „Aging sucessfully" veröffentlichte, hat er vermutlich nicht damit gerechnet, dass „erfolgreiches Altern" – eigentlich ja eine ausgesprochen ambivalente Formulierung – als Konzept und Leitbild heute derart erfolgreich sein würde. Erfolgreiches Altern meint derzeit meist Verzögerung und Kompensation alterskorrelierter Funktionseinbußen, und es wird seit längerem gezielt Technik entwickelt, die genau dies fördern und unterstützen soll.[1] Dabei ging es Lawton hauptsächlich darum, die individuelle Bewältigungskompetenz für ansonsten widrige Lebensumstände zu verbessern – eindrücklich in zehn Hinweisen für das erfolgreichen Altern am Ende des Buches festgehalten, die sämtlichst – quasi im Alleingang – individuell umzusetzen sind. Wichtig waren ihm dabei aber auch: „grow old aggressively, creatively, social-mindedly" (Lawton 1946: 6).

Als Beobachter der aktuellen Entwicklung assistiver Alltagstechnologien und Assistenzsysteme im Kontext des demographischen Wandels hat man bisweilen den Eindruck, dem Konzept „erfolgreiches Altern" fehlt in diesem Zusammenhang heute genau dies: Aggressivität, Kreativität, Wohlfahrtsorientierung. Allzu oft werden mit den Technologien negative Stereotype des Älterwerdens und der Hochaltrigkeit adressiert – etwa Einsamkeit, Pflegebedürftigkeit und Gebrechlichkeit oder Demenz – und dann letztlich in die neuen Technologien quasi als Erkennungsmerkmale mit hineinkonstruiert. Die potentiellen Nutzer assoziieren dann nicht nur diese negativen Aspekte des Alters – Einsamkeit, Pflegebedürftigkeit, Gebrechlichkeit oder Demenz –, sondern befürchten manchmal sogar noch den Verlust „echter" sozialer Beziehungen (etwa dass die Ärzte oder Kinder nur noch über die Technik virtuell verfügbar sind), neue Abhängigkeiten (vom Funktionieren der Technik und den entsprechenden Dienstleistern), oder auch Überwachung, Resignation, Passivität, Unproduktivität (Künemund & Tanschus 2013) – u.E. ebenfalls wichtige Gründe für die ausbleiben-

---

[1] Die Verbindung von Alter und Verlusten wird z.B. prägnant zugespitzt im Titel der Arbeit von Karmarkar et al. (2008): „Technology for successful aging and disabilities". Die Vermeidung der vermeintlich alterstypischen Verluste ist offensichtlich der Erfolg; dieser will erarbeitet oder erkauft werden. Die Kehrseite dieser Betonung ist fraglos eine Individualisierung sozialer Ungleichheit: Wer das im Bedarfsfall nicht kann, altert nicht erfolgreich (vgl. hierzu z.B. Schroeter 2004). Diese Ambivalenz und daraus resultierende potentielle Diskriminierung steckt auch in ähnlichen Begriffen wie z.B. dem „produktiven" Altern (vgl. z.B. Künemund 2000: 279) – eine Kritik, die in den letzten 10 Jahren insbesondere aus dem Jenaer Umfeld sehr pointiert (und einseitig) formuliert wird (vgl. exemplarisch van Dyk 2009).

© Springer Fachmedien Wiesbaden GmbH, ein Teil von Springer Nature 2018
H. Künemund und U. Fachinger (Hrsg.), *Alter und Technik*, Vechtaer Beiträge zur Gerontologie, https://doi.org/10.1007/978-3-658-21054-0_1

de Nachfrage nach derartigen Produkten von Seiten der Älteren. Zudem steht zu befürchten, dass sich besserverdienende oder gut situierte Ältere dann das Leben mit neuen Technologien angenehmer machen, während einkommens- und vermögenschwächere Gruppen weiter auf informelle Hilfen angewiesen bleiben, insbesondere aus der Familie – bestehende soziale Ungleichheiten würden somit vertieft, und zwar nicht nur auf Seiten der Älteren, sondern betroffen wären vermutlich auch jene Kinder der geburtenstarken 1960er Jahrgänge, die sich fehlende Unterstützung nicht am Markt kaufen können (vgl. Künemund 2006).

Dennoch haben die neuen Technologien das Potential für beides, Nutzen und auch Schaden (vgl. Rogers & Fisk 2003: 1). Um die negativen Aspekte zu minimieren und die positiven zu stärken, muss eine ganze Reihe von Rahmenbedingungen gegeben sein: Die Technologien müssen reale Probleme adressieren, möglichst ohne Nebenwirkungen und unerwünschte Konsequenzen zur Problemlösung beitragen, idealiter auch modular erweiterbar sich verändernden Situationen anpassen können, unaufwändig nachrüstbar und vielleicht auch für kurze Zeiträume mietbar sein, möglichst wartungsfrei, und informationelle Selbstbestimmung und Datenschutz müssen auch dann noch gewährleistet sein. Der erfolgreiche Einsatz „intelligenter" IT-basierter Assistenzsysteme erfordert somit – neben der Lösung einer Vielzahl technischer Herausforderungen – auch eine konsequente Berücksichtigung der Nutzerbedarfe, der Nutzerakzeptanz, der Einbettung in medizinische und pflegerische Versorgungsstrukturen, der Wohnumgebung und Netzwerke sowie eine Berücksichtigung ökonomischer, juristischer und ethischer Aspekte, sowie nicht zuletzt eine langfristige Evaluation der Wirkungen.[2]

Ein solcher Aufwand und die nötige Multidisziplinarität sind in der Praxis der Forschung extrem selten anzutreffen. Auch in diesem Band sind nicht alle Perspektiven berücksichtigt, nicht alle relevanten Wissenschaftsdisziplinen vertreten oder gar in einem interdisziplinären Diskurs. Das Ziel ist bescheidener – die Notwendigkeit und Sinnhaftigkeit sozialwissenschaftlicher Beteiligung im Prozess der Technikentwicklung soll herausgestellt werden, um die Diskussion über die angemessenen Methoden der Nutzereinbindung in der Technikentwicklung breiter führen zu können. Zu diesem Zweck werden zunächst ökonomische Perspektiven auf das Thema, dann Erfahrungen aus konkreten Projekten in das Zentrum gestellt, insbesondere hinsichtlich der Nutzereinbindung.

Im ersten Teil des Bandes gibt *Rolf G. Heinze* zunächst einen Überblick zum Feld Alter und Technik, dem Hintergrund dieser Entwicklung und den Technologien selbst, die hier entwickelt werden. Er stellt dabei die Potentiale in den Mittelpunkt und plädiert u.a. für eine intensivere Zusammenarbeit mit der Woh-

---

[2] Man könnte freilich auch noch weiter gehen und auf politische und gesamtgesellschaftliche Rahmenbedingungen zu sprechen kommen – Technik kann ansonsten ja für jedes Ziel instrumentalisiert werden – und auch die Entwicklung der Technik selbst muss durchaus kritisch gewürdigt werden (grundlegend z.B. Horkheimer & Adorno 1947).

nungswirtschaft und für den Aufbau von Unterstützungsnetzwerken, „sorgenden Gemeinschaften", auch unter Beteiligung der Kostenträger.[3] Er sieht die Technikentwicklung auf gutem Wege und moniert eher Umsetzungsprobleme, aber auch das Fehlen längsschnittlich angelegter Forschung.

Josef Hilbert, Denise Becka, Michael Cirkel & Elke Dahlbeck rücken die Gesundheitswirtschaft in den Mittelpunkt. Vor dem Hintergrund der demographischen Entwicklung vermuten sie hier eine Zukunftsbranche und favorisieren – ganz im Einklang mit der Argumentation von Rolf G. Heinze – kommunale Gesundheitswirtschaft und regionale Gesundheitsnetzwerke sowie eine zunehmende Bedeutung der privaten Haushalte als Gesundheitsstandort. Umbaumaßnahmen für z.b. Barrierefreiheit, Telemedizin und „Ambient Assisted Living" (AAL) böten enorme Potentiale. Moniert wird u.a. ein fehlendes Wissen auf Seiten der Technikentwickler, insbesondere im Hinblick auf ökonomische Aspekte, und auch hier werden Vernetzung und Kooperation im gesamten Prozess der Forschung und Entwicklung gefordert, mithin also Multi- und Interdisziplinarität in der Praxis.

Uwe Fachinger behandelt in seinem Beitrag die ökonomischen Potentiale assistierender Techniken und zeigt die theoretisch-konzeptionelle Aspekte auf, die bei der Abschätzung zu berücksichtigen wären. Anhand von ausgewählten Beispielen werden die Höhe des Umsatzpotentials und die gesamtwirtschaftliche Bedeutung von Assistenzsystemen aufgezeigt. Eine gewisse Skepsis gegenüber den positiven Voraussagen ist seiner Ansicht nach angebracht, da Innovationen im Bereich dieser Techniken in Kombination mit der Veränderung der demographischen Struktur nicht zwangsläufig zur Realisierung der ökonomischen Potentiale führen. Er kommt zu dem Ergebnis, dass insgesamt gesehen nur eine sehr grobe Abschätzung des ökonomischen Potentials von assistierenden Technologien möglich ist.

Tanja Bratan & Sven Wydra fokussieren die gesamtgesellschaftlichen Auswirkungen des medizintechnischen Fortschritts und kommen zu dem Schluss, dass der medizintechnische Fortschritt an sich nicht zu einer Kostenexplosion führt und sich die Effizienz des Einsatzes von Innovationen zur Erhöhung des gesamtgesellschaftlichen Nutzens durchaus steigern lässt. Diesbezüglich werden Handlungsoptionen für die Gestaltung der Rahmenbedingungen zur besseren Inovationsdiffusion abgeleitet.

Im zweiten Teil des Bandes stehen die Erfahrungen bei der Entwicklung der Technik und der Nutzereinbindung im Zentrum. *Helga Pelizäus-Hoffmeister* kritisiert, dass die Perspektive der potenziellen Nutzer zu wenig Beachtung findet. Bedürfnisse und Technikdeutungen der Älteren sollten bei der Entwicklung

---

[3] Es sei an dieser Stelle angemerkt, dass die multi- und interdisziplinär orientierte Gerontologie Fachkräfte auch genau für solche Aufgaben ausbildet – die Vernetzung setzt geradezu zwingend voraus, dass die Akteure nicht allein z.B. die ökonomische oder psychologische Perspektive kennen und vertreten (vgl. hierzu auch Künemund & Schroeter 2015).

der Technik stärker Berücksichtigung finden, und genau diese Aspekte werden von ihr empirisch angegangen. Dabei lassen sich hinsichtlich der Technikdeutungen wie auch der Motive der Techniknutzung Typen identifizieren, an denen sich die Technikentwicklung orientieren könnte – ein eindrücklicher Beleg für den Nutzen offener, qualitativer Methoden in diesem Feld.

Annette Spellerberg & Lynn Schelisch berichten über eines der in Deutschland wohl bekanntesten, wahrscheinlich am frühesten umfassend in der Praxis erprobten Projekte – den Persönlichen Assistent für Unterstütztes Leben (PAUL). Sie zeigen, dass – entgegen einem gängigen Vorurteil – Frauen die Technik sehr wohl zu nutzen wissen und PAUL gewissermaßen zu einem „Mitbewohner" machen, die Technik aber unterschiedlichen Nutzen für die Geschlechter zu bieten scheint. Sie betonen, dass die Technik neben z.B. Gesundheit und Sicherheit weitere Potentiale entfalten kann, nämlich u.a. Empowerment, Selbstbestätigung und Freude, betonen mithin also auch positive Aspekte eines erfolgreichen Alterns.

Andreas Hoff, Sue Yeandle, Kate Hamblin & Emma-Reetta Koivunen stellen ein Projekt aus Großbritannien vor, in dem assistive Technologien für sturzgefährdete und demenzkranke ältere Menschen entwickelt wurden. Sie zeigen anhand eines modernen Notrufsystems, dass es auf Seiten der Technikentwickler und –produzenten dort ebenfalls an Kenntnissen über die Lebenslagen und Bedarfe der potentielle Nutzer mangelt, also gerontologische Expertise nötig ist, und schreiben Telecare ein erhebliches Potential zu, pflegebedürftige Menschen und ihre Angehörigen und Netzwerke zu unterstützen. Sie verweisen aber auch auf die Notwendigkeit, die Technik vor Ort an die jeweils spezifischen Bedarfe anzupassen. Dann, wenn es richtig gemacht werde, könne für viele ältere Menschen eine Verbesserung der Lebensqualität erreicht werden.

Sibylle Meyer hat vor dem Hintergrund ihrer langjährigen Tätigkeit im Feld Alter und Technik 14 Projekte vergleichend evaluiert, die – ausgewählt aus 59 Projekten, die im Bereich der Wohnungswirtschaft identifiziert werden konnten – als „best practice" Beispiele gelten können. Dabei wurden u.a. 90 Haushalte untersucht, in denen ganz verschiedene Technologien zum Einsatz kamen. Festgestellt wird eine hohe Attraktivität insbesondere in den Bereichen Sicherheit und Komfort, aber die Nutzung bleibe hinter den Erwartungen zurück – u.a. aufgrund schlechter Anpassung der Benutzerschnittstellen, fehlender Anpassung an die Bedarfe vor Ort oder Datenschutzerwägungen, aber vor allem aufgrund geringer Kenntnisse über die aktuelle Technik. Sie plädiert entsprechend für Verkaufsstellen, an denen der Nutzen plausibilisiert werden könnte, für breiter angelegte Studien, die die Wirksamkeit nachweisen können, sowie für die Vermeidung von Altersstereotypen in der Vermarktung bezahlbarer Lösungen.

Diego Compagna kritisiert die gängige Praxis der Nutzereinbindung: Die Nutzer würden zwar zur Legitimation der Forschung (und der Akquise der Forschungsgelder) benötigt, stünden aber oftmals nicht im Zentrum der Entwicklungen, die zudem meist längerfristigen Entwicklungslinien folgen würde. Er plädiert vor diesem Hintergrund genau nicht für eine stärkere Einbindung der Älteren am Beginn der Entwicklung, sondern favorisiert die Verwendung von Szenarios. Erst im weiteren Verlauf der Entwicklung sollten die potentielle Nutzer/-innen – und dann intensiver als bisher üblich – einbezogen werden. Ertrag und Probleme werden an einem Beispiel ausgeführt und theoretisch fundiert.

Cordula Endter weist demgegenüber darauf hin, dass gerade dieses Einbinden der älteren Nutzer/-innen während der Erprobungsphase problematisch ist: Die Technikerentwickler/-innen bringen nicht nur ihre (Vor-)Urteile über das Alter(n) in die Ideen ein, sondern konstruieren gleichzeitig auch ein technikgerechtes Alter(n), welches dann ebenfalls in die Technologien eingeschrieben wird. Sie bezeichnet diese Problematik als doppelten Einschreibungsprozess und fordert entsprechend, die Beteiligten aus Technikentwicklung, sozialwissenschaftlicher Forschung, Dienstleistung und auch die Nutzer/-innen als handelnde Akteure in einem gemeinsamen Gestaltungsprozess zu thematisieren und diese Prozesse in den Forschungs- und Entwicklungsprojekten systematisch in den Blick zu nehmen.

Diese letzte Position macht noch einmal besonders deutlich, wie komplex die Frage der Nutzereinbindung ist: Es hilft nicht, willkürlich potentielle Nutzer/-innen einzubeziehen, wenn der Prozess der Einbindung eine „black box" bleibt. Man kann daraus die Konsequenz ziehen, die Nutzereinbindung auf ein Minimum zu beschränken, wird aber u.E. vermutlich dann am Markt nicht besonders erfolgreich sein. Dass Marketingstrategien die Mängel kompensieren können, würden wir eher bezweifeln. Eine Typisierung – wie im Beitrag von Helga Pelizäus-Hoffmeister demonstriert – wäre ein gangbarer Weg, wenn die Anzahl der zu berücksichtigenden Typen klein und die Situationen in sich weniger komplex und sozial differenziert sind. Dann wären sie vielleicht auch über Szenarios einzufangen bzw. zu übersetzen. Aus unserer Sicht aber liegt eine andere Konsequenz näher: Eine detaillierte Problemanalyse müsste am Beginn der Entwicklung stehen, nicht eine technische Machbarkeit oder ein Stereotyp (oder ein stereotypes „Szenario") des Alter(n)s. Für die identifizierten Problemursachen könnten dann hypothetische Lösungen entworfen werden, bevor es überhaupt an die Entwicklung der Technologie geht (ausführlich hierzu: Künemund 2015). Dies kann freilich keine Aufgabe der Technik sein, es wäre eher eine der Gerontologie, idealiter aber ein multidisziplinäres Unterfangen.

Die Diskussionen um die Nutzereinbindung müssen u.E. also wohl weiter geführt werden, auch wenn einige Lösungsvorschläge schon längst in die einschlägigen Projekthandreichungen (Glende et al. 2011) oder sogar Normierungen übernommen wurden, etwa in die deutsche „Normungs-Roadmap AAL" (VDE 2014). Unser Wissen bleibt in der Entwicklung.

Literatur

Glende, Sebastian, Christoph Nedopil, Beatrice Podtschaske, Maria Stahl, Wolfgang Friesdorf & Beatrice Podtschaske (2011): Erfolgreiche AAL-Lösungen durch Nutzerintegration – Ergebnisse der Studie „Nutzerabhängige Innovationsbarrieren im Bereich Altersgerechter Assistenzsysteme". Berlin: Technische Universität Berlin.

Horkheimer, Max & Theodor W. Adorno (1947): Dialektik der Aufklärung. Amsterdam: Querido.

Karmarkar, Arnol, Eliana Chavez & Rory A. Cooper (2008). Technology for successful aging and disabilities. In: Abdelsalam Helal, Mounir Mokhtari and Bessam Abdulrazak (eds.): The engineering handbook of smart technology for aging, disability, and independence. New York: Wiley, 27–48.

Künemund, Harald (2000): „Produktive" Tätigkeiten. In: Martin Kohli & Harald Künemund (Hrsg.): Die zweite Lebenshälfte – Gesellschaftliche Lage und Partizipation im Spiegel des Alters-Survey. Opladen: Leske + Budrich, 277–317.

Künemund, Harald (2006): Changing welfare states and the „Sandwich Generation" – increasing burden for the next generation? In: International Journal of Aging and Later Life, 1 (2), 11–30.

Künemund, Harald (2015): Chancen und Herausforderungen assistiver Technik – Nutzerbedarfe und Technikakzeptanz im Alter. In: Technikfolgenabschätzung – Theorie und Praxis, 24 (2), 28–35.

Künemund, Harald & Klaus R. Schroeter (2015): Gerontologie – Multi-, Inter- und Transdisziplinarität in Theorie und Praxis? In: Zeitschrift für Gerontologie und Geriatrie, 48 (3), 215–219.

Künemund, Harald & Nele Marie Tanschus (2013): Gero-technology: Old age in the electronic jungle. In: Kathrin Komp & Marja Aartsen (eds.): Old Age In Europe: A Textbook of Gerontology. New York: Springer, 97–112

Lawton, George (1946): Aging successfully. New York: Columbia University Press.

Rogers, Wendy A. & Arthur D. Fisk (2003): Technology design, usability, and aging: human factors techniques and considerations. In: Neil Charness & Warner K. Schaie (eds): Impact of technology on successful aging. New York: Springer, 1–14.

Schroeter, Klaus R. (2004): Zur Doxa des sozialgerontologischen Feldes: Erfolgreiches und produktives Altern – Orthodoxie, Heterodoxie oder Allodoxie? In: Zeitschrift für Gerontologie und Geriatrie, 37 (1), 51–55.

van Dyk, Silke (2009): Das Alter: adressiert, aktiviert, diskriminiert: Theoretische Perspektiven auf die Neuverhandlung einer Lebensphase. In: Berliner Journal für Soziologie, 19 (4), 601–625.

VDE – Verband der Elektrotechnik Elektronik Informationstechnik e.V. (2014): Die deutsche Normungs-Roadmap AAL (Ambient Assisted Living). Berlin: VDE.

Alter und Technik

Rolf G. Heinze

1 Einleitung

Der Beitrag konzentriert sich auf Techniken, die das selbstständige Wohnen im Alter unterstützen, mögliche altersbedingte Einschränkungen und damit die Lebensqualität Älterer positiv beeinflussen können. Das Spektrum reicht von Hausnotrufsystemen bis hin zur Telemedizin. Obwohl gerade das Alter prädestiniert für den Einsatz flexibel unterstützender Technologien ist, werden in Deutschland jedoch Implementationsprobleme sichtbar. Einige liegen sicherlich in der mangelnden Berücksichtigung der Nutzerbedürfnisse (den Alltagsroutinen und Handlungskompetenzen Älterer) begründet. Darüber hinaus mangelt es generell an der notwendigen Kommunikation und Zusammenarbeit zwischen den verschiedenen Akteuren der Technikentwicklung und –verbreitung sowie den Technikkonsumenten. Die Relevanz der Koordination und interaktiven Vernetzung wird inzwischen auch in der techniksoziologischen Forschung betont (vgl. Rammert 2008a sowie die Beiträge in Blättel-Mink & Ebner 2009 und Howaldt & Jacobsen 2010).

Zunächst soll nicht ausgeblendet werden, dass der Beitrag neuer Technologien zur Verbesserung der Lebensqualität Älterer allerdings durchaus umstritten ist. Bislang hält sich eher hartnäckig die "Annahme, dass technischer Fortschritt im Allgemeinen und moderne Informationstechnologie im Besonderen eher unangemessene Ansprüche an ältere Menschen stellen als zu unterstützen" (Lindenberger et al. 2011a: 11). Dieser Zurückhaltung in vielen wissenschaftlichen Debatten steht allerdings ein wachsendes Interesse an neuen Wohntechnologien in den Medien, der Politik und der Wirtschaft gegenüber. Das „intelligente" Wohnen, „Smart-Home-Lösungen" o.ä. beanspruchen zudem, über die positiven Auswirkungen auf Sicherheit und ein von den meisten Älteren präferiertes selbstständiges Leben im Alter hinaus auch wirtschaftliche Chancen; „Welfare Technologies" seien ein Wachstumsmarkt (vgl. Heinze et al. 2011). Auch im Koalitionsvertrag von Ende 2013 der Großen Koalition wird das Thema altersgerechter Technik explizit angesprochen: „Wir wollen, dass ältere und pflegebedürftige Menschen ihren Alltag in der eigenen Wohnung weitgehend selbstbestimmt bewältigen können. Die Entwicklung von Angeboten altersgerechter Begleitung und technischer Unterstützungssysteme wollen wir daher weiter fördern und sie in den Leistungskatalog der Pflegeversicherung aufnehmen" (Koalitionsvertrag 2013: 84). Aber auch wenn viele Beobachter und beteiligte

Akteure (etwa aus der Informations- und Kommunikationswirtschaft und zunehmend auch der Wohnungsbranche) einen Durchbruch nach dem Motto „Der Markt ist reif" erwarten, stehen noch einige Stolpersteine oder sogar Barrieren der schnellen Umsetzung im Weg.

In diesem Beitrag sollen einerseits die Optionen technikunterstützender Assistenzsysteme für ein selbstständiges Leben und Wohnen im Alter skizziert und zum anderen deren Umsetzungsprobleme diskutiert werden. Bevor auf die soziodemographischen und soziologischen Herausforderungen durch neue „Wohlfahrtstechnologien" eingegangen wird, werden kurz die bedeutendsten Handlungsfelder umrissen. Folgende Anwendungen werden gegenwärtig im Umfeld des Wohnens unter Begriffen wie bspw. „Smart Homes" erprobt:[1]

Sicherheit
- Vernetzung von Rauch- und Gasmeldern, vernetzter Einbruchalarm
- An- und Abwesenheitssimulation mit zentraler Steuerung für Rollladen und Licht, Heizung, Warmwasser und Lüftung
- zentrale Verriegelung für die Wohnung/das Haus
- videogestützte Gegensprechanlage
- Hauskontrolle über internetbasierte Web-Cam

Kommunikation/Multimedia
- Ermöglichen von „Triple-Play" in den Wohnungen durch Anschlüsse für TV, Radio, Telefon und Internet
- Internet-Service-Plattformen zur Nutzung als „Schwarzes Brett" für das nahe Wohnumfeld, das Quartier
- Servicevermittlung über Servicezentralen oder Concierge

Komfort/Gebäudeautomation
- automatisierte Fernablesung und Abrechnung
- Hausfernbedienung, programmierbare Schalter
- Vernetzung mit Unterhaltungselektronik-Geräten

Energie
- Ferndiagnose der Haustechnik
- Smart Metering – Steuerung der Energieverbräuche und Darstellung auf einem Terminal/PC/Fernseher.

In Fragen der Nutzung der oben genannten Technologien wird in der Öffentlichkeit jedoch oft relativ pauschal von „den" Alten gesprochen und vergessen, dass

---

[1] Vgl. zur Debatte um „Smart Homes", „Intelligentes Wohnen" oder „Ambient Asisted Living" (AAL) die VDE-Roadmap vom November 2013 (VDE 2013).

sich die Gruppe der Älteren ausdifferenziert hat. Primär konzentrieren sich die folgenden Ausführungen auf die Gruppe der 65- bis 85-Jährigen und das Thema Wohnen. Die Wohnung und das nähere Wohnumfeld werden im Alter zunehmend zum Lebensmittelpunkt, im hohen Alter und bei Pflegebedürftigkeit oftmals zum alleinigen Lebensort. Damit verbunden steigen die Anforderungen an die Wohnqualität, vor allem in den Bereichen Sicherheit, Komfort, Bedienbarkeit von technischen Geräten und auch Bezahlbarkeit. Die Selbstständigkeit erhaltende Gestaltung der Wohnung kann durch Technik verbessert werden, wobei Technik primär als Alltagstechnik verstanden werden soll. Obwohl gerade das hohe Alter „weiblich" ist, werden Genderaspekte hinsichtlich der Techniknutzung nicht explizit angesprochen (vgl. hierzu Pelizäus-Hoffmeister 2013).

2 Demographische und soziale Hintergründe

Der demografische Trend ist eine wesentliche „driving force" des Dienstleistungs- und Technikbedarfs. So kann eine adäquat altengerecht gestaltete Wohnung – im Sinne eines präventiven Technik- und Dienstleistungseinsatzes – dazu beitragen, Hilfe- und Pflegebedürftigkeit zu vermeiden oder zumindest aufzuschieben. Allerdings ist die Bereitschaft, für das Leben im Alter und speziell die Wohnsituation voraus zu planen, auch relativ gering ausgeprägt – worauf empirische Befragungen hinweisen: „Fast zwei Drittel der Befragten lassen es "auf sich zukommen" und haben keine konkrete Planung für das Wohnen im Alter. Lediglich ein Sechstel der Befragten macht konkretere Pläne. Auch unabhängig vom Glauben und Familienstand, finanzieller Situation und Ausbildungsstand lässt eine deutliche Mehrheit der Befragten dieses Thema auf sich zukommen" (Tanzmann 2012: 92).

Im Zuge des demografischen Wandels wächst objektiv der Bedarf an unterstützenden Assistenzsystemen für altengerechtes Wohnen und Leben (AAL), denn auch die Zahl der chronisch Kranken nimmt schon durch die Zunahmen der Hochaltrigkeit zu. Neue technische Verfahren (wie bspw. die Telemedizin) können auch bei der Behandlung von Krankheiten wie Diabetes und Herzinsuffizienz eine große Hilfe sein, zumal die Zahl an Erkrankten weiter steigen wird (schon in den nächsten 10 bis 15 Jahren schätzen Experten die Steigerungsquoten bei Herzinsuffizienz auf über 50% und bei Diabetes auf knapp 40%). Durch Informations- und Kommunikationstechnologien sind neue Möglichkeiten gegeben, Patienten in deren privaten Lebenswelten durch die Fernüberwachung von Vitalparametern, durch kompetente Expertise sowie – wenn nötig – durch schnell eingeleitete Hilfsmaßnahmen und Interventionen zu unterstützen. Darüber hinaus können sie Haushalte so barrierefrei und anpassungsfähig machen, dass etliche Einschränkungen kompensiert werden können. Eine adäquat gestaltete Wohnung kann im Sinne eines präventiven Technik- und Dienstleistungseinsatzes auch dazu beitragen, Hilfe- und Pflegebedürftigkeit aufzuschieben bzw. besser zu „managen".

„Intelligent" wird eine Wohnumgebung dadurch, dass sie auf die Anwesenheit von Menschen reagiert und in Abhängigkeit von dessen Befindlichkeit unterschiedliche Dienste bereitstellt. Die Reaktionen und Dienste werden in der Regel durch Computer bereitgestellt, die für ihre Benutzer nahezu unsichtbar sind. Diese Computer sind untereinander vernetzt und verfügen über Sensoren, mit denen sie Informationen über ihre Umgebung sammeln und auswerten. Zusätzlich verfügen sie über Aktoren, mit denen sie ihre Umgebung beeinflussen können. So ist AAL in allen Lebensbereichen einsetzbar; von der Überwachung bis hin zur Meldung von Notfällen. Viele Wohnungen sind in den letzten Jahren *technisch aufgerüstet* worden und verfügen zunehmend über universelle informationstechnische Infrastrukturen. Mittlerweile ist die Schaffung eines Internetzugangs in (fast) jeder Bestandswohnung möglich. Auch bislang noch bestehende mentale Barrieren gegenüber den neuen Technologien werden sich in den nächsten Jahren sukzessive abbauen. Dies betrifft insbesondere die zukünftigen Älteren, die sich von den heutigen u.a. hinsichtlich der Aufgeschlossenheit gegenüber neuen Technologien signifikant unterscheiden.

Durch die Informations- und Kommunikationstechniken hat für einen Teil der personenbezogenen Dienstleistungen das Uno-actu-Prinzip an Bedeutung verloren. Immer mehr Dienstleistungen können auch von zu Hause aus ohne den direkten Kontakt zum Dienstleister in Anspruch genommen werden (z.B. telemedizinische Verfahren). Obwohl viele Experten darauf verweisen, dass die neue Technik (etwa bei Smartphones) weitaus besser zu bedienen sei, Technikkompetenz also schneller angeeignet werden kann, hat sich dieses Muster bei den meisten Älteren jedoch noch nicht durchgesetzt. Eher werden neue Anforderungen konstatiert:

Die technisch unterstützten Lösungen für mehr Komfort und Lebensqualität sowie eine bessere gesundheitliche Versorgung im Haushalt werden folglich einerseits objektiv wichtiger, stoßen andererseits aber auf viele subjektive Barrieren. Technische Assistenzsysteme werden jedoch nur dann erfolgreich sein, wenn für die Nutzer ein deutlicher Mehrwert entsteht, der nur in der Verbesserung der Lebensqualität und in einer leichteren Bewältigung alltäglicher Verrichtungen liegen kann. Darüber hinaus müssen die technischen Lösungen abgestimmt und verknüpft werden mit den Angeboten und Dienstleistungen der traditionellen Anbieter aus der Gesundheits- bzw. Seniorenwirtschaft (vgl. hierzu Heinze et al. 2011). Großes Interesse besteht schon heute an „einfach" anwendbaren Techniken (Rauchmelder, Einbruchmeldung etc.), komplexere Lösungen werden bislang kaum nachgefragt. Im Bereich der Sicherheitsdienstleistungen stoßen insbesondere Hausnotrufsysteme bei Senioren auf ein hohes Interesse –

insbesondere seit die Technik wesentlich vereinfacht wurde und auch mobil gut einsetzbar ist. Im Feld der technikgestützten Kommunikation gibt es im Haushalt schon seit Mitte der 1970er Jahre das Hausnotruf-System, das insbesondere geschaffen wurde, um bei gesundheitlichen Notfällen sofortige Hilfe zu organisieren. Die Hausnotrufsysteme können als Basis für ein vernetztes Wohnen im Alter aufgefasst werde. Die Entwicklung der technischen Komponenten geht hier weiter und bewegt sich in Richtung Telemedizin. Ziel ist die Verbesserung der Betreuungsqualität für spezifische Patientengruppen, die durch telemedizinische Verfahren in Kooperation mit den Haus- und Fachärzten sowie den Kliniken erreicht werden können.

Die Aufwertung der Wohnung als „dritter" Gesundheitsstandort (Heinze et al. 2009) kann aber nur gelingen, wenn bei der Umsetzung telemedizinischer Lösungen Ärzteverbände, Kostenträger (allen voran die Krankenkassen) und die Informations- und Kommunikationswirtschaft zusammenarbeiten und dabei die Nutzerperspektive integrieren. „Neben der Möglichkeit, in den eigenen vier Wänden zu leben, ist für ältere Menschen der Erhalt ihrer individuellen Mobilität ein wichtiger Faktor für eine spürbare Lebensqualität. Altersbedingte Funktionseinbußen führen bei den meisten Menschen zu einer eingeschränkten Mobilität in der eigenen Wohnung sowie unterwegs. Ältere Menschen mit temporären oder chronischen gesundheitlichen Beeinträchtigungen, die in den eigenen vier Wänden wohnen, verlassen in diesem Zeitraum immer weniger ihre Wohnung und dann meist nur mit Begleitung. Sie leben in ständiger Sorge, dass bei einer plötzlichen Verschlechterung ihres Gesundheitszustands unterwegs keine sofortige ärztliche Hilfe gewährleistet ist. Daher benötigen diese Menschen Systeme, die ihnen auch unterwegs die notwendige Sicherheit und damit das Gefühl der Selbstbestimmtheit geben. Neben den telemedizinischen Systemen kommt hier dem mobilen Notfallmanagement eine besondere Bedeutung zu. Hausnotrufsysteme haben sich als zuverlässiges Notrufinstrument für die eigenen vier Wände etabliert" (Müßig & Röhl 2011: 112; vgl. auch die Beiträge in Lindenberger et al. 2011). Dennoch sind bislang „nur" ca. 350 000 Haushalte bzw. Personen an ein Hausnotrufsystem angeschlossen. Mittlerweile ist für die Installation nur noch ein Telefonanschluss erforderlich, der in (fast) jeder Wohnung verfügbar ist. Die Akzeptanz dieser Dienstleistung steigt gerade bei den älteren Menschen über 70, was sicherlich auch damit zu tun hat, dass die Notrufsysteme relativ unauffällig geworden sind und die Anschlüsse auch kostengünstiger (z.T. werden sie auch von der Pflegekasse übernommen).

Neben Altersheimen und anderen Formen gemeinschaftlichen Wohnens im Alter bleiben das eigene Zuhause oder Zwischenlösungen (betreutes Wohnen) wichtig. Dafür müssen aber die Wohnungen adäquat baulich und technisch ausgestattet werden: „mitalternde" Wohnungen und eine gute Anbindung im Wohnquartier sind die Voraussetzungen, um das selbstbestimmte Wohnen im Alter zu realisieren. Dazu gehört auch ein entsprechender Einsatz technischer Assistenzsysteme. Wenngleich sich in Deutschland ein Sog hin zur Ausbreitung einer technischen Infrastruktur entfaltet hat, müssen noch einige Hindernisse überwunden werden. Verschiedene Umfragen bestätigen, dass das Wohnen in den eigenen vier Wänden nach wie vor die beliebteste Wohnform für Senioren darstellt. „Auch im hohen Lebensalter wohnt nur ein sehr kleiner Teil der Menschen in Versorgungsinstitutionen, die breite Mehrheit aber im privaten häuslichen Lebenszusammenhang – nämlich 96,6% der etwa 16 Mio. älteren Personen (65+) in Deutschland" (Zeman 2008: 297). Allerdings wird an dieser Präferenz einerseits auch der Anpassungsbedarf in baulicher Hinsicht und andererseits die Notwendigkeit zur Entwicklung neuer sozialer Dienstleistungsangebote und eben auch technischer Optionen deutlich, ohne die ältere Menschen nicht in der eigenen Wohnung oder dem eigenen Haus versorgt werden können. Sicherheit im Alter wird so in den verschiedenen Dimensionen (auch in gesundheitlicher Hinsicht) zu einem zentralen Thema. Hier werden zwar seit Jahren mit großem Aufwand Erprobungsprojekte durchgeführt, jedoch wird „die Rechnung häufig ohne den Wirt" gemacht: Es gelingt nicht die Angebote so zu dimensionieren, dass sie von Kostenträgern und Endkunden breitflächig akzeptiert werden. Die Ursachen könnten in einer zu starken Orientierung am technisch Machbaren und zu geringer Berücksichtigung der Präferenzen, Bedürfnisse und Interessen der potenziellen Nutzer – also der Älteren – liegen.

Technik, die in die eigene Lebenswelt und die Privatsphäre vordringt, kann schnell als Bedrohung empfunden werden – ein Grund, warum technische Lösungen nicht immer auf Akzeptanz bei potentiellen Nutzern stoßen. Für die Nutzer muss die Technik deshalb kontrollierbar, begreifbar und verlässlich sein. Vor allen Dingen aber muss sie funktionieren und das von Anfang an und in jeder denkbaren Situation. Für technische Assistenzsysteme muss also eine der obersten Prämissen die Funktionssicherheit und Bedienerfreundlichkeit sein. Darüber hinaus gilt auch hier: Die Gewährleistung von Datensicherheit und die klare und transparente Regelung von Zugriffsrechten ist eine unabdingbare Voraussetzung für die Akzeptanz.

Vergleichbare Länderbeispiele zeigen die für die Umsetzung notwendige enge Verflechtung zwischen dem Gesundheits-, Pflege- und dem Wohnungssektor. „Im schottischen Bezirk West Lothian ließ die Bezirksverwaltung zwischen 2002 und 2006 über 2.000 Wohnungen mit Sensoren versehen – für gerade einmal 2,1 Millionen Pfund. Installiert wurde ein einfaches Hausnotrufsystem, das die Daten von tragbaren Sturzsensoren, Bewegungs-, Rauch- und Gasmeldern im Notfall an ein Callcenter funkt. Dort beantwortet geschultes Personal Fragen und kontaktiert bei Bedarf Pfleger, Ärzte oder Angehörige. Die Technik konnte die durchschnittliche Aufenthaltsdauer in Pflegeheimen des Bezirks von 38 auf unter 10 Monate senken. Heute ist sie in 4.000 Wohnungen installiert. Dabei kostet die technische Betreuung weniger als halb so viel wie die Unterbringung in einem Pflegeheim. Nach dem Projektende in West Lothian hat die schottische Regierung den Ausbau der Alterstechnik landesweit gefördert. Mittlerweile haben über 30.000 Schotten Zugriff auf telemedizinische Dienstleistungen. Laut einer Studie des New Haven Research Center ließen sich in den letzten fünf Jahren eine halbe Million Krankenhaustage einsparen" (Gast 2013: 28).

Genau an dieser integrativen Vorgehensweise fehlt es allerdings in Deutschland und deshalb überrascht es nicht wirklich, dass viele der vom Bund geförderten AAL-Projekte nicht den (vor allem von Technikern) erwarteten Durchbruch in der Praxis schafften. Es gilt als unbestritten, dass für eine angemessene Bearbeitung des demographischen Wandels technische Produkt-, Prozess- und Marktinnovationen allein nicht ausreichen (vgl. die Beiträge in Hüther & Naegele 2013 sowie Bäcker & Heinze 2013). In Anbetracht der mit dem kollektiven Altern verbundenen neuen sozialpolitischen Handlungserfordernisse und Problemlagen müssen isolierte Strategien versagen. So weist bspw. die neueste Technik im Bereich des Wohnens und der Pflege älterer Menschen wenig Nutzen auf, wenn sie nicht von den jeweils Betroffenen beherrschbar ist oder nicht angenommen wird, was zwingend neue sozial-innovative Anwendungskonzepte erfordert.

3 Techniknutzung Älterer

Konsens besteht in der Einschätzung, dass die Potentiale altersgerechter Assistenzsysteme bislang zumeist im Projektstatus verbleiben. Es mangelt an der Regelumsetzung; hohe Hürden stehen noch im Weg, bevor die „Frühwarnsysteme" für ein angenehmeres Altwerden umgesetzt werden. Der Hinweis in der Techniksoziologie auf die Schwierigkeiten bei der Steuerung hybrider Systeme kann exemplarisch im Feld technischer Assistenzsysteme für ein selbstständiges Wohnen im Alter beobachtet werden. So rechnen viele Ältere Schwierigkeiten mit technischen Geräten (etwa dem Computer oder dem Handy) eher mangelnder eigener Kompetenz zu als der Technik. Gerade Hochaltrige entwickeln ein Gefühl der „Hilflosigkeit" und des „Ausgeliefertseins" und setzen sich ungern dieser Überforderung aus. Dies gilt umso mehr, als dass die jetzt Hochaltrigen noch nicht in gleichem Maße mit Computer und Handy vertraut sind. Nach den Daten der Generali-Altersstudie sind die unter-60-Jährigen mit Handys fast vollständig versorgt, während es bei den 80- bis 85-Jährigen nur gut ein Drittel ist (bei den 70- bis 74-Jährigen noch fast zwei Drittel). Eher hat sich folgendes Muster für die Techniknutzung etabliert: Probleme werden delegiert, insbesondere Kinder und andere soziale Netzwerke werden in Anspruch genommen.

Um die Wohnsituation zu verbessern und den Alltag auch bei Pflegebedürftigkeit zu erleichtern, haben nach der Generali-Altersstudie (2013) die 65- bis

85-Jährigen relativ klare Prioritäten – und diese sind nicht durch anspruchsvollen Technikeinsatz geprägt. Vor allem barrierefreie Badezimmer (65%), die Vermeidung von Treppen (59%) sowie die Möglichkeit, über ein Hausrufsystem bzw. Alarmknopf ständig Hilfe rufen zu können (53%), werden als besonders wichtig eingestuft. Eine elektronische Sicherung der Wohnung bzw. des Hauses (25%) und telemedizinische Anwendungen werden hingegen als weniger wichtig eingestuft. Die bekundete Bereitschaft, die Kosten für die jeweilige Modifikation zu übernehmen, ist durchaus hoch: 48% wären bei der Einrichtung eines Hausnotrufsystems/Alarmknopf zur Kostenübernahme bereit. Die elektronische Übermittlung medizinischer Daten beispielsweise an den Hausarzt halten 27% der Älteren mit schlechtem Gesundheitszustand und 20% derjenigen mit gutem Gesundheitszustand für eine Verbesserung im Alltag. Die automatische Erinnerung zur Medikamenteneinnahme stößt bei 26% der 65- bis 85-Jährigen mit schlechtem Gesundheitszustand auf positive Resonanz, von den 65- bis 85-Jährigen mit (sehr) gutem Gesundheitszustand fänden eine solche Unterstützung 17% gut. Hervorzuheben ist auch, dass 59% sich wünschen, mit Unterstützung eines Pflegedienstes in der Wohnung bleiben zu können. Mit deutlichem Abstand folgt das Seniorenwohnheim mit eigener Wohnung (32%) oder mit eigenem Zimmer (21%).

Im Bereich der technischen Pflegehilfsmittel bzw. assistiven Technologien gibt es inzwischen auch ein umfangreiches Angebot, das vom Badewannenlifter bis hin zu „sensiblen" Pflegebetten reicht. Es geht nicht nur um die Unterstützung der selbstständigen Lebensführung, sondern auch um die Unterstützung der Pflegepersonen. Im Gegensatz zum umfänglichen Angebot im Bereich der assistiven Technologien ist der *Einsatz von Technik* zur Kompensation kognitiver Beeinträchtigungen, insbesondere dementieller Erkrankungen, noch relativ gering. Diese Überwachungs- und Ortungsgeräte werden aus ethischen Gründen bislang noch kritisch gesehen. Ähnliches gilt für technische Lösungen, die zur Informationsbeschaffung und Beratung bzw. zur Dienstleistungsvermittlung eingesetzt werden. Auch hier ist – befördert durch die erweiterten Datenübertragungsmöglichkeiten – in den letzten Jahren eine Reihe von Modellprojekten gestartet worden. Die Bedienbarkeit der Technik ist gerade für ältere Menschen von großer Bedeutung, wobei die derzeitig erprobten Systeme von neuen Technologien (wie Touchscreen) profitieren könnten. Die Technik besteht inzwischen häufig aus kaum mehr wahrnehmbaren intelligenten Sensoren, die in ein umfassendes Netzwerk integriert werden. Dies kann inzwischen ohne direkte Kabelverbindungen, also „wireless", geschehen. Drahtlose Kommunikation wird sich zudem in Zukunft weiter vereinfachen, da die Kommunikationsmodule kleiner und günstiger werden und die mobilen Geräte weniger Energie für die Kommunikation aufwenden müssen. Zum Standard gehören mittlerweile auch Fernbedienungen, mit deren Hilfe allein durch gesprochene Befehle oder Tastenwahl elektrische Geräte bedient werden können: Licht anschalten, Radiosender wählen oder telefonieren – alles ist über Sprachbefehle möglich. Allerdings handelt es sich häufig um Insellösungen, die eine Kommunikation und Abstimmung untereinander (noch) nicht zulassen. Gefordert sind deshalb ganzheitliche, vernetzte Technologiekonzepte, also eine Standardisierung. Derzeit gibt es verschiedene interoperable Dienste (über Plattformen oder offene Schnittstellen), die das traditionelle Nebeneinander der verschiedenen Komponenten von „Home Automation" bzw. AAL überwinden helfen und damit solche Wohntechnologien attraktiver machen (vgl. Schidlack 2014; zur wissenschaftlichen Debatte um AAL vgl. u.a. Heinze & Ley 2009, Eichener et al. 2013, Apfelbaum & Schatz 2014 sowie die Beiträge in Gersch & Liesenfeld 2012 und Shire & Leimeister 2012).

Empirische Erfahrungen zeigen aber, dass die neuen technischen Lösungen gerade von Älteren oft als unpersönlich wahrgenommen werden. Deshalb dürfen die technischen Assistenzsysteme in der schon in der Kommunikation nicht zu technikzentriert sein, es sind soziotechnische Systeme, deren Anwendung im Alltag durch verschiedene kulturelle Erfahrungen und Lebensstile geprägt werden. Eine empirische Studie aus Sachsen-Anhalt (bei Älteren von durchschn. 80 Jahren und in ihrem Alltag mobilitätsmäßig und gesundheitlich eingeschränkt) bestätigt die geringe Akzeptanz in der Praxis, wenngleich die älteren Nutzergruppen generell gegenüber der Technik positiv eingestellt sind: Die Älteren bewerteten die „neu gestalteten Kommunikationsschnittstellen - Bilderrahmen und Tablet-PC mit grafischer Benutzeroberfläche - überwiegend positiv. Allerdings dürfte aufgrund der Freiwilligkeit der Teilnahme an den Untersuchungen von einer eher interessierten Stichprobe ausgegangen werden. Dennoch lassen sich weiterführende Aussagen über die Bewertung der neu gestalteten Prototypen der Kommunikationstechnik machen: Ein technisches Gerät mit größerer grafischer Oberfläche und Touchscreen, welches einfach, zuverlässig und intuitiv funktioniert sowie unkompliziert gestaltet ist, gefällt einer Zielgruppe, die wenig Erfahrung mit technischen Neuerungen besitzt und mit leichten körperlichen Einschränkungen leben muss. Das Konzept des Universal Design (oder Design For All) ist offenbar – zumindest innerhalb dieser Technikkategorie und bei dieser Untersuchungsgruppe – als Lösung geeignet und nach den vorliegenden Untersuchungen für ältere Menschen attraktiv" (Treichel et al. 2013; zur Technikbereitschaft bei Älteren vgl. Meyer & Schulze 2010, Fachinger et al. 2012 und Künemund et al. 2013).

Insgesamt zeigt sich trotz dieser gewachsenen Bedienerfreundlichkeit und Kostenersparnissen bei älteren Menschen ein zögerlicher Umgang mit den neuen technischen Optionen. Dies demonstriert nachhaltig die enge Verwobenheit von Technik und sozialem Umfeld bzw. individuellen Präferenzen. Innerhalb der Gruppe der älteren Menschen besteht kein einfacher linearer Zusammenhang zwischen dem Alter und der Technikakzeptanz bzw. -nutzung. Die Empirie zeigt vielmehr, dass zwischen einzelnen „Techniktypen" unterschieden werden kann. In diese Typenbildung gehen die grundsätzliche Beurteilung von Technik, das persönliche Interesse und die Anwendungskompetenz bzw. die Technikerfahrung und Technikbewertung ein. Darüber hinaus sind für die Techniknutzung und Zahlungsbereitschaft sozialstrukturelle Indikatoren wie Einkommen und Bildung von Relevanz. In der Techniksoziologie wird mit Blick auf ältere Menschen allgemein eher Skepsis verbreitet. Viele nehmen "die neue Technik als eine Art "Blackbox" wahr, die sie nicht bedienen können. Dabei werden unterschiedlichste ihrer Merkmale als eher undurchschaubar wahrgenommen: So erleben einige die Vielfalt an Funktionen neuer Geräte als verwirrend, andere die Komplexität und die Unverständlichkeit der Bedienungsanleitungen. Für wieder andere sind die Bedienoberflächen undurchschaubar oder auch die Vielfalt der Vernetzungsmöglichkeiten, die der neuen Technik eigen sind. Gemeinsam ist ihnen allen, dass sie der neuen Technik aufgrund dessen eher vorsichtig bis zurückhaltend gegenüberstehen" (Pelizäus-Hoffmeister 2013: 407; vgl. auch Ortner et al. 2013).

Diese Zurückhaltung kommt auch in den verschiedenen empirischen Projekten zu „intelligentem Wohnen" oder AAL zum Ausdruck. Auch wenn Effizienzgewinne abstrakt verzeichnet werden, haben die verschiedenen Leuchtturmprojekte nicht den Übergang in die Regelversorgung geschafft. Eher entwickelt sich eine „Projektitis", so dass die Erfassung der *konkreten Kundenbedarfe und -nutzen* sowie die lokale Einbettung zur zentralen Aufgabe werden. Die Techniknutzung sollte systematisch mit übergeordneten sozialpolitischen Zielsetzungen einer Gesellschaft des langen Lebens verbunden werden. Dabei kann als eine Innovation an der Schnittstelle zwischen Technik und Sozialem das „vernetzte Wohnen" bezeichnet werden. In einer Fraunhofer-Studie „Pflege 2020" bewerten 75% der Befragten die angesprochenen technischen Lösungen (automatische Notrufsysteme, Telepflege, Erfassung und Weitergabe medizinischer Daten usw.) als interessant. Mehr als 50% der Befragten würden auch Geld investieren. Hier entwickelt sich ein neues Wachstumsfeld, allerdings ist vor schnellen „Hochrechnungen" über Umsatzpotentiale zu warnen, da derzeit noch Akzeptanzprobleme bestehen.

Um in Deutschland Innovationen umzusetzen, muss auch der Nachweis einer erhöhten Wirksamkeit und fiskalischer Einsparungen geführt werden („Mehrwert"). Die Netzwerkeinbindung hat *präventive* Wirkungen, die Lebensqualität steigt in aktiven Wohnquartieren. Ältere Menschen bleiben zudem *länger* im „kostengünstigeren" eigenen Haushalt und gehen später in stationäre Versorgungsformen; sozialstaatliche Transferleistungen werden folglich weniger in Anspruch genommen. Auch Krankenkassen können durch eine höhere „Compliance" der Älteren (etwa hinsichtlich der Einhaltung therapeutischer Regeln) Einsparungen erzielen. Allerdings ist derzeit nur dann eine relativ große Offenheit Älterer gegenüber einem stärkeren Technikeinsatz zu beobachten, wenn der Nutzen klar ist und sich zudem soziale Organisationen und Netzwerke dafür stark machen (bspw. Seniorenorganisationen, Wohlfahrtsverbände, Verbraucherschutz). Diese genießen bei Älteren hohes Vertrauen und sollten deshalb aktiv stärker auch bei technischen Neuerungen eingebunden werden. Ganz allgemein lassen moderne Informationstechnologien das Umfeld des Menschen immer mehr zu einem vernetzten System werden, wobei es darauf ankommt, die technischen Systeme in gewachsene soziale Strukturen einzubetten und dafür zu sorgen, dass die Daten anonym bleiben. Weniger Technikorientierung könnte hier oft mehr Umsetzungschancen bedeuten und Praxisprojekte laufen auch genau in diese Richtung. Perspektivisch sollte in Deutschland deshalb eine Strategie der aktivierenden Kooperation präferiert werden, um die Akteure vom konkreten ‚Mehrwert' zu überzeugen. Hier könnte eine „partizipative Technikgestaltung" helfen, denn viele ältere Menschen setzen sich durchaus mit den neuen Technologien auseinander und sind auch an einer besseren Nutzung interessiert (vgl. Jakobs et al. 2008).

Aus technik- und innovationssoziologischer Sicht demonstriert die mangelnde Umsetzung technischer Unterstützungssysteme, wie notwendig die Erweiterung des Innovationsbegriffs um die Neukonfiguration sozialer Arrangements ist. „Mit Blick auf die Unterscheidung ‚technisch' und ‚sozial' gilt es, die technischen Innovationen nicht nur auf die "Hardware" von Maschinen und Leitungen zu beschränken, sondern auch die "Software" von Kalkülen und Programmen und die "Orgware" von Koordination und Steuerungsmechanismen einzubeziehen. Da es keine technischen Neuerungen ohne veränderte Umgangsweisen und institutionelle Einbettungen gibt und da es kaum eine soziale Neuerung ohne technische Voraussetzungen gibt – man denke an die Internet-Basiertheit, die Nutzung und Veränderung technischer Infrastruktursysteme oder an dienst- und personenorientierte Assistenztechniken – gilt es zusätzlich, neben der Treiberfunktion der jeweiligen Elemente, auch ihre Anteile und ihre wechselseitigen Zusammenhänge genauer zu studieren" (Rammert 2010: 28; vgl. auch ders. 2008 sowie die Beiträge in Mai 2014).

Um eine breite Resonanz zu erzielen, ist folglich ein *effizientes Schnittstellenmanagement* notwendig. Die Kommunikationswege müssen funktionieren, die Kompetenzen und Verantwortlichkeiten müssen geregelt sein und vor allem muss ein zentraler Faktor erfüllt sein: der Wille zur Kooperation. Am Beispiel des Handlungsfeldes „vernetztes Wohnen im Alter" zeigt sich, wie schwierig soziale Innovationen zu realisieren sind. Erfolgreiche soziale Innovationen liegen erst dann vor, wenn sie die etablierten Institutionen mit ihren stark fragmentierten Handlungslogiken überwinden. Dabei gehören zentral Akteursgruppen in Randfeldern der professionellen Versorgung (wie z.B. Wohnungsbaugesellschaften) zum „Wohlfahrtsmix" in der integrierten Versorgung für ältere Menschen. Bislang gibt es in Deutschland nur „Insellösungen" unter Beteiligung dieser Akteure. Eine flächendeckende Umsetzung integrierter und sozialinnovativer Lösungsansätze leidet darunter, dass viele der neuen technologischen Optionen (etwa im Bereich der ambulanten Pflege und der Telemedizin für Risikopatienten oder bei einer ambulanten Rehabilitation) unter einer rein ökonomischen Betrachtung noch nicht profitabel sind. Dennoch lassen sich schon heute auch aus ökonomischer Sicht „Gewinne" erzielen. Am Beispiel Telemonitoring werden die unterschiedlichen Betroffenheiten sichtbar: „Die jährlichen Effizienzgewinne/Kosteneinsparungen von Telemonitoring werden auf 1,1 Mrd. Euro geschätzt. Investitionen für gesundheitstelematische Systeme werden laut BIT-KOM (2012) zu 84% von Krankenkassen getätigt – der Nutzen für sie beträgt dagegen lediglich 57%. Durch Telemonitoring-Systeme wird beispielsweise die Anzahl von Wiedereinweisungen reduziert" (BMG 2013: 70). Deshalb müssen diese Prozesse optimiert werden und auch Unterstützungsleistungen von Seiten der klassischen professionellen Dienste (etwa der Pflegedienste und Ärzte) aktiviert werden.[2] Benötigt wird dafür aber ein Koordinator (oder „Orchestrator"), der die Prozessabläufe steuert und gemischt finanzierte Geschäftsmodelle entwickelt und umsetzt (vgl. die Beiträge in Gersch & Liesenfeld 2012 und Shire & Leimeister 2012). Ausgangspunkt dürften aber nicht die technischen Innovationen sein, vielmehr die Versorgungsdefizite der Betroffenen.

Die bisher umgesetzten Lösungen zeigen, dass zwischen den Akteuren der verschiedenen Branchen zwar im Rahmen von Modellprojekten eine Zusammenarbeit gelingt, diese Strukturen jedoch nur in wenigen Fällen in den Regelbetrieb überführt werden konnten. Oftmals wurden während der Projektphase keine nachhaltigen Geschäftsmodelle entwickelt, die nach Auslaufen der Projektförderung die Weiterführung hätten sicherstellen können. Für soziale Aufgabenfelder wie das „vernetzte Wohnen", die quer zu den etablierten Strukturen liegen, aber deutlich zunehmen, ist es generell schwierig, adäquate Finanzierungsstrukturen aufzubauen. Im Feld der etablierten Aufgaben finden sich zudem häufig geschlossene Märkte, da weiterhin bestehende sozialkorporatistische Routinen überwiegen und eine enge Verwobenheit zwischen Fachverwaltungen als Kostenträgern und etablierten Anbietern aus der Verbändelandschaft zu beobachten ist. Zudem bringen öffentliche Kostenträger neuen Akteuren oft Misstrauen entgegen. Die ausgeprägte institutionelle Segmentierung der Politikfelder mit spezifischen Spielregeln prägt den deutschen Wohlfahrtsstaat seit seiner Entstehung und erschwert eine sektorenübergreifende Aufgabenbewältigung, wie sie im Feld technischer Unterstützungssysteme benötigt wird (vgl. Heinze 2013).

Da es einen positiven „Zusammenhang zwischen der Zahlungsbereitschaft und dem verfügbaren Einkommen" gibt (Fachinger 2013: 239), müssen die technischen Assistenzsysteme allerdings bald eingeführt werden und „Marktrei-

---

[2] Der prognostizierte Hype um „mobile Health" (E-Health oder Telemedizin) ist in der Praxis bislang in Deutschland noch nicht eingetreten, allerdings beginnt eine neue Aufwärtsphase (etwa sichtbar bei der 2014er Consumer Electronics Show in Las Vegas). Die „Vermessung des Menschen" (SZ v. 18.2. 2014) beschäftigt zentral die großen Konzerne im Feld der Informations-und Kommunikationswirtschaft (die bspw. vor einem drohenden Herzinfarkt durch einen Sensor warnen wollen).

fe" erlangen, denn das Haushaltseinkommen der Älteren wird sinken. Nur in ganz seltenen Fällen existieren sozialrechtliche Lösungen (z.b. über Verträge mit Kranken- oder Pflegekassen). Erst eine Strategie der aktivierenden Kooperation wäre in der Lage, die betroffenen Akteure schrittweise vom konkreten Nutzen zu überzeugen. Die derzeit angebotenen Lösungen zum vernetzten Wohnen können technisch zumeist überzeugen, allerdings fehlt noch die soziale Bindungskraft, die soziale Innovationen auszeichnen.

4 Fazit

Trotz der Umsetzungsprobleme hat sich in Deutschland inzwischen im Feld des vernetzten Wohnens mit Hilfe technikunterstützender Assistenzsysteme eine ausgeprägte Experimentierlandschaft entwickelt. Deren Verbreitung ist insbesondere darauf zurückzuführen, dass auch im hohen Lebensalter nur ein sehr kleiner Teil der Menschen in stationären Einrichtungen bzw. Sonderwohnformen lebt und leben will, und die breite Mehrheit im privaten häuslichen Lebenszusammenhang bleiben möchte. Allerdings ist diese Präferenz mit einem Anpassungsbedarf in baulich-technischer Hinsicht und der Entwicklung neuer sozialer und technisch-assistierender Dienstleistungsangebote verbunden, ohne die ältere Menschen nicht in der eigenen Wohnung oder dem eigenen Haus versorgt werden können.

Vor allem muss die technische Entwicklung den konkreten Kundennutzen im Blick haben. Technische Lösungen werden nur dann erfolgreich sein und sich am Markt durchsetzen, wenn für die Nutzer ein deutlicher „Mehrwert" entsteht, der nur in der Verbesserung der Lebensqualität und in einer leichteren Bewältigung alltäglicher Verrichtungen liegen kann. Darüber hinaus müssen die technischen Lösungen abgestimmt und verknüpft werden mit den Angeboten und Dienstleistungen der traditionellen Anbieter sozialer Dienste und aus der Gesundheitswirtschaft. Diese könnten zu potenziellen „Zuschussgebern" werden, weil z.B. Krankenkassen Behandlungskosten sparen können, wenn gesundheitliche Probleme früher erkannt werden oder Pflegeversicherungen Kosten für stationäre Pflege reduzieren können. Aber auch den Kommunen als Sozialhilfeträger würden Ausgaben für stationäre Pflege reduziert werden, ganz zu schweigen von den Wohnungsunternehmen, die über eine längere Verweildauer der Mieter in der Wohnung Leerstand und Instandsetzungsaufwand reduzieren können.

Auf Technik setzende Konzepte zur Förderung selbständiger Lebensführung im Alter sind also nicht nur theoretisch interessant sondern auch mit Blick auf die Förderung der Lebensqualität praktisch überzeugend und können zudem aktiv auf die demographischen Herausforderungen, die alle Wohlfahrtsstaaten treffen, reagieren. Dennoch sind sie angewiesen auf eine Innovationsstrategie, die sowohl technische Innovationen fördert als auch konkrete Unterstützungsnetzwerke aufbaut. Viele der neuen technologischen Optionen (etwa im Bereich der ambulanten Pflege und der Telemedizin für Risikopatienten oder bei einer ambulanten Rehabilitation) sind zudem unter einer rein ökonomischen Betrachtung noch nicht profitabel. Deshalb müssen diese Prozesse einerseits optimiert werden und auch Unterstützungsleistungen von Seiten der klassischen professionellen Dienste (etwa der Ärzte oder des ambulanten Pflegepersonals in Sozialstationen) eingebracht werden, andererseits ist das Feld der technisch-sozialen Dienste aber auch ein Experimentierfeld für neue Konzepte des „Wohlfahrtsmix". Optionen für vernetztes Wohnen sind jedoch nur dann handlungs- und vor allem überlebensfähig, wenn alle Akteure (auch die Kostenträger) aktiv mitarbeiten und es zu tragfähigen Projekt- und Innovationsnetzwerken kommt. Kooperation ist deshalb das „Schlagwort der Stunde". Nachdem die technische Infrastruktur für AAL inzwischen vorhanden ist und die Wohnungen entsprechend „aufgerüstet" sind, geht es nach der Modellprojektphase nun also um konkrete Umsetzungsformen in der Regelanwendung und den Aufbau *innovativer Allianzen*. Um „sorgende Gemeinschaften" aufzubauen, müssen neue Kooperationsformen zwischen Wohnungsunternehmen, sozialen und Gesundheitsdiensten, Informations- und Kommunikationswirtschaft sowie Kranken- und Pflegekassen entwickelt werden. Eine Breitenwirkung ist nur zu erzielen, wenn neben den privaten Haushalten weitere Kostenträger von den Vorteilen der neuen Option des technikunterstützten Lebens und Alterns „zu Hause" überzeugt werden.

Insbesondere die Aktivierung der Sozialversicherungsträger stellt eine zentrale Herausforderung für Vernetzungsstrategien in einer alternden Gesellschaft dar. Aufgrund der zersplitterten Struktur (innerhalb eines Quartiers sind zahlreiche Pflege- und Krankenversicherungen anzusprechen) ist die konkrete Umsetzung allerdings schwierig. Letztlich werden die Kostenträger nur dann überzeugt werden, wenn sich Kostenreduzierungen eindeutig nachweisen lassen (z.B. über eine empirisch fundierte Vergleichsberechnung zwischen ambulanter und stationärer Versorgung bzw. der Berechnung eines verhinderten bzw. verzögerten Heimeintrittes). Gefragt sind in der derzeitigen Situation „Treiber" für integrierte, wohnquartiersbezogene Strategien, die auch technische Assistenzsysteme einsetzen. In der Praxis haben sich auch bereits einige Wohnungsunternehmen auf den Weg gemacht, um als „Ankerakteure" (Apfelbaum & Schatz 2014) lokale Servicenetzwerke aufzubauen und auch den Technikeinsatz zusammen mit den betroffenen älteren Mietern zu erproben. Die Verbreitung von „Best-Practice-Beispielen" kann helfen, die Attraktivität des vernetzten Wohnens als konstruktive Antwort auf die Herausforderungen des demographischen Wandels zu steigern.

Literatur

Apfelbaum, Birgit & Thomas Schatz (2014): Die Wohnungswirtschaft als Ankerakteur einer „sorgenden Gemeinschaft". In: DW – Die Wohnungswirtschaft, 67 (6), 20–22.

Bäcker, Gerhard & Rolf G. Heinze (Hrsg.) (2013): Soziale Gerontologie in gesellschaftlicher Verantwortung. Wiesbaden: Springer VS.

Blättel-Mink, Birgit & Alexander Ebner (Hrsg.) (2009): Innovationssysteme: Technologie, Institutionen und die Dynamik der Wettbewerbsfähigkeit. Wiesbaden: Springer VS.

Bundesministerium für Gesundheit (BMG) (Hrsg.) (2013): Unterstützung Pflegebedürftiger durch technische Assistenzsysteme. Berlin: BMG.

Eichener, Volker, Viktor Grinowitschus & Frederike Külpmann (2013): I-stay@home. ICT-Lösungen für eine alternde Gesellschaft. EBZ-Tagung „Altengerechte Quartiere", 10. Dezember 2013, Bochum (Ms.).

Fachinger, Uwe, (2013): Zahlungsbereitschaft für assistierende Technologien: Eine Frage der Technikbereitschaft? In: VDE (Hrsg.): 6. Deutscher AAL-Kongress 2013 „Lebensqualität im Wandel von Demografie und Technik" – Tagungsbeiträge. Berlin: VDE Verlag (CD-ROM), 239–243.

Fachinger, Uwe, Helen Koch, Klaus-Dirk Henke, Sabine Troppens, Grit Braeseke & Meiko Merda (2012): Ökonomische Potenziale altersgerechter Assistenzsysteme. Vechta: Institut für Gerontologie der Universität Vechta.

Gast, Robert (2013): Der unsichtbare Pfleger. Ingenieure und Informatiker haben einen Traum: Hightech soll im Alltag über die Gesundheit alter Menschen wachen. Es wird geforscht, getestet und nach Geldgebern gesucht. In: Die Zeit, 2/2013 v. 11. Januar 2013.

Generali Zukunftsfonds (Hrsg.) und Institut für Demoskopie Allensbach (2013): Generali Altersstudie 2013. Wie ältere Menschen leben, denken und sich engagieren. Frankfurt: Fischer.

Gersch, Martin & Joachim Liesenfeld (Hrsg.) (2012): AAL- und E-Health-Geschäftsmodelle. Wiesbaden: Gabler.

Heinze, Rolf G. (2013): Anpassung oder Gestaltung? Institutionelle und kulturelle Erblasten in der Demografiepolitik. In: Michael Hüther & Gerhard Naegele (Hrsg.): Demografiepolitik. Wiesbaden: Springer VS, 49–67.

Heinze, Rolf G. & Catherine Ley (2009): Vernetztes Wohnen: Ausbreitung, Akzeptanz und nachhaltige Geschäftsmodelle. Bochum: InWIS F & B GmbH.

Heinze, Rolf G., Josef Hilbert & Wolfgang Paulus (2009): Der Haushalt – ein Gesundheitsstandort mit Zukunft. In: Andreas J. W Goldschmidt & Josef Hilbert (Hrsg.): Gesundheitswirtschaft in Deutschland. Wegscheid: Wikom: 772–801.

Heinze, Rolf G., Gerhard Naegele & Katrin Schneiders (2011): Wirtschaftliche Potenziale des Alters. Stuttgart: Kohlhammer.

Howaldt, Jürgen & Heike Jacobsen (Hrsg.) (2010): Soziale Innovation. Auf dem Weg zu einem postindustriellen Innovationsparadigma. Wiesbaden: VS Verlag für Sozialwissenschaften.

Hüther, Michael & Gerhard Naegele (Hrsg.) (2013): Demografiepolitik. Herausforderungen und Handlungsfelder. Wiesbaden: Springer VS.

Jakobs, Eva-Maria, Kathrin Lehnen & Martina Ziefle (2008): Alter und Technik – Studie zu Technikkonzepten, Techniknutzung und Technikbewertung älterer Menschen. Aachen: Apprimus.

Koalitionsvertrag zwischen CDU, CSU und SPD (2013): Deutschlands Zukunft gestalten. Berlin (Ms.).

Künemund, Harald, Nele M. Tanschus & Anja Garlipp (2013): Bedarfe und Technikbereitschaft älterer Menschen im ländlichen Raum. In: VDE (Hrsg.): 6. Deutscher AAL-Kongress 2013 „Lebensqualität im Wandel von Demografie und Technik" – Tagungsbeiträge. Berlin: VDE-Verlag (CD-ROM), 73–77.

Lindenberger, Ulman, Jürgen Nehmer, Elisabeth Steinhagen-Thiessen, Julia A.M. Delius & Michael Schellenbach (Hrsg.) (2011): Altern und Technik. Stuttgart: Wissenschaftliche Verlagsgesellschaft mbH.

Lindenberger, Ulman, Jürgen Nehmer, Elisabeth Steinhagen-Thiessen, Julia A.M. Delius & Michael Schellenbach (2011a): Altern und Technologie: Freundschaft statt Feindschaft. In: Dies. (Hrsg.): Technik und Alter. Stuttgart: Wissenschaftliche Verlagsgesellschaft mbH, 11–13.

Mai, Manfred (Hrsg.) (2014): Handbuch Innovationen. Interdisziplinäre Grundlagen und Anwendungsfelder. Wiesbaden: Springer VS.

Müßig, Michael & Sven Röhl (2011): Mobiles Notfallmanagement. In: Markus Horneber & Hermann Schoenauer (Hrsg.): Lebensräume – Lebensträume. Innovative Konzepte und Dienstleistungen für besondere Lebenssituationen. Stuttgart: Kohlhammer, 106–120.

Meyer, Sibylle & Eva Schulze (2010): Smart Home für ältere Menschen. Stuttgart: Fraunhofer IRB Verlag.

Ortner, Tina, Katharina Schachinger, Markus Lehner & Johannes Kriegel (2013): Einbeziehung der Anwenderanforderungen und Erhöhung der Akzeptanz und Usability bei Mobilen Vitaldatenmonitoring. In: VDE (Hrsg): 6. Deutscher AAL-Kongress 2013 „Lebensqualität im Wandel von Demografie und Technik" – Tagungsbeiträge. Berlin: VDE-Verlag (CD-ROM), 216–220.

Pelizäus-Hoffmeister, Helga (2013): Zur Bedeutung von Technik im Alltag Älterer. Wiesbaden: VS Verlag.

Rammert, Werner (2008): Technik und Innovation. In: Andrea Maurer (Hrsg.): Handbuch der Wirtschaftssoziologie. Wiesbaden: VS Verlag für Sozialwissenschaften, 291–319.

Rammert, Werner (2008a): Die Techniken der Gesellschaft: in Aktion, in Interaktivität und in hybriden Konstellationen. In: Rehberg, Karl-Siegbert (Hrsg.): Die Natur der Gesellschaft. Verhandlungen des 33. Kongresses der Deutschen Gesellschaft für Soziologie in Kassel 2006. Frankfurt: Campus, 208–234.

Rammert, Werner. (2010): Die Innovationen der Gesellschaft. In: Howaldt, Jürgen & Heike Jacobsen (Hrsg.): Soziale Innovation. Wiesbaden: VS Verlag für Sozialwissenschaften, 21–51.

Schidlack, Michael (2014): Home Automation. Intelligent und komfortabel – wohnen im vernetzten Zuhause. In: DW – Die Wohnungswirtschaft, H. 6/2014, 37.

Shire, Karen A. & Jan M. Leimeister (Hrsg.) (2012): Technologiegestützte Dienstleistungsinnovation in der Gesundheitswirtschaft. Wiesbaden: Gabler.

Tanzmann, Frank (2012): Wohnen. In: Hermann Binkert (Hrsg.): Vielfalt des Alters . Erfurt: Consulere Verlag, 89–102.

Treichel, Sabine, Christiane Hahn, Frithjof Meinel, Enrico Wilde, Wilfried Mau & Gundula Hübner (2013): Technische Kommunikationshilfen für Ältere. Wie ältere Menschen neue Technik bewerten (unv. Manuskript).

VDE (Verband der Elektrotechnik, Elektronik, Informationstechnik) (Hrsg.) (2013): VDE-ROADMAP. Die deutsche Normungs-Roadmap Smart Home + Building. Frankfurt: VDE-Verlag.

Zeman, Peter (2008): Informelle Netze und Selbsthilfe und ihr Beitrag zur Versorgung alter Menschen. In: Adelheid Kuhlmey & Doris Schaeffer (Hrsg.): Alter, Gesundheit und Krankheit. Bern: Huber, 297–307.

Alter und Technik: Perspektiven der Gesundheitswirtschaft

Josef Hilbert, Denise Becka, Michael Cirkel & Elke Dahlbeck

1 Einleitung

Deutschland und große Teile der Welt altern. Dies bringt zum einen wachsende Anforderungen an die Gesundheitswirtschaft mit sich. Um dem wachsenden Bedarf gerecht zu werden, sind deutliche Wirkungsverbesserungen bei den Angeboten zur Gesunderhaltung, Heilung und Pflege gefragt. Zum anderen ermöglicht dies Nachfragezuwächse und Wachstumschancen in den einschlägig aktiven Branchen, Unternehmen und Einrichtungen.
Der nachfolgende Beitrag will am Beispiel der Entwicklungen im Bereich Alter und Technik zeigen, dass die Gesundheitswirtschaft sich den Zukunftsherausforderungen stellt, sich aber sehr schwer damit tut, neue Ansätze in die Breite zu bringen. Große Probleme bereitet es vor allem, dass technische Innovationen nur selten als ganzheitliche Systemlösungen konzipiert werden und dass es immer wieder Unklarheiten gibt, welche innovativen Lösungen wann und unter welchen Bedingungen durch die Gesundheits- und Sozialkassen (mit-)finanziert werden. Gleichwohl gibt es auch unter den genannten suboptimalen Rahmenbedingungen Gestaltungsspielräume für interessierte Innovationsakteure.

2 Gesundheitswirtschaft: Zukunftsbranche in der Innovationsherausforderung

In den letzten Jahren hat in Deutschland ein Paradigmenwechsel stattgefunden (vgl. Goldschmidt & Hilbert 2009: 21ff.; Dahlbeck & Hilbert 2017: 9ff.). Es gab und gibt immer wieder Bedenken, dass die hohen Gesundheitsausgaben in Deutschland die internationale Wettbewerbsfähigkeit der Gesamtwirtschaft beeinträchtigen – und dementsprechend wurde und wird auch aktuell immer wieder über Kostendämpfung und Rationierung im Gesundheitswesen nachgedacht. Seit etwa Mitte der 90er Jahre des vergangenen Jahrhunderts gibt es in diesen Debatten jedoch kräftige neue Akzente. Zum einen – dies wird vor allem im Kontext der World Health Organization (WHO) deutlich unterstrichen (WHO 2001) – sind anspruchsvolle und wirkungsstarke Gesundheitssysteme eine zentrale Voraussetzung für leistungsfähige und kreative Belegschaften und zukunftsfähiges Arbeitskräftepotenzial, gerade auch in der Wissens- und Informationsgesellschaft. Zum anderen – dies haben vor allem Beiträge aus Deutschland herausgearbeitet (siehe u.a. Grönemeyer 2004; Goldschmidt & Hilbert 2009; Nefiodow 1996; Oberender et al. 2002; Dahlbeck & Hilbert 2017) – sind Produkte und Dienstleistungen für die Gesunderhaltung, Heilung und Pflege in entwickelten Volkswirtschaften nicht mehr nur (infrastrukturelle) Voraussetzung für das Funktionieren von Gesellschaft und Wirtschaft, sondern sie konstituieren auch einen der größten, dynamischsten und aussichtsreichsten Wirtschaftsbereiche. Eine entwickelte Ökonomie ohne ein signifikantes Engagement in diesem Bereich verpasst nicht nur Chancen für mehr Gesundheit und Lebensqualität, sondern auch für mehr Arbeitsplätze und berechenbares Wachstum in gesellschaftlich notwendigen Gestaltungsfeldern. Die letztgenannten Überlegungen schlagen sich mittlerweile auch darin nieder, dass als Sammelbezeichnung für gesundheitsrelevante Akteure und Einrichtungen immer häufiger der Begriff Gesundheitswirtschaft statt Gesundheitswesen verwendet wird.[1]

Kerndaten Gesundheitswirtschaft

Bruttowertschöpfung 2016:	336,4 Mrd. Euro
Anteil an der Gesamtwirtschaft	12%
Erwerbstätige 2016:	7 Mio.
Anteil an der Gesamtwirtschaft:	16,1%
Prognose 2030 für Berufe des Gesundheitswesens:	
2012:	2,8 Mio. Vollzeitäquivalente
2030:	2,9 Mio. Vollzeitäquivalente
Prognostizierter Personalbedarf 2030:	3,5 Mio. Vollzeitäquivalente
Prognostiziertes fehlendes Personalvolumen 2030:	625.000 Vollzeitäquivalente

Quelle: BMWI (2017) sowie Ostwald et al. (2014: 172 ff.), eigene Darstellung.

Die günstigen Aussichten und hohen Erwartungen – mehr Gesundheit, Arbeitsplätze, Wachstum – können nur eingelöst werden, wenn die Gesundheitswirtschaft ihre eigene Zukunft innovationsorientiert mitgestaltet. In den einschlägi-

---

[1] Die Friedrich-Ebert-Stiftung (zusammen mit der Vereinten Dienstleistungsgewerkschaft ver.di) sowie die Konrad-Adenauer Stiftung sprechen von einer Sozialen Gesundheitswirtschaft und wollen damit betonen, dass auch bei einer wirtschaftlichen Betrachtung der Gesundheitsbranche deren Sozial- und Arbeitsverträglichkeit nicht aus den Augen verloren werden darf (vgl. hierzu auch Hilbert et al. 2011).

gen Debatten gibt es hierfür einen weitgehend einhellig geteilten Konsens darüber, wie die dafür notwendige Innovationsagenda aussehen sollte. Drei besonders prioritäre Problemstellungen sind:

- Als unumstrittene Gestaltungsanforderung Nr. 1 gilt, dass es gelingen muss, die Qualität und Effizienz der existierenden Versorgungsangebote zu steigern. Dabei spielt das patientenorientierte integrierte Zusammenspiel zwischen den verschiedenen Versorgungsbereichen und Kompetenzen – ambulante und stationäre Versorgung, Rehabilitation, Ärzteschaft und Gesundheitsfachberufe – eine Schlüsselrolle. Hier liegen vielfältige Ansatzpunkte zur Vermeidung von Unter-, Über- oder Fehlversorgung und damit auch für einen effizienten Mitteleinsatz vor.
- Eine weitere Voraussetzung für die Zukunftsfähigkeit ist, dass neue Gesundheitsangebote entstehen. Hier ist sowohl an neue diagnostische Verfahren als auch an Medikamente und Medizintechnik wie neue Dienstleistungen und die stärkere Nutzung digitaler devices gedacht. Beispiele für neue Dienstleistungen sind etwa die Einführung eines gesundheitsbezogenen Quartiersmanagements oder neue Wege beim betrieblichen Gesundheitsmanagement. Neue Angebote müssen sich dabei keineswegs immer an einer Finanzierung durch die Gesundheits- und Sozialkassen orientieren, sondern können auch anderweitig getragen werden, etwa durch die Wohnungswirtschaft, Betriebe oder auch durch private Mittel der Endkunden.
- Eine weitere große Herausforderung stellt die Erneuerung der Gesundheitsarbeit dar. Die im internationalen Vergleich gute wirtschaftliche Entwicklung Deutschlands und der demografische Wandel drängen zu der Annahme, dass in Zukunft mit einer verschärften Konkurrenz der verschiedenen Wirtschaftsbranchen um die knapper werdenden Arbeitskräfte zu rechnen ist. Unter den damit obwaltenden, oft wenig attraktiven Arbeitsbedingungen haben große Teile der Gesundheitswirtschaft dann mit Wettbewerbsnachteilen zu rechnen. Die prognostizierte Personallücke allein bei den Berufen des Gesundheitswesens wird auf rund 625.000 Vollzeitäquivalente für 2030 geschätzt (vgl. Ostwald et al. 2014). Dementsprechend kann der Gesundheitswirtschaft nur geraten werden, auf eine Gestaltungsinitiative für attraktive Arbeitsplätze und Qualifizierungswege zu setzen.[2]

Solche Themen der Gestaltungsagenda für die (Soziale) Gesundheitswirtschaft sind in Deutschland in den letzten Jahren aktiv aufgegriffen worden. Sie stehen im Mittelpunkt mehrerer regelmäßig stattfindender Gesundheitswirtschaftskongresse, die von Akteuren aus der Branche selbst getragen werden. Sie bilden aber

---

[2] Einen knappen, aber empirisch fundierten Überblick zu den Problemen bei Arbeit und Qualifizierung liefern Evans et al. (2014).

auch die fachlichen Schwerpunkte mehrerer Initiativen auf Bundes- und Länderebene. Auch in den Regionen und auf der kommunalen Ebene haben sich zahlreiche Clubs, Runde Tische, Gesundheitskonferenzen, Vereine und Netzwerke entwickelt, die in den skizzierten Gestaltungsfeldern auf das Erreichen der umrissenen Ziele – mehr Gesundheit, Arbeitsplätze und Wachstum – hinarbeiten. Viele von ihnen sind im „Netzwerk Deutsche Gesundheitsregionen (NDGR) e.V." oder im „Gesunde Städte - Netzwerk" zusammengeschlossen (als Überblick: Luthe 2013; Dahlbeck & Hilbert 2014).

Die Existenznotwendigkeit solcher regionaler und kommunaler Initiativen ergibt sich v.a. daraus, dass die o.a. Gestaltungsaufgaben in den allermeisten Fällen nur im Verbund, also Anbieter und Disziplinen übergreifend angegangen werden können. Dabei ist zudem auf die jeweilgen Besonderheiten in den Regionen zu achten. Beides – Verbund und Dezentralität – braucht Kümmerer, Vernetzer und Moderatoren „vor Ort".

Beim Blick auf die konkreten Aktivitäten, die unter den genannten, eher theoretisch definierten Gestaltungsperspektiven angegangen werden, spielt „Alter und Technik" – das zentrale Thema des hier vorliegenden Sammelbandes – eine herausragende Rolle. In sehr vielen dieser kommunalen Gesundheitswirtschaften und regionalen Gesundheitsnetzwerken werden nämlich belastbare und nachhaltige Strukturen für eine verbesserte Gesundheitsversorgung für die wachsende Zahl an älteren Mitbürgerinnen und Mitbürgern gebraucht. Dabei ist die bereits genannte Zieltriangel – Gesundheit, Arbeitsplätze, Wachstum – wieder richtungsweisend. Gelingt es, qualitativ anspruchsvolle und kostenmäßig effiziente Wege zur verbesserten Gesundheitserhaltung, Heilung und Pflege für die älter werdenden Regionen oder Kommunen zu etablieren, dann profitieren davon nicht nur die Menschen „vor Ort", sondern dann schafft dies auch Arbeitsplätze und eröffnet – zumindest für einen Teil der beteiligten Unternehmen und Einrichtungen – auch gute Entwicklungs- und Wachstumsperspektiven – auch über die jeweilige Region hinaus.

Dass das Thema „Alter und Technik" bei den gesundheitswirtschaftlichen Gestaltungsaktivitäten in der Region und in den Kommunen eine herausragende Rolle spielt, hat mehrere Gründe: Erstens ist der Problem- und Handlungsbedarf durch die hohe Präsenz des Themas in Medien und Politik überall evident. Zweitens wird ein Großteil der für die Gesundheitswirtschaft generell prognostizierten zusätzlichen Arbeitsplätze und Wachstumsmöglichkeiten in diesem Gestaltungsfeld verortet. Drittens bestehen erhebliche Befürchtungen hinsichtlich der zukünftigen Versorgungssicherheit, insbesondere in ländlichen Regionen. Und viertens verspricht die medizinische und gesundheitswissenschaftliche Forschung, dass tatsächlich gute Chancen bestehen, die Gesunderhaltung, Heilung und Pflege bei Älteren deutlich zu verbessern.

3 Alter und Technik: Zukunftsbaustelle sucht Nachhaltigkeit

Gesundheitsbezogene Produkte und Dienstleistungen für den privaten Haushalt sind in den letzten Jahren zunehmend entwickelt worden, was zu einem neuen, erweiterten Verständnis des Haushaltes als „drittem" Gesundheitsstandort geführt hat (vgl. Heinze et al. 2008, 2009; Fachinger & Henke 2010; Hilbert & Paulus 2011). Angebote, die in privaten Haushalten erbracht werden, können und sollen älteren und gesundheitlich eingeschränkten Menschen dazu verhelfen, ein längeres, selbstbestimmtes Leben in der vertrauten Umgebung des eigenen Zuhauses zu führen sowie betreuende und pflegende Angehörige bei Hilfeleistungen besser zu unterstützen. Dabei wird derzeit auf unterschiedliche Entwicklungen gesetzt, z.B.

- barrierefreie und gesundheitsgerechte Modernisierung von Wohnungen und Häusern,
- generationenübergreifende Wohnformen,
- finanzielle Anreize für pflegende Angehörige,
- Quartiersmanagement zur Verbesserung von Infrastruktur und Hilfsangeboten in Stadtteilen und Nachbarschaften.

Zudem wird sich auf technisch gestützte Angebote wie telemedizinische Dienstleistungen, Anwendungen des Ambient Assisted Living (AAL) sowie (Informations-)technische Hilfen für den Alltag konzentriert.

Eine zunehmend bedeutende Rolle für den Haushalt als Gesundheitsstandort spielen die letztgenannten technischen Anwendungen. Zum einen findet bei den ganz konkret gesundheitsbezogenen Anwendungen der Telemedizin die digitalisierte Kommunikation von Gesundheitsdaten nach außen an telemedizinisch vernetzte Gesundheitsanbieter statt, durch die (als Response) *externe medizinische Expertise in den Haushalt gebracht wird*. Zum anderen wird durch eine intelligente Haustechnik (z.T. auch in Verknüpfung mit Dienstleistungen) eine Erleichterung alltäglicher Handlungen *innerhalb des Haushaltes* ermöglicht, die die Selbständigkeit und Sicherheit der Nutzer im Wohnumfeld erhöhen soll.

In zahlreichen Projekten wurden in den vergangenen Jahren Anwendungen entwickelt und erprobt. Die Zukunftsfähigkeit gesundheitsfördernder Technik im Haushalt entscheidet sich jedoch nicht allein an der Zahl der Projekte, sondern am individuellen Nutzen, der breiten Nutzung und Akzeptanz der Angebote und letztendlich an geeigneten Finanzierungsquellen. Im Folgenden werden die genannten technischen Anwendungsfelder für den Haushalt als Gesundheitsstandort skizziert und im Hinblick auf ihre Zukunftsfähigkeit anhand der gesellschaftlichen Bedarfe und wirtschaftlichen Potenziale sowie Umsetzungstrends und -schwierigkeiten näher beschrieben.

Wohnungsbau und Umbau für Barrierefreiheit/-armut

Die Wohnung wird mit zunehmendem Alter immer mehr zum räumlichen Lebensmittelpunkt des älteren Menschen. Während sich der Aktionsradius in der erweiterten Lebensumwelt immer stärker einschränkt, ist der Wunsch nach einem möglichst langen Verbleib in der eigenen Wohnung weiterhin ungebrochen. Bölting (2014: 10) verweist auf die mit zunehmendem Alter wachsende Bedeutung der Versorgungsfunktion des unmittelbaren Wohnumfeldes. Die deutliche Abnahme der Aktionsradien mit zunehmendem Alter insgesamt sowie das parallel steigende Interesse an Freizeit- und Versorgungsfunktionen weist auf die Bedeutung der unmittelbaren Wohnumgebung für das Leben im Alter und den spezifischen Bedarf an barrierearmen/-freien und altengerechtem Wohnraum hin.

Im Hinblick auf die Verfügbarkeit entsprechender Wohnungen für die wachsende Zahl Älterer zeichnet sich in Deutschland folgende Situation ab: Während für die nähere Zukunft von einem quantitativ ausreichendem Wohnungsangebot ausgegangen werden kann, ist zugleich ein Nachfrageüberhang im Bereich von barrierefreien Wohnungen und Wohnformen für ältere Menschen zu erwarten. Bereits heute übersteigt die Nachfrage nach solchen Wohnungen das diesbezügliche Angebot.

Nach Berechnungen des Pestel-Instituts (2009), basierend auf der Annahme, dass im Jahr 2025 für 20% der Haushalte mit 70-jährigen und älteren Personen eine seniorengerechte Wohnung verfügbar sein sollte, ergibt sich ein Bedarf von 2 Mio. seniorengerechten Wohnungen bis 2025. Dabei wird davon ausgegangen, dass derzeit ca. 400.000 bis 500.000 seniorengerechte Wohnungen verfügbar sind (ebenda: 9). Schätzungen des Kuratoriums Deutsche Altenhilfe (KDA) gehen von ca. 565.500 „weitestgehend barrierefreien Wohnungen in Seniorenhaushalten" (KDA 2014: 21) sowie weiteren barrierefreien Wohnungen aus, die jedoch nicht von Senioren bewohnt werden, so dass sich insgesamt ein Bestand von 1,4 Mio. barrierefreien Wohneinheiten in Deutschland ergibt (ebenda). Der zukünftige Bedarf wird hier auf rund 2,5 Mio. Wohneinheiten geschätzt und die daraus resultierende Versorgungslücke auf ca. 1,1 Mio. Wohneinheiten (ebenda: 23).

Noch etwas drastischer stellen sich die Herausforderungen aus Sicht des Bundesministeriums für Verkehr, Bau und Stadtentwicklung (BMVBS 2011) dar. Deutschlandweit sind nach dessen Angaben erst rd. 570.000 (5%) Seniorenhaushalte barrierefrei, es werden bis 2030 jedoch ca. 3 Mio. barrierefreie bzw. -arme Wohnungen benötigt. Die Bedeutung dieser Versorgungslücke gewinnt noch an Brisanz angesichts der Tatsache, dass nur 7% der Älteren in besonderen Wohnformen, aber 93% in der eigenen Wohnung leben und dies trotz Pflegebedarf so lange wie möglich weiter tun möchten (ebenda: 27ff.).

Eine Schlüsselrolle für den Ausbau seniorengerechter Wohnungen kommt der Wohnungswirtschaft zu, die durch Investitionen in barrierefreie und pflegegerechte Wohnraumausstattungen sowie durch die Schaffung haustechnischer Voraussetzungen für die Vernetzung mit gesundheitsfördernden und unterstützenden Technologien ein Aktivposten der Erneuerung werden kann (Heinze et al. 2008).

Die Investitionskosten für altersgerechte Umbauten (BMVBS 2013) können sich – je nach baulichen Voraussetzungen und gewünschtem Ausstattungsgrad – in einer Spannweite von 2.000 bis 40.000 Euro bewegen. Bei moderat angesetzten Preisen zwischen 10.000 und 12.000 Euro pro altersgerechter Wohnung müssten bei Umbauten von 3 Mio. Wohnungen bis 2020 rd. 30 bis 48 Mrd. Euro investiert werden. Die Finanzierung der altersgerechten Wohnungsumbauten könnte dabei in einem Mix aus privater Finanzierung durch die Wohnungswirtschaft (bzw. Haus- und Wohnungseigentümer) und öffentlicher Förderung (z.B. KfW) getragen werden. Auch Pflegekassen übernehmen einen Anteil der Kosten für pflegerechte Umbauten bei Vorliegen einer Pflegestufe in maximaler Höhe von 4.000 Euro (Stand 2017). Von einer konzertierten Umbaustrategie profitieren können in erster Linie Unternehmen aus der Bauwirtschaft und dem Handwerk, die sich auf altersgerechte Wohnraumanpassung spezialisiert haben.

Entsprechende Fragestellungen werden in der Wohnungswirtschaft seit Jahren intensiv debattiert. Eine bedeutende Investitionsoffensive konnte allerdings noch nicht beobachtet werden. Gegenwärtige Diskussionen in der Wohnungswirtschaft lassen jedoch die Erwartung zu, dass die Investitionsbereitschaft in den nächsten Jahren steigen wird, vermutlich zuerst in solchen Regionen, in denen ein Überangebot an Wohnungen besteht und in denen die Wohnungsunternehmen die Qualität ihrer Angebote steigern müssen, um Mieter langfristig zu binden.

Ausbau der Telemedizin

Im Zusammenhang mit der Unterstützung des zu Hause Lebens im Alter rückt auch die Telemedizin in den Blickpunkt des Interesses. Besondere Hoffnungen werden dabei daran geknüpft, dass es durch informations- und kommunikationstechnisch gestützte Diagnosen und Therapien gelingen kann, Gesundheitsinteressierten und Patienten zu Hause neue und bessere Gesundheits- und Versorgungsangebote zur Verfügung zu stellen, als dies konventionell über Krankenhäuser, Arztpraxen oder auch ambulante Pflegedienste möglich ist. Ein Beispiel hierfür ist etwa die Kardiologie. Mit Hilfe von Gewichtsmessungen, einem TeleEKG und Blutgerinnungsmessungen, die im Haushalt vom Patienten selbst durchgeführt werden und deren Ergebnisse dann an ein Zentrum für angewandte Telemedizin übertragen werden („Telehealthmonitoring"), kann die kardiologische Betreuung von Patienten in vielen Fällen deutlich verbessert werden. Risikohafte Zuspitzungen, etwa bei Herzinsuffizienz, lassen sich frühzeitiger erkennen und oftmals sogar vermeiden. Für Patienten ist damit oft ein deutlich erhöhtes Sicherheitsgefühl verbunden. Wurde die technische Ausstattung eines Haushaltes bislang vorzugsweise unter den Aspekten Entertainment, Kommunikation und Komfort gesehen, gewinnt sie mit dem Konzept Telemedizin eine neue Qualität als Grundlage zur Erhaltung und Wiederherstellung der Gesundheit und ist als Angebot mit direktem Gesundheitsbezug, insbesondere zur Sicherstellung der dezentralen Versorgung älterer oder chronisch kranker Menschen, relevant.

Telemedizin war in den letzten Jahren ein nachgerade prioritäres Gestaltungsfeld für medizinisch-technische Innovationen. Unter dem Begriff „Home Care" wurde es u.a. zu einem der bedeutendsten Investitionsschwerpunkte von weltweit führenden Medizintechnikunternehmen wie Philipps oder General Electric. Aber auch viele Forschungs- und Entwicklungsinstitute und Klein- und Mittelbetriebe waren und sind einschlägig engagiert. Neben dem skizzierten Beispiel Telehealthmonitoring wurden eine Reihe weiterer telemedizinischer Dienstleistungen entwickelt und erprobt; das deutsche Telemedizinportal zählte z.B. 2017 bereits 168 laufende Telemedizinprojekte.

Trotz der stetigen Entwicklung der medizinisch-technischen Möglichkeiten existieren in Deutschland bislang allerdings so gut wie keine flächendeckenden telemedizinischen Angebote. Die Lösungen und Angebote, die bereitstehen, werden entweder aus (zumeist stark öffentlich unterstützten) Forschungs- und Entwicklungsmitteln bezahlt oder sind durch zeitlich und räumlich begrenzte Verträge der Integrierten Versorgung abgesichert bzw. stehen für Selbstzahler zur Verfügung. Diese Finanzierungsstrukturen haben sich als schwer berechenbar erwiesen und bereiten so gut wie allen Anbietern massive wirtschaftliche Probleme. Unter dem Strich schlagen sie sich darin nieder, dass der Ausbau der Telemedizin in Deutschland nur sehr zögerlich vorankommt. Viele Beobachter sprechen mit Blick auf die Nutzung der Telemedizin am Gesundheitsstandort Deutschland deshalb von einem Umsetzungsversagen (siehe etwa Bandemer et al. 2014).

Worauf die Umsetzungsprobleme zurückzuführen sind, ist wissenschaftlich keineswegs eindeutig analysiert. Unstrittig ist aber, dass eine Vielzahl von Faktoren eine Rolle spielt, die von grundsätzlichen Problemen der Technikakzeptanz im Gestaltungsfeld Gesundheit über zu wenig Verständnis für die Gepflogenheiten des Gesundheitsbetriebes bei den entwickelnden Ingenieuren und bei Investoren bis hin zu Vorbehalten in den Einrichtungen der Gesundheitsselbstverwaltung reichen. Im Endeffekt hat dies dazu geführt, dass telemedizinische Dienstleistungen bislang – mit Ausnahme des Telekonsils in der neurologischen und radiologischen Diagnostik sowie der Videosprechstunde – nicht zum Kanon der Regelleistungen der Gesetzlichen Krankenversicherungen gehören und nur im

Rahmen integrierter Versorgungsverträge als indikationsbezogene Zusatzleistungen erstattungsfähig oder für Selbstzahler verfügbar sind.[3]
Gemeinhin werden der Telemedizin große Marktpotenziale zugeschrieben, allerdings gibt es zu den Umsätzen der Telemedizin in Deutschland kaum aktuelle und verlässliche Zahlen, so dass sich nur vage Aussagen treffen lassen. Eine Befragung unter 1.852 Patienten ergab, dass 72% der Befragten telemedizinische Dienstleistungen in Anspruch nehmen würde, wenn diese erstattungsfähig wären. Lediglich 13% würden selbst für telemedizinische Dienstleistungen aufkommen, dabei lag die Zahlungsbereitschaft der potenziellen Selbstzahler für telemedizinische Dienstleistungen bei der Mehrheit der Befragten bei max. 50 Euro pro Monat (Heinze & Naegele 2010). Schätzungen der Europäischen Kommission zufolge wird die Marktgröße des gesamten E-Health Marktes in Deutschland auf rd. 6,5 Mrd. Euro geschätzt (Deloitte 2011).

Ambient Assisted Living (AAL)

Die Perspektiven, die Innovationspraxis und die Umsetzungslage bei AAL-Lösungen ähneln stark den skizzierten Gegebenheiten bei der Telemedizin. Fachlich geht es bei AAL um technisch gestützte Lösungen zur Erhöhung des Wohnkomforts, zur Unterstützung der Gesundheit oder um gesundheitsbezogene Hilfen. Sie richten sich grundsätzlich an Zielgruppen in allen Altersgruppen und unterschiedlichen Lebenssituationen, haben aber für ältere Menschen eine besonders hohe Bedeutung (Eberhardt & Fachinger 2010). Differenziert werden können Lösungen anhand der vier Anwendungsfelder „Gesundheit und Pflege", „Sicherheit und Privatsphäre", „Haushalt und Versorgung" sowie „Kommunikation und soziales Umfeld". Das Anwendungsspektrum technischer Assistenzsysteme ist auch innerhalb der vier unterschiedlichen Teilbereiche, die jeweils eine Vielfalt von unterschiedlichsten Diensten umfassen können, sehr vielfältig. Anwendungsbeispiele sind die (Fern-)Steuerung der Gebäudetechnik, erweiterte Hausnotrufsysteme, Monitoring- und Informationssysteme, Sturzsensoren, Bewegungs- und Rauchmelder, intelligente Kleidung bis hin zu Service-Robotern (nach Klein 2010).
Die Verbreitung von Assistenztechnologien in Deutschland ist bisher eher gering (als Überblick siehe Hilbert et al. 2013), obwohl Forschungsvorhaben auf dem Gebiet des Ambient Assisted Living von 2008 bis 2013 durch das europaweite AAL Joint Programme sowie die angeschlossenen nationalen Förderprogramme (mit einem deutschlandweiten Fördervolumen von 45 Millionen Euro) und durch etliche Aktivitäten in Bundesländern gefördert wurden und bereits

---
[3] Am 01.01.2016 ist das Gesetz für sichere digitale Kommunikation und Anwendungen im Gesundheitswesen (E-Health-Gesetz) in Kraft getreten, um die Einführung einer digitalen Infrastruktur im Gesundheitswesen voranzutreiben.

eine Reihe von einsatzfähigen Anwendungen hervorgebracht haben. Dass derzeit noch kein funktionierender Markt für Ambient Assisted Living existiert, wird u.a. mit dem Fehlen von Geschäftsmodellen, einer fehlenden Standardisierung und Interoperabilität der Anwendungen sowie mit Finanzierungs- und Akzeptanzproblemen begründet (Berndt et al. 2009).

Marktpotenziale werden aufgrund der unterschiedlichen Technologien und Zielsetzungen der am Markt befindlichen Assistenzsysteme über Modellierungen anhand von Szenarien (Fachinger et al. 2012) bzw. für einzelne Technologien (Berndt et al. 2009) ermittelt. Schätzungen von Fachinger et al. (2012) zufolge kostet die (einmalige) Installation von Assistenzsystemen je nach Ausstattungsgrad und Wohnungsgröße zwischen 6.540 und rd. 12.075 Euro. Damit besitzt der Markt für assistierende Technologien bei einem unteren Wert von 6.500 Euro und ca. 14 Mio. zugrunde gelegten Haushalten mit einem Haushaltsvorstand über 60-Jahren ein Umsatzpotenzial von ca. 91 Mrd. Euro. Dem steht jedoch ein deutlich geringeres Nachfragepotenzial von maximal 5 Mrd. Euro gegenüber (ebd.). Zur Schätzung des Nachfragepotenzials wurde die Zahlungsbereitschaft für Assistenzsysteme zugrunde gelegt, die bei der Mehrheit der Zielgruppe noch unter 20 Euro im Monat und damit deutlich unterhalb der für Unterhaltungs- und Mediendienste akzeptierten Kosten liegt.

(Informations-)technische Hilfen für den Alltag

Altersassoziierte Beeinträchtigungen führen häufig dazu, dass Tätigkeiten des täglichen Lebens nicht mehr im gewohnten Umfang wahrgenommen, Produkte nicht benutzt und alltägliche Bewegungen nicht mehr ausgeführt werden können. Insbesondere Einschränkungen des Sehvermögens und der Mobilität führen häufig zu Unfällen, die wiederum gravierende Folgeschädigungen auslösen. Nach Angaben des Robert Koch-Instituts (Robert Koch-Institut 2002) stürzen fast ein Drittel der 65-jährigen und Älteren und die Hälfte der 80-jährigen und Älteren mindestens einmal jährlich. Von diesen Stürzen führen ca. 5% zu Frakturen und etwa 1 bis 2% zu hüftnahen Oberschenkelhalsfrakturen. Ein nicht unerheblicher Teil dieser Stürze erfolgt in der eigenen Wohnung.

Inzwischen steht im Grundsatz eine Vielzahl von (Einzel-)Produkten und von technischen Hilfen zur Erleichterung des Alltags zur Verfügung; auch über die speziellen Hilfsmittel für Behinderte oder Pflegebedürftige hinaus. Beispiele sind etwa Lupen als Lesehilfen, eine „Einhandstreichunterlage", sprich: ein Frühstücksbrett mit Fixierungshilfen, oder die Einhand-Abwaschbürste. Solche Produkte sind im Internet schnell und problemlos zu finden, jedoch sind sie im Sortiment des normalen Einzelhandels nur selten anzutreffen und werden stattdessen entweder über den Spezialhandel (z.B. Sanitätshäuser, Seniorenfachgeschäfte) oder Kataloge/Internet vertrieben. Die mit zunehmendem Alter eingeschränkten aktiven Kontakt- und Informationsmöglichkeiten bei gleichzeitig steigendem Bedarf an solchen Produkten führen mithin dazu, dass viele sinnvolle Produkte nicht ausreichend wahrgenommen und nachgefragt werden. Ein weiteres Verbreitungshindernis ist zudem der oft zu hohe Preis. Dieser kommt teils durch die geringen Stückzahlen zustande, wird teils aber auch mit dem Argument des „Gesundheitsproduktes" von den Anbietern künstlich generiert.

Zugehende Information und Beratung durch Menschen, die ohnehin regelmäßigen Kontakt zu Älteren haben (vom Friseur über Handwerker und Postboten bis hin zu ambulanten Pflegediensten), wäre ein Ansatz, um zumindest die Informationsprobleme zu bearbeiten. Allerdings ist es zum einen nicht immer im Interesse und Zeitbudget z.B. der professionellen Pflegekraft, auf solche Produkte hinzuweisen, zum anderen mangelt es immer noch an der nötigen Sensibilität und Aufmerksamkeit.

Die Umsetzungsprobleme bei den telemedizinischen Angeboten sind wie vorne beschrieben auf viele Faktoren zurückzuführen, wobei die nicht ausreichend untersuchte Technikakzeptanz der Nutzerinnen und Nutzer – also den älteren Menschen und deren Angehörige sowie den professionellen Gesundheitsdienstleistern, als ein wichtiger Faktor herauszuheben ist. Ähnlich verhält es sich bei den Angeboten zu Altersgerechten Assistenzsystemen für ein selbstbestimmtes Leben. Allerdings kann hier, genau wie beim Thema Barrierefreiheit/-armut noch auf ein zukünftiges Engagement und auf zukünftige Innovationsbereitschaft seitens der Wohnungswirtschaft gehofft werden. Bei den kleineren technischen Hilfen für den Alltag spielt aktuell wie auch vermutlich zukünftig die private Finanzierung die Hauptrolle.

4 Gestaltungsansätze und Finanzierungsperspektiven

Was kann gegen die oben skizzierten massiven Umsetzungsprobleme unternommen werden? Diese Frage beschäftigt die Gesundheitswirtschaft und ihre Protagonisten und Entscheidungsträger in wachsendem Maße. Debattiert wird eine Fülle von Ansätzen, ohne dass es bislang eine aussichtsreiche und belastbare Perspektive gibt. Große Aufmerksamkeit erhält immer wieder der Ruf nach dem Staat. An den Strukturen des neokorporatistisch organisierten Systems der Selbstverwaltung des Gesundheitswesens vorbei soll der Staat auf dem Rechtswege die Nutzung und Erstattung von Technik für das Alter verordnen. Darüber hinaus sind auch vermehrt Plädoyers dafür zu hören, dass bei der Forschung, Entwicklung und Erprobung umgedacht werden muss. Oft steht bei Technikern die technische Neuerung selbst und ihre elegante Realisierung im Vordergrund und sie kümmern sich nur wenig um die Bedarfe, Interessen, Kenntnisse und

Gewohnheiten der potentiellen Nutzer. Darüber hinaus denken sie nur am Rande an die rechtlichen Bedingungen der Nutzbarkeit und Refinanzierbarkeit, die in der Gesundheitswirtschaft üblich sind (Wirksamkeitsnachweise und Nachweise des gesundheitsökonomischen Nutzens).

Abbildung 1: Modell einer Innovationsstraße Gesundheit[4]

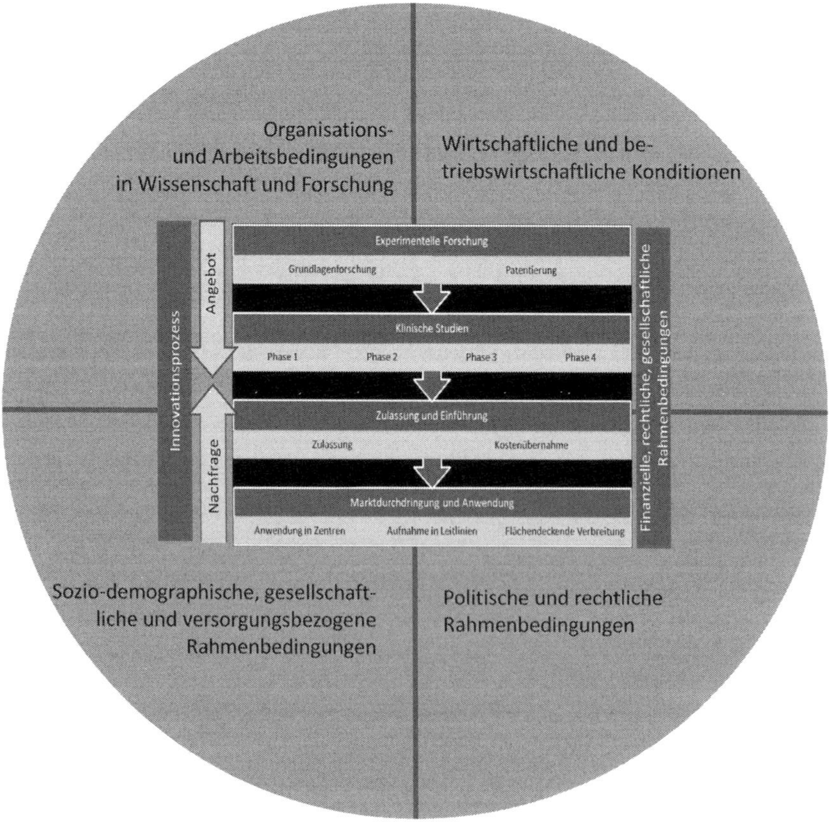

Eigene Darstellung Institut Arbeit und Technik

Vor diesem Hintergrund sollen zum Abschluss des vorliegenden Beitrags zwei Ansätze skizziert werden, mit denen auch ohne eine grundlegende rechtlich-

---

[4] Das Modell der Innovationsstraße Gesundheit wurde im Institut Arbeit und Technik (IAT) der Westfälischen Hochschule von Stephan von Bandemer entworfen.

institutionelle Umprogrammierung der Landschaft für Gesundheitsinnovationen in Deutschland mehr Spielraum für die Umsetzung von Innovationen im Themenfeld Alter und Technik entstehen kann:

- Statt ausschließlich auf die technischen Aspekte von Innovationen zu setzen, einen ganzheitlichen Innovationsbegriff verfolgen und in den Kategorien einer Innovationsstraße denken.
- Statt auf das eine erfolgversprechende Geschäftsmodell zu warten, den Baukasten an Finanzierungsmöglichkeiten kennen, nutzen und ausweiten („Refinanzierungsbasteln").

Die *Innovationsstraße* Gesundheit versucht das Augenmerk bei Innovationen für mehr Gesundheit ganzheitlich auszurichten. Konkret bedeutet dies, dass in Forschungs- und Entwicklungsprozessen so früh wie möglich alle Etappen des Innovationsprozesses – von der experimentellen Forschung über klinische Studien, Zulassungsverfahren sowie die Verbreitung und Anwendung und die gesellschaftlichen, rechtlichen und finanziellen Rahmenbedingungen – mitbedacht werden müssen. Mit Blick auf Ältere ist dabei auch und gerade zu beachten, dass diese Nutzergruppe nicht homogen ist, sondern dass sich unterschiedliche Interessen- und Nutzertypen identifizieren lassen.[5] Um einen solchen ganzheitlichen Ansatz in der Gesundheitsinnovationsforschung zu realisieren, haben sich einschlägig engagierte Wissenschaftler an der Westfälischen Hochschule Gelsenkirchen Bocholt Recklinghausen zu einem interdisziplinären „Westfälischen Institut für Gesundheit" zusammengeschlossen und orientieren ihre Arbeiten an einem gemeinsamen Verständnis von einer Innovationsstraße (siehe Abb. 1). Die Erwartung ist, dass sich so unnötige Verzögerungen beim Weg von der medizinisch-technischen Invention bis zur breiten Umsetzung vermeiden lassen.

Refinanzierungsbasteln: Eine Kardinalfrage bei den Diskussionen über neue Wege zur Unterstützung des zu Hause Lebens im Alter ist die nach den Finanzierungsmöglichkeiten und den mit ihnen verbundenen Geschäftsmodellen.[6] Dabei hat sich allerdings noch kein Königsweg herausgestellt, so dass derzeit für innovative und integrierte Ansätze kein anderer Weg übrigbleibt, als in einer unübersichtlichen Landschaft nach Konzepten begrenzter Reichweite zu suchen und ggf. auch Wege zu finden, unterschiedliche Ansätze miteinander zu kombinieren. Folgende Finanzierungsquellen kommen dafür im Grundsatz u.a. in Frage:

- Zuschüsse der Kommune, die sich aus eingesparten Sozialhilfeausgaben durch vermiedene Heimeinweisung finanzieren lassen. Die Seniorenbüros Dortmund machten Mitte 2014 darauf aufmerksam, dass es ihnen durch in-

---

[5] IAT (2014) unterscheiden im Hinblick auf das Gesundheitspräventionsverhalten älterer Menschen etwa „Couchpotatoes", „Resignierte", „Daueraktive" und „Durchstarter".
[6] Als Überblick – am Beispiel von Telemedizin und AAL – siehe Gersch & Liesenfeld (2012).

tensives Kümmern um Patienten gelingt, nachweisbar in signifikanter Größenordnung – 320 Fälle in 2013 – Einweisungen in die stationäre Altenhilfe zu vermeiden (Pohlmann 2014). Da eine Heimunterbringung für Kommunen sehr häufig mit Sozialhilfezahlungen verbunden ist, hat dies Einsparungen im Kommunalhaushalt zur Folge. Die Dortmunder Seniorenbüros können auf diesem Wege zeigen, dass sie der Stadt mit 1,5 Mio. Euro Ausgaben deutlich weniger kosten, als sie durch Vermeiden von stationären Heimunterkünften einsparen.

- Absicherung von Leistungsangeboten durch Integrierte Versorgungsverträge mit Gesundheits- und Krankenkassen. Dieses Instrument ist in der Vergangenheit im Gestaltungsfeld Alter und Technik v.a. bei telemedizinischen Angeboten praktiziert worden. Als Beispiele können hier Integrierte Versorgungsverträge (§ 140 SGB V) der AOK mit dem HerzNetz Köln oder der IKKclassic mit der AnyCare GmbH beide jeweils für die Diagnose Herzinsuffizienz[7] genannt werden.
- Zuschüsse, die seitens von Gesundheits- bzw. Krankenkassen, ggf. auch seitens der Pflegekassen gezahlt werden. Bislang sind diese bei der Mitfinanzierung entsprechender Aktivitäten zwar sehr zurückhaltend gewesen, jedoch signalisieren einige öffentliche Äußerungen – etwa der Knappschaft-Bahn-See beim Gesundheitskongress des Westens 2014 – ein Umdenken. Ursache für eine veränderte Sichtweise sind die hohen Belastungen, die in der älter werdenden Gesellschaft durch vermeidbare Erkrankungen auf die Sozialkassen zukommen.
- Beiträge von Wohnungsunternehmen, die sich durch Aktivitäten in den genannten Gestaltungsfeldern „vor Ort" eine Aufwertung ihrer Wohnungen versprechen könnten.
- Provisionen für vermittelte Produkte und Dienstleistungen.
- Drittmittelunterstützte Forschungs-, Entwicklungs- und Erprobungsprojekte. Diese könnten – allerdings zeitlich befristet – Mitfinanzierungsmöglichkeiten bieten. In Frage kämen eine Reihe von Forschungs-, Entwicklungs- und Gestaltungsprogrammen; so könnte auch der Innovationsfonds Gesundheit, derzwischen 2016 und 2019 neue Modelle innovativer Versorgung sowie Versorgungsforschung mit jährlich 300 Mio. Euro fördert, Finanzierungsperspektiven bieten.

---

[7] http://www.aok-gesundheitspartner.de/rla/iv/projekte/kardiologie/index_07269.html; https://www.ikk-classic.de/leistungen-service/leistungen-von-a-z/integrierte-versorgung/details/telemedizinische-betreuung-bei-herzinsuffizienz.html

5 Ausblick

In den letzten Jahren wurden zahlreiche Aktivitäten, Initiativen und Projekte rund um das Thema „Wohnen im Alter" sowie „Technik und Alter" erfolgreich gestartet. Die Verbreitung der einzelnen Ansätze sowie der nachhaltige Einsatz stehen vielfach noch aus. Als sich zum Teil überlagernde Gründe konnten hierfür viele aufgezeigt werden: Zu geringes Wissen der Technikhersteller über die Rahmenbedingungen z.b. im Bereich der häuslichen Pflege und über die Akzeptanz dieser Angebote bei den potentiellen Nutzern, aber auch das Fehlen von Geschäftsmodellen sowie von Standardisierungen und von Interoperabilität der Anwendungen. Als Lösungsansätze konnten zwei sich ergänzende Vorschläge unterbreitet werden.

Mittels einer „Innovationsstraße Gesundheit" wird der Versuch unternommen, den gesamten Innovationsprozess in Augenschein zu nehmen und dabei alle möglichen Rahmenbedingungen bereits bei der Entwicklung und Erprobung einzubeziehen. Dies gilt auch für Lösungen zur Finanzierung des Wohnens im Alter. Hier sollten mehrere Finanzierungsquellen – im Sinne eines „Refinanzierungsbastelns" – als Bausteine miteinander verwoben werden. Neben den Kommunen kommen hier weitere Akteure wie die Kostenträger und die Wohnungswirtschaft in Frage. Zeitlich befristet kann dies auch im Rahmen von Forschungs-, Erprobungs- und Gestaltungsprojekten erprobt werden.

Um auch der nachwachsenden Generation, die aller Voraussicht nach mit einem geringeren Einkommen als die jetzige Rentnergeneration ausgestattet sein wird (Seils 2013), ein Leben in Alter mit möglichst hoher Lebensqualität in den eigenen vier Wänden zu ermöglichen, wird es in Zukunft notwendig sein, die oben aufgeführten Akteure wie die Kostenträger, die Kommunen, die Wohnungswirtschaft u.a. an einen Tisch zu bringen und dann die gemeinsamen Interessen der verschiedenen Akteure in den Vordergrund zu stellen und nach konstruktiven und nachhaltigen Lösungen zu suchen. Der Wissenschaft kommt dabei die Aufgabe zu, praxisnahe und ganzheitliche Innovationen zu erforschen und gemeinsam mit der Wirtschaft und den gesellschaftlichen Akteuren (insbesondere den Nutzern) zu entwickeln und zu erproben.

Literatur

Bandemer, Stephan v., Elke Dahlbeck, Michaela Evans & Josef Hilbert (2014): Innovationen in der Gesundheitswirtschaft. In: Manfred Mai (Hrsg.): Handbuch Innovationen. Interdisziplinäre Grundlagen und Anwendungsfelder. Berlin: Springer VS, 269-294.

Berndt, Erhard, Reiner Wichert, Eva Schulze, Detlef Oesterreich, Uta Böhm, Holger Gothe, Antje Freytag, Agata Daroszewska, Philipp Storz, Sybille Meyer & Christian Dierks (2009): Marktpotenziale, Entwicklungschancen, Gesellschaftliche, gesundheitliche und ökonomische Effekte der zukünftigen Nutzung von Ambient Assisted Living (AAL)-Technologien. Schlussbericht. Rostock / Darmstadt / Berlin: Fraunhofer Institut für Graphische Datenverarbeitung (IGD).

BMVBS – Bundesministerium für Verkehr, Bau und Stadtentwicklung (2011): Wohnen im Alter. Marktprozesse und wohnungspolitischer Handlungsbedarf. Forschungen Heft 147. Berlin: BMVBS.

BMVBS – Bundesministerium für Verkehr, Bau und Stadtentwicklung (2013): Altersgerecht umbauen – mehr Lebensqualität durch weniger Barrieren. Berlin: BMVBS.

BMWI – Bundesminimisterium für Wirtschaft und Energie (Hrsg.) (2017): Gesundheitswirtschaft. Fakten und Zahlen Ausgabe 2016. Berlin: BMWI.

Bölting, Torsten (2014): Masterplan Altengerechte Quartiere Nordrhein-Westfalen - Chancen und Möglichkeiten. Folienvortrag am 14.03.2014 bei InWis, Bochum. Landesbüro altengerechte Quartiere.NRW.

Dahlbeck, E. & Josef Hilbert (2017): 20 Jahre regionale Gesundheitswirtschaftsperspektiven: Stand & Entwicklung. In: Dahlbeck, Elke & Josef Hilbert (Hg.) 2017: Gesundheitswirtschaft als Motor der Regionalentwicklung. Wiesbaden, Springer VS, 9-30.

Dahlbeck, Elke & Josef Hilbert (2014): Die Bildung von Gesundheitsregionen als Perspektive im Strukturwandel. In: Rasmus C. Beck, Rolf G. Heinze & JosefSchmid (2014): Zukunft der Wirtschaftsförderung. Nomos: Baden-Baden, 277-300.

Deloitte & Touche GmbH Wirtschaftsprüfungsgesellschaft (2011): Telekommunikationsdienstleistungen von morgen – Vertikale Wachstumsstrategien auf dem Prüfstand. München: Deloitte & Touche GmbH Wirtschaftsprüfungsgesellschaft.

Eberhardt, Birgid & Uwe Fachinger (2010): Verbesserte Gesundheit durch Ambient Assisted Living aus globaler, regionaler und lokaler wirtschaftlicher Perspektive. In: Uwe Fachinger & Klaus-D. Henke (Hrsg.): Der private Haushalt als Gesundheitsstandort. Theoretische und empirische Analysen. Baden-Baden: Nomos Verlag, 33-59.

Evans, Michaela, Josef Hilbert, Christoph Bräutigam & Fikret Öz (2014): Viel Engagement, wenig Klarheit. Ergebnisse aus dem „Arbeitsreport Krankenhaus" zum Wandel bei Qualifizierung und Arbeitsteilung. In: Heinz Naegler (Hrsg.): Personalmanagement im Krankenhaus, Berlin: Medizinisch Wissenschaftliche Verlagsgesellschaft, 138-145.

Fachinger, Uwe, Helen Koch, Klaus-D. Henke, Sabine Troppens, Grit Braeseke & Meiko Merda (2012): Ökonomische Potenziale altersgerechter Assistenzsysteme. Offenbach: VDE Fachinger, Uwe & Klaus-D. Henke (Hrsg.) (2010): Der private Haushalt als Gesundheitsstandort. Theoretische und empirische Analysen. Baden-Baden: Nomos Verlag.

Gersch, Martin & Joachim Liesenfeld (Hrsg.) (2012): AAL- und E-Health-Geschäftsmodelle. Wiesbaden: Gabler.

Goldschmidt, Andreas J. W. & Josef Hilbert (Hrsg.) (2009): Gesundheitswirtschaft in Deutschland: die Zukunftsbranche Wegscheid: Wikom.

Grönemeyer, Dietrich (2004): Gesundheitswirtschaft. Die Zukunft für Deutschland. Berlin: ABWWissenschaftsverlag.

Heinze, Rolf G. & Gerhard Naegele (2010): Intelligente Technik und „personal health" als Wachstumsfaktoren. In: Uwe Fachinger & Klaus-D. Henke (Hrsg.): Der private Haushalt als Gesundheitsstandort. Theoretische und empirische Analysen. Baden-Baden: Nomos, 109-134.

Heinze, Rolf G., Josef Hilbert & Wolfgang Paulus (2009): Der Haushalt – ein Gesundheitsstandort mit Zukunft. In: Josef Hilbert & Andreas J. W. Goldschmidt (Hrsg.): Gesundheitswirtschaft in Deutschland: die Zukunftsbranche. Wegscheid: Wikom, 772-800.

Heinze, Rolf G, Josef Hilbert & Wolfgang Paulus (2008): Der Gesundheitsstandort Haushalt: Mit Telematik in eine neue Zukunft? Gelsenkirchen: Institut Arbeit und Technik (Forschung Aktuell, Nr. 11/2008).

Hilbert, Josef, Peter Enste & Sebastian Merkel (2013): Information and communication technologies (ICT). In: Josef Hilbert, Rolf G. Heinze, Gerhard Naegele, Peter Enste, Sebastian Merkel, Claudia Ruddat, Fabian Hoose & Katja Linnenschmidt: Deliverable 7.1: Innovation Prospect Report. Gelsenkirchen: Institut Arbeit und Technik, 20-40 (online: http://mopact.group.shef.ac.uk/research-posts/findings-10).

Hilbert, Josef, Birgit Mickley & Michaela Evans (2011): Soziale Gesundheitswirtschaft: Mehr Gesundheit – gute Arbeit – qualitatives Wachstum. Bonn: Friedrich-Ebert-Stiftung.

Hilbert, Josef & Wolfgang Paulus (2011): Reflexionen, Ideen und erste Ansätze zum Zuhause als Gesundheitsstandort. In: Zeitschrift für Evidenz, Fortbildung und Qualität im Gesundheitswesen,105, 672-676.

IAT - Institut Arbeit und Technik (Hrsg.) (2014): User Requirements for System Functionality and User Driven Content. Gelsenkirchen: IAT (unveröffentlichter Forschungsbericht).

Klein, Barbara (2010): Neue Technologien und soziale Innovationen im Sozial- und Gesundheitswesen. In: Jürgen Howaldt & Heike Jacobsen (Hrsg.): Soziale Innovationen. Auf dem Weg zu einem postindustriellen Innovationsparadigma. Wiesbaden: VS-Verlag, S. 271-296.

KDA - Kuratorium Deutsche Altershilfe (2014): Wohnen im Alter: Herausforderungen, Rahmenbedingungen, Beispiele. Köln: KDA (Pro Alter 3/2014).

Luthe, Ernst W. (Hrsg.) (2013): Kommunale Gesundheitslandschaften. Wiesbaden: Springer VS.

Nefiodow, Leo A. (1996): Der Sechste Kondratieff. Wege zur Produktivität und Vollbeschäftigung im Zeitalter der Information. Sankt-Augustin: Rhein-Sieg-Verlag.

Oberender, Peter , Ansgar Hebborn & Jürgen Zerth (2002): Wachstumsmarkt Gesundheit. Stuttgart: Lucius & Lucius.

Ostwald, Dennis A., Klaus-D. Henke & Zun-G. Kim et al. (2014): Weiterentwicklung des deutschen Gesundheitssatellitenkontos zu einer Gesundheitswirtschaftlichen Gesamtrechnung. Baden-Baden: Nomos-Verlag

Pestel Institut (Hrsg.) (2009): Wohnungsmangel in Deutschland? Regionalisierter Wohnungsbedarf bis zum Jahr 2025. Hannover: Pestel Institut gGmbH.

Pohlmann, Reinhard (2014): Die Dortmunder Seniorenbüros. Folienvortrag bei Klinikkongress Ruhr 2014.

Robert Koch Institut (Hrsg.) (2002): Gesundheit im Alter. Gesundheitsberichterstattung des Bundes Heft 10. Berlin: RKI.

Seils, Eric: Armut im Alter – aktuelle Daten und Entwicklungen. In: WSI-Mitteilungen 5/2013, Seiten 360-368

World Health Organization (WHO) (2001): Macroeconomics and Health: Investing in Health for Economic Development. Geneva: WHO.

Altern und Technik: Anmerkungen zu den ökonomischen Potentialen

Uwe Fachinger

1 Motivation

Seit mehreren Dekaden wird im Zusammenhang mit der demographischen Entwicklung auch auf den hohen und wachsenden Wohlstand der älteren Bevölkerung verwiesen.[1] Unter dem Stichwort „Wirtschaftskraft Alter" wird die zunehmende ökonomische Relevanz dieser Personengruppe thematisiert, womit auch die ökonomischen Potentiale in den Fokus der Aufmerksamkeit geraten.[2]

Hintergrund der folgenden Überlegungen ist, dass sich die Struktur der Gesamtnachfrage innerhalb einer alternden Gesellschaft sukzessive ändert. Dabei können zwei Entwicklungen unterschieden werden. Wie Längsschnittanalysen gezeigt haben, unterliegt der Konsum privater Haushalte Perioden-, Kohorten- und Alterseffekten (vgl. ausführlich Fachinger 2001; Bögenhold & Fachinger 2007). Der Alterseffekt tritt insbesondere im Zusammenhang mit der Nachfrage nach Gesundheitsgütern auf, so dass angesichts der Alterung der Gesellschaft vor allem von der Gesundheitswirtschaft Wachstumsimpulse ausgehen können (siehe u.a. Henke et al. 2011; Meier et al. 2013; Tegart 2010). Aber nicht nur durch die sich mit dem Alternsprozess verändernde Nachfrage, sondern auch durch innovative Technologien und deren Verwendung in neuen Produkten und Dienstleistungen können sich neue Märkte eröffnen. Hier sei beispielhaft auf die gesundheitliche und pflegerische Versorgung, die Wohnungswirtschaft, den Wellness- und Fitnessbereich oder die Ernährung verwiesen (vgl. etwa Wahl et al. 2010; Lindenberger et al. 2011; Bundesverband Informationswirtschaft 2012). Prinzipiell kann durch innovative Technik die gesamtwirtschaftliche Produktionsfunktion verbessert werden. In diesem Falle käme es u.a. zu Effizienzsteigerungen durch technischen Fortschritt in Verbindung mit einer alternden Gesellschaft.

So könnten Assistenztechnologien, AAL-Systeme und der Einsatz neuer Dienstleistungen mit der Zeit zudem zu einer Erhöhung des Kapitaleinsatzes

---

[1] So u.a. von Heinze et al. (2011), Sachverständigenrat zur Begutachtung der gesamtwirtschaftlichen Entwicklung (2011), Bank of America Merryll Lynch (2014), Jackson (2014), Eatock (2015), European Commission (2015), Dobbs et al. (2016) – kritisch hierzu z.B. Fachinger (2012).

[2] Siehe exemplarisch Barkholdt et al. (1999), Heinze et al. (2011) sowie Enste & Hilbert (2013); im englischen Sprachraum wird häufig der Begriff Silver Economy verwendet, vgl. z.B. Štefánik et al. (2013).

© Springer Fachmedien Wiesbaden GmbH, ein Teil von Springer Nature 2018
H. Künemund und U. Fachinger (Hrsg.), *Alter und Technik*, Vechtaer Beiträge zur Gerontologie, https://doi.org/10.1007/978-3-658-21054-0_4

führen. Die Verwendung von Assistenztechnologien und AAL-Systemen in Privathaushalten älterer Menschen könnte somit zusätzliche positive externe Effekte haben. Eine Substitution von Arbeit durch Technik würde den potentiell negativen Auswirkungen eines weiter zunehmenden Anteils an Dienstleistungen am Bruttoinlandsprodukt (Baumol 1967; Baumol & Oates 1972) entgegenstehen und für Produktivitätszuwachs sorgen (Triplett & Bosworth 2002). Prinzipiell verbessern die assistierenden Techniken die Effektivität, Effizienz und Qualität beispielsweise in der gesundheitlichen und pflegerischen Versorgung (Meier et al. 2013: 363 ff). Dies könnte schon allein durch eine Steigerung der Informationstransparenz erfolgen. Im Detail erleichtern die Techniken zudem die alltägliche Lebensführung und ermöglichen dadurch ein längeres Verbleiben in der gewohnten Umgebung. Diese Entwicklungen können zu steigenden Umsätzen, höheren Einnahmen und wachsenden Gewinnen als Grundlage zur Finanzierung anderer Wirtschaftsbereiche führen, darunter auch der der Leistungen der Regelversorgung im sogenannten primären Gesundheits- und Pflegesektor. Diese Wirkungen sind in der folgenden Abbildung 1 schematisch dargestellt.

Abbildung 1: Schematische Darstellung des ökonomischen Potentials

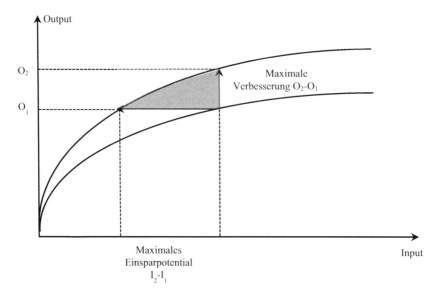

Quelle: Eberhardt et al. (2010: 28).

Die graue Dreiecksfläche in der Abbildung 1 stellt das im Einsatz von Techniken liegende ökonomische Potential bzw. den potentiellen Wohlfahrtsgewinn dar, sofern die zur Produktion benötigten Ressourcen nicht reduziert würden. Es wird aber auch das mögliche Einsparpotential sichtbar, sofern der Output nicht erhöht wird – beispielsweise, in dem das Niveau der gesundheitlichen und pflegerischen Versorgung konstant gehalten wird.

Allerdings ist dieser positive Blick in die Zukunft einer Gesellschaft des langen Lebens nicht unumstritten. Wie im Folgenden diskutiert wird, führen Innovationen, z.B. im Bereich der assistierenden Techniken, und der Prozess des Alterns und damit die Änderung der demographischen Struktur nicht zwangsläufig zur Realisierung der ökonomischen Potentiale. Welcher Punkt innerhalb des Dreiecks realisiert wird, ist unbestimmt und hängt von vielfältigen Faktoren ab, auf die im Folgenden eingegangen wird. Ferner stellt sich die Frage, wie diese Dreiecksform quantitativ zu bewerten ist, d.h. die Frage nach der Höhe des Umsatz- bzw. Nachfragepotentials.

2 Theoretisch-konzeptionelle Aspekte

Die durch den Einsatz von Technik tendenziell bewirkte Wohlfahrtssteigerung wird prinzipiell über marktliche Aktivitäten erreicht. Um eine Vorstellung von der Größenordnung dieser Marktpotentiale zu erlangen, ist es erforderlich, die Determinanten der Angebots- sowie der Nachfrageseite möglichst differenziert zu berücksichtigen. Es existiert allerdings derzeit kein Erklärungsmodell, dass Hinweise auf die Relevanz einzelner Determinanten bietet oder gar eine Abschätzung des ökonomischen Potentials ermöglichen würde. Daher werden im Folgenden die Größen, die bei einer Abschätzung des Potentials beachtet werden müssten, kurz aufgeführt.

2.1 Angebotsseitige Aspekte

Zu den angebotsseitigen Determinanten, die vor allem in Verbindung mit Technik und Alter in der Literatur diskutierten werden, gehören die Verfügbarkeit von Kapital, sowohl auf den Kapitalmärkten als auch durch Förder- bzw. Investitionsprogramme, die Anwendungsreife technischer Lösungen und Produkte, das induzierte Angebot, z.B. die Entstehung neuer Berufsfelder, der Verbraucher und Datenschutz sowie Markteintrittsbarrieren und Innovationshemmnisse wie die Akzeptanzbarrieren bei den Anbietern und die erforderliche Standardisierung, Systemintegration und Interoperabilität (siehe u.a. Troppens 2014; Fachinger et al. 2014; Fachinger & Henke 2010). Ferner wird auf die Notwendigkeit der Differenzierung in Teilmärkte hingewiesen, die in der Abbildung 2 in vier Kategorien zusammengefasst sind. Die Pfeile sollen dabei die Interdependenz der Märkte verdeutlichen, lassen sich doch spezifische Produkte – wie beispielsweise der Hausnotruf – mehr als einer Kategorien zuordnen.

Abbildung 2: Relevante Teilmärkte für assistierende Techniken / Teilmärkte technischer Assistenzsysteme

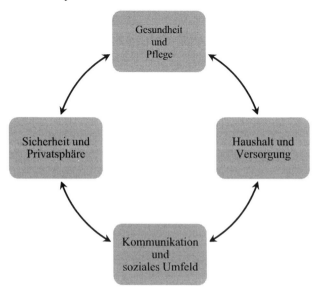

Quelle: Eigene Darstellung in Anlehnung an Heinze & Naegele (2010:117f.) und Mühlbacher et al. (2010: 95ff.).

Bei der Betrachtung dieser Teilmärkte sind neben den technischen Systemen Aspekte wie Vorleistungen, Systemintegration, Installation und Wartung sowie projekt- bzw. technikgebundene Dienst- und Beratungsleistungen mit zu berücksichtigen. Erst wenn dieses komplexe Geflecht unter Berücksichtigung der Rahmenbedingungen adäquat erfasst ist, könnte basierend darauf eine Abschätzung von Marktgröße und -wachstum, aber auch der Beschäftigungseffekte, erfolgen.

2.2 Nachfrageseitige Aspekte

Bei den nachfrageseitigen Determinanten (Fachinger & Erdmann 2010) ist neben der Altersstruktur und deren Veränderung zuvorderst auf die Zahlungsfähigkeit und Zahlungsbereitschaft der Nutzer zu verweisen. Dabei umfassen diese Determinanten verschiedene Dimensionen. So ist die Zahlungsfähigkeit vom Einkommen und Vermögen sowie deren weiterer Entwicklung abhängig, die Zahlungsbereitschaft wird u.a. von der Technikbereitschaft determiniert.[3] Weiterhin hängt die Nachfrage von der Struktur der Bedarfe ab, die sich – wie schon erwähnt – mit dem Prozess des Alterns ändert. Auf die Zahlungsfähigkeit und -bereitschaft wirken sich zudem die Preise assistierender Techniken aus. Dabei ist nicht nur der absolute Güterpreis relevant. Vielmehr sind die Preise von Substituten, von Komplementen sowie die Preise anderer Produkte und Dienstleistungen – insbesondere der zur Deckung des Grundbedarfs – sowie deren Entwicklung zu berücksichtigen. Mit der Anschaffung und dem Betrieb sind zudem potentiell weitere Ausgaben verbunden. Hierzu gehören u.a. Informationskosten im Vorfeld der Anschaffung und Lernkosten für die adäquate Verwendung der assistierenden Techniken. Diese hängen wiederum vom vorhandenen Humankapital ab, das selbst wieder im Alternsprozess Änderungen unterliegen kann – verwiesen sei hier auf die zunehmenden kognitiven Einschränkungen. Ferner können mit den assistierenden Techniken – so beispielsweise im Zusammenhang mit ambulanter Pflege – potentiell Ausgaben für die Wohnraumanpassung anfallen. Hierbei wäre zudem der Entscheidungsspielraum zu berücksichtigen, da beispielsweise bei gemietetem Wohnraum größere Umbaumaßnahmen durch das Mietrecht eingeschränkt werden und gegebenenfalls nur in Abstimmung mit dem Eigentümer möglich sind.

Die aufgeführten Aspekte sind aber nicht nur individuenspezifisch, sondern zusätzlich auch im Haushaltskontext zu betrachten. So sind die Haushaltsressourcen (beispielsweise Anzahl der im Haushalt lebenden Personen, Anzahl der erwerbstätigen Personen, Höhe des Vermögens), die Haushaltstruktur (so z.B. Familienstand, Erwerbsstatus der Personen, Ausmaß der Unabhängigkeit einzelner Mitglieder) und die Haushaltszusammensetzung (z.B. nach Alter und Geschlecht) für die Realisierung einer spezifischen Nachfrage von Relevanz, werden doch viele Güter und Dienstleistungen im Haushalt unter Verwendung technischer Assistenzsysteme – d.h. im Rahmen der Haushaltsproduktion – erst erstellt (Ghez & Becker 1975).

---

[3] Zur Technikbereitschaft und deren Komponenten Technikakzeptanz, -kompetenzüberzeugung (Erfahrungen im Umgang mit vertrauten Technologien und die subjektiv erwartete Anpassungsfähigkeit an noch unbekannte technologische Innovationen) sowie –kontrollüberzeugung (subjektiv wahrgenommene Kontrollierbarkeit von Technologien) – siehe Neyer et al. (2012), Fachinger et al. (2012) sowie Künemund & Tanschus (2014).

Des Weiteren sind die gesundheitliche Situation der Bevölkerung – Morbidität und Krankheitsspektrum – sowie das Gesundheitsbewusstsein, das Anspruchsverhalten und der Wunsch, ein selbstbestimmtes Leben in der eigenen Wohnung führen zu können, von Bedeutung. Hinzu kommen gerontosoziologische Aspekte wie die Lebensformen und -phasen sowie die Wohnsituation. Eine weitere Determinantengruppe stellt die Fachkräftesituation dar – im Bereich der gesundheitlichen und pflegerischen Versorgung beispielsweise Ärzte und das Pflegepersonal sowie die informell Pflegenden.

Hält man sich die Auflistung der zahlreichen individuenbezogenen Determinanten vor Augen, stellt sich die Frage nach deren Relevanz. Diese Frage kann allerdings nur anhand empirischer Analysen beantwortet werden. Neben den nur eingeschränkt verfügbaren Informationen ist ein weiteres Problem zur Erklärung des Angebots- und Nachfrageverhaltens, dass die aufgeführten Determinanten selbst wiederum teilweise als abhängige Variable zu betrachten und daher erklärungsbedürftig sind. So ist die Technikbereitschaft u.a. abhängig vom Geschlecht, dem Humankapital sowie dem physiologischen, kognitiven und sozialen Alter.

Zur Nachfrageseite sind aber auch die Leistungserbringer im Zusammenhang mit einer intermediären Verwendung der Produkte u.a. im Rahmen der von ihnen angebotenen Dienstleistungen sowie die induzierte Nachfrage, hier sei beispielhaft auf den Schulungsbedarf verwiesen, zu zählen. Im Zusammenhang mit der Exportorientierung der Unternehmen wird ferner auf die internationale Nachfrage verwiesen, wobei u.a. zwischen dem Nachfragepotential in Europa aufgrund der Binnenmarktstruktur und den Exportmöglichkeiten in den außereuropäischen Raum zu differenzieren ist.

Bei all den in der Literatur aufgeführten Determinanten sind die Rahmenbedingungen – hier insbesondere die rechtlichen Gegebenheiten – zu beachten. Diese können die Nachfrage einerseits beschränken, andererseits aber eine kontinuierliche Nachfrage bewirken. Als Beispiel sei hier auf die gesundheitliche Versorgung in Deutschland verwiesen. So hängt die Nachfrage nach Assistenzsystemen entscheidend davon ab, ob ein derartiges System im Rahmen der Regelversorgung erhältlich ist oder auf dem sogenannten Gesundheitsmarkt erworben werden muss (Fachinger et al. 2015b).

Das aufgeführte breite Spektrum an die Nachfrage beeinflussenden Faktoren verdeutlicht die Schwierigkeiten, die bei einer quantitativen Abschätzung des Nachfragepotentials zu bewältigen sind und weist darauf hin, dass derartige Berechnungen allenfalls Hinweise auf die Größenordnung liefern können.

Altern und Technik: Ökonomische Potentiale 57

2.3 Probleme der Ermittlung der ökonomischen Potentiale

Neben den bisher angesprochenen Aspekten ergeben sich weitere konzeptionelle Schwierigkeiten für die Abschätzung des ökonomischen Potentials. So gibt es derzeit keine allgemein anerkannte Definition dessen, was unter assistierenden Techniken, AAL-Systemen bzw. Assistenzsystemen zu fassen ist (u.a. Künemund et al. 2013b; Fachinger 2013). Zwar sind Definitionen per se zweckgerichtet, dennoch wäre eine allgemeine Arbeitsdefinition zur Beurteilung und zum Vergleich der Ergebnisse hilfreich. Fachinger et al. (2014: 14) unterscheiden dabei beispielsweise drei Gruppen bzw. Generationen:

1. Produkte und Dienstleistungen wie Seh-, Hör- und Mobilitätshilfen oder Versandhandel und Bringdienste, die schon seit langer Zeit etabliert sind;
2. Systeme, die einen Informationsaustausch ermöglichen;
3. Systeme einer „intelligenten" (Wohn-)Umgebung bzw. eines Lebensraumes, bei denen vernetzte und miteinander interagierende Systeme eigenständig (re-)agieren.

Eine vergleichbare Definition schlagen Kubitschke et al. (2010: 8) vor:

1. Geräte, die ein aktives Eingreifen des Nutzers erfordern und nur aus einer einfachen technologischen Ausstattung bestehen;
2. Geräte, die selbständig aktiv werden oder Informationen weitergeben und kein Eingreifen des Nutzers erfordern;
3. Geräte, die eigenständig interagieren.

Eine weitere Darstellung lehnt sich an Troppens (2014) an, die ebenfalls eine Kategorisierung in drei Generationen vorsieht (Tabelle 1). Dabei sind – wie auch in den anderen Unterteilungen – die Grenzen zwischen den jeweiligen Kategorien fließend. In der Einteilung werden alledings einige weitere wesentliche Unterscheidungskriterien zwischen den Technikgenerationen deutlich. So ist beispielsweise die Funktionalität der Geräte der dritten Generation personenbezogen und nicht mehr auf den Zweck ausgerichtet. Ferner ist bei den Geräten der dritten Generation die Intergration von Diensten immanenter Bestandteil. Des Weiteren ist darauf zu verweisen, dass derzeit noch kein voll ausgebildeter Markt für die meisten assistierenden Technologien existiert bzw. die Produkte sich in einem Entwicklungsstadium befinden. So gibt es denn auch derzeit keine offizielle Kategorisierung und statistische Berichterstattung zu diesen Produkten und Dienstleistungen – weder auf nationaler noch internationaler Ebene – da diese sich nicht einem eigenständigen ökonomischen Sektor zuordnen lassen. Damit ist die Abschätzung des Gesamtpotentials letztendlich arbiträr. Ergänzend sei darauf hingewiesen das eine Messung der Effekte des Einsatzes der Techniken angesichts der unzureichenden Datenlage und Abgrenzungen bzgl. der Marktstruktur, Güterarten und Branchenverflechtungen nur stark eingeschränkt möglich ist, so dass die empirische Ermittlung einer Kosten-Nutzen-Evidenz im Prinzip nur eingeschränkt umsetzbar ist.

Tabelle 1: Technikgenerationen

	Gebrauchsgut und Zubehör	Einfache technologische Produkte	Komplexe, integrierte technologische Produkte	
Generation		1	2	3
Technologisierungsgrad	keine Technologie	gering	mittel	hoch
Datenaustausch /Interaktivität	entfällt	entfällt	unidirektional	interaktiv
Funktionalität	Eindimensional	Eindimensional	vielfältig, zweckbezogen	komplex, personenbezogen
Integration von Diensten	keine Integration	nur technologisch	möglich	voll
Marktpenetration	hoch	hoch	moderat	gering

Quelle: In Anlehnung an Troppens (2014).

Insgesamt gesehen ist hinsichtlich des ökonomischen Potentials von Technik in einer alternden Gesellschaft – wenn überhaupt – nur eine sehr grobe Abschätzung bzw. szenarienhafte Einschätzung möglich.

3 Abschätzung des Umsatzpotenzials

Es gibt mittlerweile einige Analysen, in denen eine Abschätzung des Umsatzpotentials angestrebt wird (Troppens 2014). Zur Quantifizierung der Größenordnung sind Daten erforderlich, die in den Szenarien bzw. Modellrechnungen verwendet werden können. So sind einerseits Informationen über die Menge, andererseits über den Preis der Produkte bzw. der Dienstleistungen notwendig. Im Folgenden sind einige Beispiele für Berechnungen wiedergegeben, die einen Eindruck von der quantitativen Größenordnung vermitteln.

3.1 Beispiel Hausnotruf

Kreikenbom et al. (2010) konstatieren in Deutschland für das Jahr 2008 einen Durchdringungsgrad von rund 400.000 Personen, das sind etwa 2,5% der über 65-Jährigen. Wie sich der Nutzungsgrad entwickeln wird, ist ungewiss. Man kann aber von einer Zunahme der Akzeptanz von Hausnotrufsystemen u.a. aufgrund der Intention, im Alter möglichst lange in der gewohnten Umgebung zu verbleiben, ausgehen.

Ein Hausnotrufsystem kann man prinzipiell käuflich erwerben oder mieten. Im letztgenannten Fall ergäbe sich bei einer Anschlussgebühr von durchschnittlich 10,49 Euro und einer Servicegebühr von 18,36 Euro pro Monat[4] bzw. ein Euro pro Tag gemäß der Initiative Hausnotruf (Initiative Hausnotruf GbR 2016) für das Jahr 2008 als Servicegebühr 88,128 Mio. Euro bzw. 146 Mio. Euro. Würde der Nutzungsgrad auf 10% für das Jahr 2020 steigen, so würden rund 1,9 Mio. Personen über ein Hausnotrufsystem verfügen, was einem ökonomischen Potential von 418,6 Mio. Euro (bei 18,36 Euro Servicegebühr) bzw. 695,4 Mio. Euro (bei einem Euro pro Tag) entsprechen würde.[5] In diesen Preisen sind allerdings die mit den Hausnotrufsystemen verbundenen Dienstleistungen nicht enthalten.[6]

3.2 Beispiel e-Health[7]

Betrachtet man nur die Vorausberechnungen für den Teilmarkt der e-Health-Systeme in Europa, so wird dieser auf eine Größe von 14,3 Mrd. Euro für 2008 und von 15,6 Mrd. Euro für 2012 eingeschätzt – und eine weitere Entwicklung mit einer jährlichen Wachstumsrate von 2,9% erwartet (Valeri et al. 2010: 4). Differenziert man den e-Health-Bereich weiter und betrachtet die Unterkategorie Telemedizin, so ergeben sich die in der Abbildung 3 wiedergegebenen Werte für drei Krankheitsarten (Kubitschke et al. 2010: 211).

---

[4] Kreikenbom et al. (2010: 28) setzen hier den Betrag an, der durch die Pflegekassen seinerzeit bei einer anerkannten Pflegebedürftigkeit erstattet würde.
[5] Im Jahr 2030 würde sich als Potential bei einer Durchdringung von 10% und demgemäß 2,2 Mio. Personen 484,7 Mio. Euro bzw. 807,4 Mio. Euro ergeben.
[6] Hierzu gehören beispielsweise die Ausgaben für den Einsatz eines Kranken- oder Notarztwagens. Des Weiteren kann ein Notrufsystem beispielsweise mit einem Sturzmelder verbunden werden. Siehe für die ökonomische Relevanz von Lösungen zur Sturzerkennung z.B. Fachinger et al. (2015a).
[7] Die WHO gibt einen sogenannten eHealth-Atlas heraus, der einen Überblick über den Status der Entwicklung pro Land darstellt (World Health Organization 2011).

Abbildung 3: Marktpotenziale für Geräte und Ausrüstung im Bereich
Telemedizin in Europa

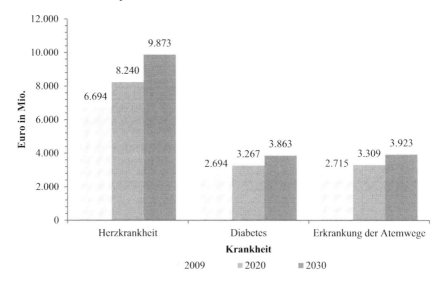

Quelle: Kubitschke et al. (2010: 211).

In der Studie kommen Kubitschke et al. (2010) zu etwas geringeren Werten als Valerie et al. (2010). So beträgt die Gesamtsumme der Ausgaben in Europa für telemedizinische Geräte und Ausrüstungen bei drei Krankheitsbildern für das Jahr 2009 rund 12,1 Mrd. Euro und für das Jahr 2030 werden etwa 17,7 Mrd. Euro erwartet, unterstellt man eine durchschnittliche Wachstumsrate von rund 2,3%.

Eine differenziertere Studie legten Fachinger et al. (2015b) für Deutschland vor. Sie weisen die potentielle Nachfrage für zwölf Krankheiten aus. Diese schwankt je nach Krankheit beträchtlich: So liegt der Wert für Diabetes Mellitus zwischen 3,1 Mio. und 5,6 Mio. Personen, die ein technisches Assistenzsystem nachfragen würden. Große Schwankungen weisen auch die Preise für die jeweiligen Assistenzsysteme auf – worin sich auch die unterschiedliche Leistungsfähigkeit der Systeme widerspiegelt. So wird in der Studie eine Preisspanne für Blutzuckermessgeräte zwischen 5,00 Euro und 89,99 Euro angegeben. Damit ergibt sich für deren Umsatzpotential eine Spanne von 22 Mio. Euro bis 396 Mio. Euro. Aufgrund der erheblichen Schwankungen sowohl bei den potentiellen Nachfragern als auch bei den Produktpreisen wird auf die Angabe einer Gesamtsumme verzichtet.

Bei der Entwicklung eines Satellitenkontos zur volkswirtschaftlichen Gesamtrechnung für die Gesundheitswirtschaft und dessen Weiterentwicklung zur Gesundheitswirtschaftlichen Gesamtrechnung ergab sich ebenfalls die Notwendigkeit der Erfassung von Medizintechnik (Henke et al. 2010; Ostwald et al. 2014). Die in diesem Zusammenhang ermittelten Daten für 2005 und die Vorausberechnung für 2030 sind in der Tabelle 2 angegeben.

Tabelle 2: Vorausberechnung zur Entwicklung der Medizintechnik bis 2030

	2005	2030	2030/2005
Bruttowertschöpfung (in Mrd. Euro)	8,6	17,6	+ 104,6%
Anteil an Bruttowertschöpfung der Gesundheitswirtschaft, insgesamt	4,16%	5,1%	
Beschäftigte (in Tausend Personen)	137	171	+ 25,0%
Anteil an den Beschäftigten der Gesundheitswirtschaft, insgesamt	2,5%	2,3%	

Quelle: Henke et al. (2010), S. 30.

Auch in den in der Tabelle 2 wiedergegebenen Ergebnissen spiegelt sich die gesamtwirtschaftliche Relevanz der Verwendung technischer Systeme. Insgesamt gesehen handelt es sich allein schon bei dem Markt für e-Health-Systeme – auch in der Unterkategorie der Telemedizin – um ein sowohl national als auch international relevantes gesamtwirtschaftliches Potential.

3.3 Beispiel Pflege

Ein zu den vorherigen Studien alternatives Vorgehen wählen Weiß et al. (2013), indem sie von einem Bündel an Einzelsystemen ausgehen und deren Plausibilität bezüglich der Verwendung abschätzen.[8] In ihrer Studie analysieren sie das Umsatzpotential von sechs technischen Assistenzsystemen für ambulant versorgte Pflegebedürftige: Toilette mit Intimpflege, intelligenter Fußboden, elektronische Medikamentenbox, automatische Herdabschaltung, mobile Aufstehhilfe und Quartiersvernetzung. Unter Zugrundelegung der Anzahl ambulant pflegebedürftiger Menschen, den entsprechenden Durchschnittspreisen und der Abschätzung des Anteils an Personen, die die Produkte nachfragen, kommen sie zu dem Ergebnis eines produktspezifischen Umsatzpotentials in Höhe von 1,97 Mrd. Euro (Weiß et al. 2013: 117). Bei dieser Summe handelt es sich um die Ausgaben für

---

[8] Zum derzeitigen Einsatz von Technik in der Pflege siehe Hielscher et al. (2015), Sowinski et al. (2013) sowie Hielscher (2013).

den Kauf dieser Produkte – weitere Ausgaben, wie Installation, Betriebskosten oder Ausgaben für die Wartung, wurden dabei nicht berücksichtigt. Ein weiteres Beispiel, dass dem Bereich Pflege zuzuordnen wäre, ist der Markt für technische Hilfen für demenzkranke Personen. So wird für Europa von einem Potential von 250 Mio. Euro bei 10 Mio. an Demenz Erkrankten im Jahr 2010 ausgegangen (Duthey 2013). Die WHO weist auf die Problematik der Demenz hin und zeigt die damit verbundenen Ausgaben auf: So wird gemäß den Analysen die Anzahl an Dementen von weltweit 35,6 Mio. im Jahr 2010 auf 65,7 Mio. im Jahr 2030 und 114,4 Mio. im Jahr 2050 steigen. Dies ergibt potentiell Ausgaben in Höhe von 890 Mio. Euro in 2010 und 1,6 Mrd. Euro im Jahr 2030 (WHO 2012).

3.4 Beispiel Wohnungsausstattung

Die bisher umfassendste Analyse für Deutschland legte Troppens (2014) vor. Sie entwickelt einen formal-theoretischen Ansatz zur Abschätzung des Umsatzpotentials assistierender Techniken und setzt diesen empirisch um. In Abgrenzung zur existierenden Literatur wird hierbei sowohl die Sättigung der Nachfrage approximiert, als auch die in empirischen Studien ermittelte Akzeptanz, Nutzungs- und Zahlungsbereitschaft der Konsumenten berücksichtigt. Bei der empirischen Analyse geht sie von der Definition des Güterbündels aus, berücksichtigt dezidiert die Kosten und unterscheidet zwischen den Ausgaben für Anschaffung und Installation (fixe Kosten) und den Ausgaben für den laufenden Betrieb (variable Kosten). Um die Heterogenität erfassen zu können, arbeitet sie zudem mit verschiedenen Szenarien. Im Ergebnis weist die Autorin eine erhebliche Spannweite des Umsatzpotentials zwischen 0,2 Mrd. Euro bis zu 87,1 Mrd. Euro nach, je nach Anzahl der berücksichtigten Teilmärkte und potentiellen Konsumenten sowie Modellannahmen in den einzelnen Szenarien. Es zeigt sich beispielsweise, dass eine geringe Marktpenetration oder die uneingeschränkte Nutzungs- bzw. Zahlungsbereitschaft das empirisch ermittelbare Umsatzpotenzial maßgeblich beeinflussen kann, genauso wie die in den ausgewählten Gütern verwendeten Technologien.

3.5 Fazit und abschließende Bemerkungen

Die kurze Übersicht verdeutlicht, dass allgemein in einer alternden Gesellschaft ein beträchtliches ökonomisches Potential in assistierenden Techniken gesehen wird, obwohl die jeweiligen Studien unterschiedliche Annahmen und Datengrundlagen verwenden. Ein Vergleich der Analysen zeigt allerdings, dass insbesondere Ansätze zur makroökonomischen Erfassung des Potenzials keine konsis-

tenten, vergleichbaren Ergebnisse erzielen und methodisch teilweise nur rudimentär entwickelt sind (Troppens 2014). Erklärbar ist dies zum Teil mit der fehlenden international einheitlichen Definition von Assistenzsystemen, heterogenen Teilmärkten und Zielgruppen sowie fehlenden Daten.
Ferner ist zu berücksichtigen, dass das ökonomische Potential nicht nur in der Höhe des potenziellen Umsatzes zum Ausdruck kommt. Eine Kosten-Nutzen Analyse sollte neben den direkten tangiblen Kosten bzw. Ausgaben auch die indirekten sowie die intangiblen Effekte berücksichtigen. Als Beispiel sei auf Berndt et al. (2009) verwiesen, wonach vermittels Telemonitoring für Herz-Kreislauf-Erkrankte bei Mehrausgaben von etwa 1,04 Mrd. Euro rund 24.000 Lebensjahre jährlich gewonnen werden. Eine elektronische Medikamentenbox würde ein gesamtwirtschaftliches Einsparpotenzial von 353 Mio. Euro und e-Home-Techniken zur Wohnungssicherung von 1,9 Mrd. Euro ergeben (ebd.). Prinzipiell gilt für die jeweiligen Analysen, dass die ermittelten Umsatzpotenziale aus mehreren Gründen als fiktive und nur im Zeitablauf realisierbare makroökonomische Größe aufzufassen sind.

4 Diskussion

Somit ist zu konstatieren, dass in vielen Analysen das ökonomische Potential von assistierenden Techniken in einer alternden Gesellschaft für bedeutsam angesehen wird. Dies ist u.a. ein Grund dafür, dass es seit Jahren zahlreiche Förderprogramme auf regionaler, nationaler und internationaler Ebene gibt, die die Technikentwicklung und Markteinführung vorantreiben sollen. Allerdings sind die Ergebnisse der empirischen Analysen sehr unterschiedlich. Für eine Beurteilung der Aussagefähigkeit mangelt es den Publikationen meist an Transparenz, so dass die Ergebnisse im Detail häufig nicht nachvollziehbar sind. Zudem ist die Generalisierbarkeit der getroffenen Aussagen eingeschränkt – allein schon aufgrund der unterschiedlichen rechtlichen Rahmenbedingungen. Ferner beruhen die in den Studien verwendeten Daten auf Querschnitterhebungen. Damit sind Aussagen über die weitere Entwicklung ohne zusätzliche Annahmen nicht ableitbar.
Derzeit ist die Nachfrage nach assistierenden Systemen allerdings gering, wofür zahlreiche Gründe angeführt werden. So wird u.a. davon ausgegangen, dass den Produkten und Dienstleistungen der Status von Luxusgütern zugewiesen wird. Betrachtet man andererseits die Güter und Dienstleistungen im Bereich der gesundheitlichen und pflegerischen Versorgung in Deutschland, so sind die Produkte für die Deckung des notwendigen Bedarfs Bestandteil der Regelversorgung. Hierzu gehören beispielsweise auch die Grundsysteme des Hausnotrufs,

die mittlerweile in den Leistungskatalog der gesetzlichen Pflegeversicherung aufgenommen wurden. Ein anderer Grund mag in allgemeinen Informationsdefiziten liegen und die Produkte erst in konkreten Bedarfslagen, aufgrund derer eine intensive Informationsbeschaffung erfolgt, nachgefragt werden. So könnte sich die Nachfrage ändern, falls Personen die Brauchbarkeit der Produkte und Dienstleistungen aufgrund u.a. von Bedarfänderungen feststellen (Fachinger 2013). So ist die Nutzungsbereitschaft von Techniken zu einem späteren Zeitpunkt, d.h. im Bedarfsfall, im Vergleich zum gegenwärtigen Zeitpunkt um ein Vielfaches höher (Künemund & Tanschus 2014).

Der prinzipiell positive Blick auf das ökonomische Potential ist allerdings umstritten. Innovationen, z.B. im Bereich der assistierenden Techniken, und die Veränderung der demographischen Struktur führen nicht zwangsläufig zur Realisierung der ökonomischen Potentiale. Eine gewisse Skepsis gegenüber den positiven Voraussagen ist angebracht. Diese beruht weniger auf der Zahlungsbereitschaft und den damit verbundenen vielfältigen Determinanten, als vielmehr auf der Entwicklung der Zahlungsfähigkeit, da sich die materielle Situation von Haushalten älterer Menschen in Zukunft ceteris paribus im Durchschnitt sukzessive verschlechtern wird.[9] Prinzipiell muss die Antwort auf die Frage nach der wirtschaftlichen Relevanz assistierender Technologien daher offen bleiben.

Literatur

Bank of America Merryll Lynch (2014): The Silver Dollar – Longevity revolution primer. New York: Bank of America Merryll Lynch.
Barkholdt, Corinna, Frerich Frerichs, Josef Hilbert, Gerhard Naegele & Karin Scharfenorth (1999): Memorandum "Wirtschaftskraft Alter". Dortmund/Gelsenkirchen: Forschungsgesellschaft für Gerontologie e.V.
Baumol, William Jack (1967): Macroeconomics of unbalanced growth: the anatomy of urban crisis. In: American Economic Review, 57 (3), 415–426.
Baumol, William Jack & Wallace Eugene Oates (1972): The cost disease of the personal services and the quality of life. In: Skandinaviska Enskilda Banken Quarterly Review, 1 (2), 44–54.
Berndt, Erhard, Reiner Wichert, Eva Schulze, Detlef Oesterreich, Uta Böhm, Holger Gothe, Antje Freytag, Agata Daroszewska, Philipp Storz, Sybille Meyer & Christian Dierks (2009): Marktpotenziale, Entwicklungschancen, Gesellschaftliche, gesundheitliche und ökonomische Effekte der zukünftigen Nutzung von Ambient Assisted Living (AAL)-Technologien. Schlussbericht. Darmstadt: Fraunhofer-Gesellschaft zur

---

[9] Siehe beispielhaft Bundesministerium für Arbeit und Soziales (2013), Künemund et al. (2013a), Schmähl (2011) sowie Vogel & Künemund (2014).

Förderung der angewandten Forschung e.V. für ihr Fraunhofer Institut für Graphische Datenverarbeitung.

Bögenhold, Dieter & Uwe Fachinger (2007): Konsum im Kontext: Sozial- und wirtschaftshistorische Perspektiven. In: Michael Jäckel (Hrsg.): Ambivalenzen des Konsums und der werblichen Kommunikation. Wiesbaden: Springer VS, 19–40.

Bundesministerium für Arbeit und Soziales (2013): Lebenslagen in Deutschland. Der Vierte Armuts- und Reichtumsbericht der Bundesregierung. Berlin: Bundesministerium für Arbeit und Soziales.

Bundesverband Informationswirtschaft, Telekommunikation und neue Medien e. V. (BITKOM) (2012): Demografischer Wandel. Lösungsangebote der ITK-Industrie. Berlin: Bundesverband Informationswirtschaft, Telekommunikation und neue Medien e. V.

Dobbs, Richard, Jaana Remes, James Manyika, Jonathan Woetzel, Jesko Perrey, Greg Kelly, Kanaka Pattabiraman & Hemant Sharma (2016): Urban world: the global consumers to watch. Brussels: McKinsey Global Institute.

Duthey, Béatrice (2013): Alzheimer disease and other dementias. Geneva: World Health Organization.

Eatock, David (2015): The silver economy. Opportunities from ageing. Brussels: European Parliamentary Research Service (EPRS Briefing PE 565.872).

Eberhardt, Birgid, Uwe Fachinger & Klaus-Dirk Henke (2010): Better Health and Ambient Assisted Living (AAL) from a global, regional and local economic perspective. Working paper. Vechta: Zentrum Altern und Gesellschaft (ZAG).

Enste, Peter & Josef Hilbert (2013): Silver shades of grey: Das Memorandum „Wirtschaftskraft Alter" und seine Spuren in Politik und Wirtschaft. In: Gerhard Bäcker & Rolf G. Heinze (Hrsg.): Soziale Gerontologie in gesellschaftlicher Verantwortung. Wiesbaden: Springer VS, 109–119.

European Commission (2015): Growing the silver economy in Europe. Brussels: European Commission.

Fachinger, Uwe (2001): Einkommensverwendungsentscheidungen von Haushalten. Berlin: Duncker & Humblot.

Fachinger, Uwe (2012): Wirtschaftskraft Alter – Zur Entwicklung von Vermögen, Einkommen und Ausgaben –. Zeitschrift für Gerontologie und Geriatrie, 45 (7), 610–617.

Fachinger, Uwe (2013): Zahlungsbereitschaft für assistierende Technologien: Eine Frage der Technikbereitschaft? Lebensqualität im Wandel von Demografie und Technik. 6. Deutscher AAL-Kongress mit Ausstellung. 22. – 23. Januar 2013, Berlin. Berlin: VDE Verlag.

Fachinger, Uwe & Birte Erdmann (2010): Determinanten des Nachfrageverhaltens privater Haushalte nach assistierenden Technologien – ein Überblick. In: Uwe Fachinger & Klaus-Dirk Henke (Hrsg.): Der private Haushalt als Gesundheitsstandort. Theoretische und empirische Analysen. Europäische Schriften zu Staat und Wirtschaft 31. Baden-Baden: Nomos, 147–162.

Fachinger, Uwe, Svenja Helten & Birte Schöpke (2015): Ökonomische Relevanz von Sturzpräventionssystemen. In: Frank Duesberg (Hrsg.): e-Health 2016. Informations- und Kommunikationstechnologien im Gesundheitswesen. Solingen: medical future, 212–217.

Fachinger, Uwe & Klaus-Dirk Henke (Hrsg.) (2010): Der private Haushalt als Gesundheitsstandort. Theoretische und empirische Analysen. Europäische Schriften zu Staat und Wirtschaft 31. Baden-Baden: Nomos.

Fachinger, Uwe, Klaus-Dirk Henke, Hellen Koch, Birte Schöpke & Susanne Troppens (2014): Gesund altern: Sicherheit und Wohlbefinden zu Hause. Marktpotenzial und neuartige Geschäftsmodelle altersgerechter Assistenzsysteme. Baden-Baden: Nomos.

Fachinger, Uwe, Harald Künemund & Franz-Josef Neyer (2012): Alter und Technikeinsatz. Zu Unterschieden in der Technikbereitschaft und deren Bedeutung in einer alternden Gesellschaft. In: Jörg Hagenah & Heiner Meulemann (Hrsg.): Mediatisierung der Gesellschaft? Münster: Lit-Verlag, 239–256.

Fachinger, Uwe, Gabriele Nellissen & Sina Siltmann (2015): Neue Umsatzpotentiale für altersgerechte Assistenzsysteme? Ausweitung der Regelversorgung im SGB V. In: Zeitschrift für Sozialreform, 61 (1), 43–71.

Ghez, Gilbert R. & Gary Stanley Becker (1975): The allocation of time and goods over the life cycle. New York: Columbia University Press.

Heinze, Rolf G. & Gerhard Naegele (2010): Intelligente Technik und „personal health" als Wachstumsfaktoren für die Seniorenwirtschaft. In: Uwe Fachinger & Klaus-Dirk Henke (Hrsg.): Der private Haushalt als Gesundheitsstandort. Theoretische und empirische Analysen. Europäische Schriften zu Staat und Wirtschaft 31. Baden-Baden: Nomos, 111–136.

Heinze, Rolf Gero, Gerhard Naegele & Katrin Schneiders (Hrsg.) (2011): Wirtschaftliche Potenziale des Alters. Grundriss Gerontologie 11. Stuttgart: Kohlhammer Urban-Taschenbücher.

Henke, Klaus-Dirk, Karsten Neumann, Markus Schneider, Anja Georgi, Jan Bungenstock, Michael Baur, Sabine Ottmann, Thomas Krauss & Uwe Hofmann (2010): Erstellung eines Satellitenkontos für die Gesundheitswirtschaft in Deutschland. Baden-Baden: Nomos.

Henke, Klaus-Dirk, Sabine Troppens, Grit Braeseke, Birger Dreher & Meiko Merda (2011): Volkswirtschaftliche Bedeutung der Gesundheitswirtschaft. Innovationen, Branchenverflechtung, Arbeitsmarkt. Baden-Baden: Nomos.

Hielscher, Volker (2013): Technikeinsatz und Arbeit in der Altenpflege. Ergebnisse einer internationalen Literaturrecherche. Saarbrücken: Institut für Sozialforschung und Sozialwirtschaft (iso) e.V. (Iso-Report 1).

Hielscher, Volker, Lukas Nock & Sabine Kirchen-Peters (2015): Technikeinsatz in der Altenpflege. Potentiale und Probleme in empirischer Perspektive. Baden-Baden: Nomos.

Initiative Hausnotruf GbR (2016): Kosten. Hamburg: Initiative Hausnotruf GbR.

Jackson, Megan (2014): The silver economy as a pathway for growth. Insights from the OECD-GCOA expert consultation 26 June 2014. Oxford: Organisation for Economic Co-operation and Development.

Kreikenbom, Henry, Daniela Lindner, Peter Balz & Florian Lupfer-Kusenberg (2010): Wirkungs- und Potenzialanalyse zum Hausnotruf in Deutschland : "Länger zu Hause leben ...". Weimar: aproxima Gesellschaft für Markt- und Sozialforschung Weimar mbH, Initiative Hausnotruf.

Kubitschke, Lutz, Sonja Müller, Karsten Gareis, Ursula Frenzel-Erkert, Felicitas Lull, Kevin Cullen, Sarah Delaney, Ciaran Dolphin, Richard Wynne & Marjo Rauhala

(2010): ICT & ageing. European study on users, markets and technologies. Final report. Brussels: European Commission, Directorate General for Information Society and Media.
Künemund, Harald, Uwe Fachinger, Winfried Schmähl, Katharina Unger & Elma P. Laguna (2013): Rentenanpassung und Altersarmut. In: Claudia Vogel & Andreas Motel-Klingebiel (Hrsg.): Altern im sozialen Wandel: Die Rückkehr der Altersarmut? Wiesbaden: Springer VS, 193–212.
Künemund, Harald & Nele Tanschus (2014): The technology acceptance puzzle – findings from a Lower Saxony survey. In: Zeitschrift für Gerontologie und Geriatrie, 47 (8), 641–647.
Künemund, Harald, Nele Marie Tanschus & Anja Garlipp (2013): Bedarfe und Technikbereitschaft älterer Menschen im ländlichen Raum. Lebensqualität im Wandel von Demografie und Technik. 6. Deutscher AAL-Kongress mit Ausstellung, 22. – 23. Januar 2013, Berlin. Berlin: VDE Verlag.
Lindenberger, Ulman, Jürgen Nehmer, Elisabeth Steinhagen-Thiessen, Julia Delius & Michael Schellenbach (Hrsg.) (2011): Altern und Technik. Altern in Deutschland 6. Stuttgart: Wissenschaftliche Verlagsgesellschaft.
Meier, Carlos A., Maria C. Fitzgerald & Joseph M. Smith (2013): eHealth: extending, enhancing, and evolving health care. In: Annual Review of Biomedical Engineering, 15 (1), 359–382.
Mühlbacher, Axel C., Peter Langkafel & Christin Juhnke (2010): Ambient Assisted Living in der Gesundheitsversorgung: Strategien und Nutzenpotentiale. In: Uwe Fachinger & Klaus-Dirk Henke (Hrsg.): Der private Haushalt als Gesundheitsstandort. Theoretische und empirische Analysen. Europäische Schriften zu Staat und Wirtschaft 31. Baden-Baden: Nomos, 87–110.
Neyer, Franz-Josef, Juliane Felber & Claudia Gebhardt (2012): Entwicklung und Validierung einer Kurzskala zur Erfassung von Technikbereitschaft (technology commitment). In: Diagnostica, 58 (2), 87–99.
Ostwald, Dennis A., Dirk Heeger, Sebastian Hesse, Julian Knippel, Wolf-Dieter Perlitz, Klaus-Dirk Henke, Sabine Troppens, Tobias Richter, Zu-Gon Kim & Heiko Mosetter (2014): Vom Gesundheitssatellitenkonto zur Gesundheitswirtschaftlichen Gesamtrechnung. Baden-Baden: Nomos.
Sachverständigenrat zur Begutachtung der gesamtwirtschaftlichen Entwicklung (2011): Herausforderungen des demografischen Wandels. Expertise im Auftrag der Bundesregierung. Wiesbaden: Sachverständigenrat zur Begutachtung der gesamtwirtschaftlichen Entwicklung.
Schmähl, Winfried (2011): Politikberatung und Alterssicherung: Rentenniveau, Altersarmut und das Rentenversicherungssystem. In: Vierteljahreshefte zur Wirtschaftsforschung, 80 (1), 159–174.
Sowinski, Christine, Sabine Kirchen-Peters & Volker Hielscher (2013): Praxiserfahrungen zum Technikeinsatz in der Altenpflege. Köln: Kuratorium Deutsche Altershilfe Wilhelmine-Lübke-Stiftung e.V.
Štefánik, Miroslav, Tomáš Domonkos, Peter Horvát, Veronika Hvozdíková, Ivan Lichner, Tomáš Miklošovič, Viliam Páleník & Marek Radvanský (2013): Modelling the economic potential of the silver economy. Brussels: Centre for European Policy Studies (CEPS).

Tegart, William John McGregor (2010): Smart technology for healthy longevity: report of a study by the Australian Academy of Technological Sciences and Engineering. Melbourne: Australian Academy of Technological Sciences and Engineering,
Triplett, Jack E. & Barry P. Bosworth (2002): "Baumol's disease" has been cured: IT and multifactor productivity in U.S services industries. Washington DC: The Brookings Institution.
Troppens, Sabine (2014): The economic potential of assistive systems – an interdisciplinary and empirical approach. Aachen: Shaker.
Valeri, Lorenzo, Daan Giesen, Patrick Jansen & Koen Klokgieters (2010): Business models for eHealth. Final report. Cambridge: RAND Europe.
Vogel, Claudia & Harald Künemund (2014): Armut im Alter. In: Siegfried Frech & Olaf Groh-Samberg (Hrsg.): Armut in Wohlstandsgesellschaften. Schwalbach am Taunus: Wochenschau Verlag, 123–136.
Wahl, Hans-Werner, Katrin Claßen & Frank Oswald (2010): Technik als zunehmend bedeutsame Umwelt für Ältere: Ein Überblick zu Konzepten, Befunden und Herausforderungen In: Uwe Fachinger & Klaus-Dirk Henke (Hrsg.): Der private Haushalt als Gesundheitsstandort. Theoretische und empirische Analysen. Europäische Schriften zu Staat und Wirtschaft 31. Baden-Baden: Nomos, 15–32.
Weiß, Christine, Maxie Lutze, Diego Compagna, Grit Braeseke, Tobias Richter & Meiko Merda (2013): Abschlussbericht zur Studie Unterstützung Pflegebedürftiger durch technische Assistenzsysteme. Berlin: Bundesministerium für Gesundheit.
World Health Organization (WHO) (2011): Atlas eHealth country profiles. Based on the findings of the second global survey on eHealth. Geneva: WHO.
World Health Organization (WHO) (2012): Dementia. A public health priority. Geneva: WHO.

Gesamtgesellschaftliche Auswirkungen des medizintechnischen Fortschritts

Tanja Bratan & Sven Wydra

1 Einleitung

Innovationen im Gesundheitswesen stehen im Spannungsfeld verschiedener politischer Ziele. Sie sollen zu einer qualitativ hochwertigen Gesundheitsversorgung, einer langfristigen Finanzierbarkeit des Gesundheitssystems und – analog zu anderen Wirtschaftsbereichen – auch zu inländischem wirtschaftlichem Wachstum und Beschäftigung beitragen. Dies stellt die Akteure im Innovationssystem Gesundheit vor erhebliche Herausforderungen. Insbesondere die Befürchtung eventuell ausufernder Gesundheitskosten durch den medizinischtechnischen Fortschritt (MTF) steht dabei seit Langem im Blickpunkt. Dabei spielt auch die Dynamik der zahlreichen Entwicklungen und Weiterentwicklungen eine Rolle, die idealerweise die Gesundheitsversorgung deutlich verbessern, aber auch unnötige Kosten oder sogar gesundheitliche Schäden verursachen können.

In diesem Zusammenhang betrachtet der folgende Beitrag die Auswirkungen des MTF auf die Kosten des Gesundheitssystems in Wechselwirkung mit den dazugehörigen Rahmenbedingungen, aber auch auf andere Zielgrößen, insbesondere die Gesundheit der Bevölkerung sowie Wirtschaftswachstum und Beschäftigung. Unter dem Begriff MTF werden sowohl Produktinnovationen (Arzneimittel und Medizinprodukte) als auch Prozessinnovationen (z.b. chirurgische Verfahren, Veränderungen in klinischen Abläufen) verstanden. Dabei werden die Effekte des MTF in der in der gesetzlichen Krankenversicherung betrachtet und die folgenden Fragen in den Mittelpunkt gestellt:

- Welche Rolle spielt der technische Fortschritt bei der Entwicklung der Gesundheitsausgaben und wie sind eventuelle Kostensteigerungen durch den technischen Fortschritt im Gesundheitswesen aus gesamtgesellschaftlicher Sicht zu bewerten?
- Welche Arten von medizinisch-technischen Innovationen haben positive gesamtgesellschaftliche Auswirkungen, wie können sie frühzeitig erkannt werden und was sind günstige Rahmenbedingungen für die Entstehung und Diffusion solcher Innovationen?
- Wie kann die Diffusion von Innovationen mit einem negativen Kosten-Nutzen-Verhältnis eingeschränkt werden?

Diese Fragestellungen werden aus zwei Perspektiven betrachtet. Auf der Makroebene werden die gesamtgesellschaftlichen Implikationen des MTFs diskutiert und insbesondere eine kritische Analyse zur empirischen Evidenz der Kostenwirkungen des MTFs durchgeführt. Auf der Mikroebene werden anhand von Fallstudien die Effizienz (Kosten-Nutzen-Effekte) und Diffusion ausgewählter wichtiger Beispiele des MTF sowie Unterschiede zwischen verschiedenen Innovationen betrachtet. Auf dieser Basis werden Ansatzpunkte für die Schaffung von Rahmenbedingungen entwickelt, die zur Realisierung der gewünschten Potenziale des MTFs und zur Minimierung nicht intendierter Wirkungen beitragen können. Der vorliegende Beitrag beruht größtenteils auf einer Studie des Fraunhofer ISI im Auftrag des Büros für Technikfolgenabschätzung beim Deutschen Bundestag (TAB, vgl. Bratan & Wydra 2013).

Der Beitrag ist wie folgt gegliedert: In Abschnitt 2 werden die Auswirkungen des MTF auf die Gesundheitsausgaben und ergänzend auf Wachstum und Beschäftigung erörtert. Im Abschnitt 3 erfolgt eine Betrachtung der Auswirkungen des medizinisch-technischen Fortschritts auf der Mikroebene anhand von drei ausgewählten Fallstudien, die sich jeweils einer bestimmten Gruppe entsprechend ihrem Kosten-Nutzen-Verhältnis zuordnen lassen. Im abschließenden Abschnitt 4 erfolgen ein kurzes Resümee sowie eine Darstellung von einigen zentralen Ansatzpunkten für die Förderung von solchen Innovationen die einen breiten Nutzen für die Bevölkerung bringen und gleichzeitig wirtschaftlich sind.

2 Makroökonomische Betrachtung

Die Gesundheitsausgaben haben in den vergangenen zwei Jahrzehnten in Deutschland stetig zugenommen. Deutschland gehört zu den Ländern mit dem höchsten Anteil der Gesundheitsausgaben am BIP. Im internationalen Vergleich liegt der Anteil lediglich in den USA, in Frankreich und in den Niederlanden höher.[1] Die Zuwachsraten sind in Deutschland wie in den meisten anderen

---

[1] Bei der Analyse der Auswirkungen des MTFs und anderen Faktoren (z.B. Demografie) auf Zahlungsgrößen werden die Begriffe Gesundheitsausgaben und -kosten häufig synonym verwendet, sie können sich aber in ihrer Bedeutung unterscheiden: Der Gesundheitsausgabenbegriff bezieht sich auf den direkten Abfluss von Zahlungsmitteln. Konkret zählen das Statistische Bundesamt und die OECD in den in diesem Bericht verwendeten Datenquellen die Gesundheitsausgaben als alle öffentlichen und privaten Ausgaben für alle Güter und Dienstleistungen im Gesundheitsbereich sowie die Investitionen im stationären Bereich (Statistisches Bundesamt 2015). Die Investitionen im ambulanten Bereich zählen jeweils nicht zu den Gesundheitsausgaben. Der Kostenbegriff bezieht sich in der Regel auf den in Geld bewerteten Verbrauch von Gütern und Dienstleistungen, der bei der Erstellung betrieblicher Leistungen anfällt. Dabei müssen keine direkten Zahlungsabflüsse stattfinden. Im Bezug auf Gesundheit wird beispielsweise in einigen Untersuchungen auch der mittelbar mit einer Erkrankung im Zusammenhang stehende

OECD-Ländern begrenzt. Der Anteil der Gesundheitsausgaben am BIP ist seit Mitte der 1990er Jahre in Deutschland zumindest bis zum Jahr 2008 nur moderat um ca. 0,7 Prozentpunkte im gesamten Zeitraum gestiegen. Erst im Jahr 2009 hat der Anteil von 10,2 auf 11,2% deutlich zugenommen. Dieser sprunghafte Anstieg ist teilweise auf Ausgabensteigerungen zurückführbar, aber auch dem Rückgang des BIPs in der Konjunkturkrise geschuldet (Schnurr et al. 2010). Im Jahr 2011 ist der Anteil auf 10,7% zurückgegangen. Einige Länder, wie z.B. die USA, haben höhere Wachstumsraten (OECD 2016). Deutschland zählt insgesamt zu einer Gruppe von Ländern mit geringem BIP-Wachstum bei gleichzeitig eher niedrigen Steigerungen der Gesundheitsausgaben (OECD 2010).

Noch deutlicher wird die moderate Entwicklung der Gesundheitsausgaben in Deutschland, wenn man sie pro Kopf betrachtet. Im Zeitraum von 1993 bis 2009^2 stiegen die Gesundheitsausgaben pro Kopf in Deutschland um 2,8% pro Jahr, im Zeitraum 2009 bis 2015 nur um 2,0%. Eine „Kostenexplosion" lässt sich folglich nicht beobachten (OECD 2016).

Bezüglich der Ursachen dieser Ausgabensteigerungen wird der MTF als wichtigste Ursache diskutiert. Grundsätzlich ist eine Erhöhung durch den MTF aufgrund höherer Kosten je Behandlungseinheit und/oder einer zunehmenden Nachfrage, d.h. einer größeren Zahl an Behandlungseinheiten, denkbar. Es gibt dabei eine Reihe möglicher Gründe, die zu höheren Zahlen an Behandlungseinheiten und damit Kosten führen können:

- *Zunehmende Anwendung von Innovationen für bereits behandelbare Krankheiten:* Innovationen können eine effektivere, sicherere oder weniger invasive Behandlung ermöglichen. Durch eine veränderte Nutzen-Risiko-Abwägung kann es zu einer Zunahme der Zahl der Behandlungen und zu einer angebotsinduzierten Nachfragesteigerung kommen. Darüber hinaus werden Innovationen im Zeitverlauf vor allem dann häufiger eingesetzt, wenn die ursprüngliche Zulassungsindikation erweitert wird (z.B. bei Medikamenten, aber auch bei bildgebenden Verfahren).
- *Zunahme an behandelbaren Krankheiten:* Der MTF kann dazu führen, dass Krankheiten bzw. krankheitsrelevante Zustände behandelbar oder sogar heilbar werden, die zuvor nicht oder nicht ausreichend behandelt werden konnten (z.B. Leberinsuffizienz, koronare Herzkrankheiten, HIV/Aids). Inwiefern diese neuen technologischen Möglichkeiten zu zusätzlichen Gesundheitsausgaben führen, hängt entscheidend davon ab, was ohne die Behandlung bislang mit den Patientinnen und Patienten geschehen ist (z.B. ob

---

[2] Ressourcenverlust (indirekte Krankheitskosten) durch Arbeitsunfähigkeit zur Erstellung von Gütern und Dienstleistungen mit berücksichtigt.
Neuere Zahlen für die OECD insgesamt waren zum Zeitpunkt der Fertigstellung des Beitrags nicht verfügbar.

viele kostenintensive Krankenhausaufenthalte stattgefunden haben) und welche verbleibende Lebenserwartung sie hatten.
- *Veränderung der Definition von Krankheiten:* Der MTF kann dazu führen, dass bisher nicht als Krankheiten anerkannte gesundheitliche Zustände diagnostiziert und/oder behandelt werden (z.B. Burnout).
- *Lebensverlängernder Effekt durch neue Technologien:* Neue Technologien, die zu einer Lebensverlängerung führen, können weitere Gesundheitsausgaben induzieren, weil in der verbleibenden Lebenszeit der behandelten Personen Aufwendungen für Krankheit und Pflege anfallen. Ob dies tatsächlich der Fall ist, wird seit geraumer Zeit mit den beiden konträren Thesen der Medikalisierung und der Kompression debattiert. Die Medikalisierungsthese besagt, dass durch die lebensverlängernde Wirkung des MTFs meist die in Krankheit verbrachten Lebensjahre verlängert werden und dadurch zusätzliche Kosten entstehen. Der Kompressionsthese zufolge besteht hingegen ein Gleichschritt von Sterblichkeit und Krankheit; die „kranken Lebensjahre" werden im Durchschnitt also durch den MTF nach hinten verschoben und verursachen daher keine zusätzlichen Kosten.

In der Vergangenheit wurden immer wieder Untersuchungen über den Zusammenhang zwischen MTF und Kostenentwicklung im Gesundheitswesen durchgeführt. Dennoch verbleiben zahlreiche Unklarheiten und offene Fragen. Dies liegt insbesondere daran, dass sich der MTF aus sehr heterogenen Innovationen (diverse Produkt- und Prozessinnovationen sowie hybride Produkt-Prozess-Kombinationen) zusammensetzt und zudem komplexe Rahmenbedingungen zu berücksichtigen sind. Denn die Diffusion von Innovationen wird in einem dynamischen Prozess von einer Vielzahl an privaten und institutionellen Akteuren beeinflusst. Dazu gehören staatliche Organisationen (u.a. verschiedene Ministerien, das Bundesinstitut für Arzneimittel und Medizinprodukte), der Gemeinsame Bundesausschuss, Kostenträger, Leistungserbringer und deren Vereinigungen, Patientinnen und Patienten sowie deren Vereinigungen, Medizintechnikanbieter und die pharmazeutische Industrie mit ihren Verbänden sowie die universitäre und außeruniversitäre Forschung. Die regulatorischen Rahmenbedingungen von Innovationen unterscheiden sich dabei zwischen Arzneimitteln, Medizinprodukten und Prozessinnovationen sowie zwischen der ambulanten und stationären Versorgung.

Daneben ist die quantitative empirische Bestimmung, ob der MTF nun tatsächlich zu steigenden Kosten führt, mit zahlreichen Schwierigkeiten bei der Messung verbunden (u.a. isolierte Betrachtung des technischen Fortschritts, Zurechnung von Ausgaben zum MTF). Empirische Untersuchungen werden üblicherweise so konzipiert, dass der MTF als Residualgröße bestimmt wird, d.h. alle Steigerungen der Gesundheitsausgaben, die nicht durch andere Faktoren (z.B. demografische Entwicklung, Einkommensentwicklung) erklärt werden

Gesamtgesellschaftliche Auswirkungen 73

können, werden dem MTF zugerechnet. Im Rahmen der TAB-Studie wurden frühere Zusammenstellungen in der Literatur (z.b. Pammolli et al. 2005; Reimers 2009) zur Ergebnissen einzelner Untersuchungen aktualisiert. Insgesamt identifizieren Studien den MTF eindeutig als den zentralen Faktor in der Ausgabensteigerung, indem sie in vielen Fällen ca. 40 bis 60% der Ausgabensteigerungen auf ihn zurückführen. Weil mit dieser Methodik aber viele andere potenzielle Einflussfaktoren (u.a. politische Maßnahmen, Lebensstiländerungen) nicht vom Anteil des MTFs separiert werden, wird der Beitrag des MTF zur Steigerung der Gesundheitskosten systematisch überschätzt. Da fast alle Zukunftsszenarien auf solchen Ergebnissen aufbauen und diese lediglich fortschreiben, gilt der MTF meist auch als zentraler zukünftiger Ausgabentreiber. Untersuchungen mit Proxyvariablen – d.h. mit einem Indikator, der den technischen Fortschritt widerspiegelt (z.b. Patente, FuE-Ausgaben) – stellen zwar ebenfalls einen positiven, aber z.T. deutlich schwächeren Zusammenhang zwischen MTF und Ausgabenentwicklung fest. Fallstudien hingegen kommen zu sehr unterschiedlichen Ergebnissen bezüglich der Wirkungen des technischen Fortschritts auf die Ausgaben im Gesundheitssystem.

Aber selbst wenn der MTF die Gesundheitsausgaben nach oben treibt, kann er durch gleichzeitige Effekte auf die Gesundheit der Bevölkerung sowie auf Wachstum und Beschäftigung positive gesamtgesellschaftliche Auswirkungen haben. Dass der MTF prinzipiell zur Verbesserungen des Gesundheitszustands beigetragen hat und auch weiterhin beiträgt, ist unumstritten, wenngleich sich schwer beurteilen lässt, wie groß dieser Beitrag ist und welche konkreten Innovationen den Gesundheitszustand der Bevölkerung verbessern. Daneben sind Innovationen auch in der Gesundheitswirtschaft von erheblicher Bedeutung für Wachstum und Beschäftigung (u.a. Henke et al. 2011). Die Technologieanbieter selbst repräsentieren zwar nur einen begrenzten Anteil der Beschäftigten in der Gesundheitswirtschaft, die Anwendung ihrer Produkte aber übt erhebliche Effekte im gesamten Bereich der Gesundheitsdienstleistungen aus. Darüber hinaus zeigen Modellsimulationen, dass eine wachsende Gesundheitswirtschaft und zunehmende Gesundheitsausgaben sich nicht negativ auf die übrige Volkswirtschaft auswirken (Augurzky et al. 2012; Iten et al. 2010; Zwiener 2011). Aus makroökonomischer Sicht deuten demnach insgesamt viele Anzeichen auf positive Auswirkungen des MTFs sowohl auf die Gesundheit der Bevölkerung als auch auf die volkswirtschaftliche Entwicklung hin; eine ausschließliche Fokussierung auf die Kostenwirkungen des MTFs für die Krankenversicherung bzw. das Gesundheitssystem erscheint daher nicht adäquat.

3 Fallstudien

Der große Vorteil der Betrachtung auf der Mikroebene liegt in der Möglichkeit, Kosten und Nutzen einer Innovation gemeinsam betrachten und somit Aussagen zur Effizienz des MTFs treffen zu können. Anhand von drei Fallstudien werden im Folgenden verschiedene Arten des MTF und deren Auswirkungen auf Kosten und Gesundheit vertiefend betrachtet.[3] Die Fallstudien wurden zum einen anhand ihrer Relevanz für das Gesundheitswesen (hohe Prävalenz und/oder hohe volkswirtschaftliche Bedeutung der Erkrankung oder der Innovation) zum anderen so ausgewählt, dass verschiedene Arten des MTF abgebildet werden können (Arzneimittel, bildgebende Verfahren, Prozessveränderungen). Beispielhaft wird je eine Innovation mit einem positiven, einem heterogenen/unklaren und einem negativen Kosten-Nutzen-Verhältnis betrachtet.[4] Die Unterscheidung in diese drei Gruppen ermöglicht es, die wirtschaftlichen und gesellschaftlichen Implikationen des MTFs besser zu differenzieren.

3.1 Innovationen mit eher günstigem Kosten-Nutzen-Verhältnis

Inhalative Glukokortikoide (Kortison) sind in der Therapie von Asthma bronchiale äußerst wirksam und kosteneffizient, da sie die Entzündung in den Atemwegen bekämpfen. Anfänglich wurden jedoch sehr hohe Dosen systemisch (d.h. in Tablettenform) verabreicht und über lange Zeiträume verwendet, die zu erheblichen Nebenwirkungen führten. Obwohl die heutige, meist inhalative, Anwendung nebenwirkungsarm ist, bestehen bei vielen Patientinnen und Patienten noch immer erhebliche Vorbehalte gegenüber der Glukokortikoidtherapie. Dies beruht u.a. auf einer unzureichenden Differenzierung zwischen der inhalativen und systemischen Anwendung.

Asthma bronchiale ist eine chronische Entzündung der Atemwege mit dauerhaft bestehender bronchialer Überempfindlichkeit und gehört zu den sogenannten „Volkskrankheiten". Circa 10% aller Kinder und 5% aller Erwachsenen leiden darunter (ÄZQ 2009), und national und international steigt die Erkrankungsprävalenz an. Die direkten Krankheitskosten (also die Gesundheitsausgaben mit Ausnahme von Investitionen) für Asthma betrugen im Jahr 2008 insgesamt knapp 1,79 Mrd. Euro (GBE 2010a), die gesamtgesellschaftlich relevanten Kosten (also sowohl direkte als auch indirekte Kosten) wurden jedoch mit 2 bis 3 Mrd. Euro höher geschätzt (Weber et al. 2009). Insbesondere bei schwerem

---

[3] Eine Analyse der Auswirkungen auf die gesamten Gesundheitskosten wird für die einzelnen Fallstudien nicht durchgeführt, da sich aus der Fallstudienperspektive in der Regel nicht alle kostenwirksamen Effekte abbilden lassen.
[4] Insgesamt wurden vier weitere Fallbeispiele in der TAB-Studie untersucht.

Asthma sind direkte und in einem größeren Maß indirekte Kosten aufgrund von Krankenhausaufenthalten, Arbeitsausfällen und Frühberentung sehr hoch. Das Ziel der medikamentösen Asthmatherapie liegt in der Suppression der bronchialen Entzündung und der Verminderung der bronchialen Überempfindlichkeit sowie der Atemwegsobstruktion. Dazu werden zur raschen symptomatischen Therapie bronchienerweiternde Bedarfstherapeutika (schnellwirkende Betamimetika[5]) eingesetzt. Die langfristige Behandlung beruht auf der regelmäßigen Anwendung inhalativer Glukokortikoide zur Reduktion der Entzündungsneigung ggf. in Kombination mit langwirksamen Mitteln zur Bronchienerweiterung (Bronchodilatatoren, z.B. langwirkende Betamimetika). Die inhalativen Glukokortikoide spielen in der Asthmatherapie eine entscheidende Rolle, da sie die Häufigkeit und Schwere der akuten Symptome reduzieren können, also dem akuten Asthmaanfall vorbeugen.

In zahlreichen Studien konnte der Nutzen der inhaltativen Kortikoide (z.B. Koh et al. 2007; Chauhan et al. 2012) nachgewiesen werden, und auch die Nationale Versorgungsleitlinie für Asthma bronchiale, empfiehlt die medikamentöse Stufentherapie mit dem Einsatz der inhalative Glukokortikoide ab Stufe 2, d.h. wenn eine Therapie mit Bedarfsmedikamenten nicht ausreicht (vgl. hierzu www.asthma.versorgungsleitlinien.de). Trotz der vorliegenden Evidenz und der Aufnahme in die Empfehlungen der Leitlinie besteht weiterhin eine Unterversorgung mit inhaltativen Glukokortikoiden bei gleichzeitig zu häufigem Einsatz von Bedarfsmedikamenten. Diese Situation beruht auf Ängsten und Fehlinformationen bzw. einem Wissensdefizit sowohl auf Patienten- als auch auf ärztlicher Seite und aufgrund dessen auch auf schlechter Therapietreue bei der regelmäßigen Einnahme der inhaltativen Glukokortikoide.

Die Innovation konnte sich aufgrund dieser Vorbehalte nicht entsprechend ihrem Kosten-Nutzen-Verhältnis verbreiten. Als Folge ergeben sich unnötige Verschlimmerungen der Erkrankung und somit zusätzliche Kosten. Diese Fallstudie verdeutlicht die hohe Bedeutung des Wissenstransfers über die Erkenntnisse der Wirkung von Innovationen. Dieser könnte im Fall der inhalativen Glukokortikoide durch zwei Arten von Maßnahmen gefördert werden: Zum einen durch allgemeine Aufklärungsarbeit, z.B. durch Veranstaltungen sowohl für Laien als auch ein Fachpublikum sowie durch spezifische Aufklärung im Arztgespräch. Zum anderen durch die stringentere Anwendung der Asthmaversorgungsleitlinie, welche sowohl die Unterversorgung mit inhalativen Glukokortikoiden und die daraus resultierende Überversorgung mit Bedarfsmedikamenten reduzieren würde. Solche Maßnahmen zum Wissenstransfer könnten die breitere Diffusion dieser Innovation mit einem positiven Kosten-Nutzen-Verhältnis för-

---

[5] Betamimetika sind Wirkstoffe, die den Einfluss des vegetativen Nervensystems auf Gewebe mit Betarezeptoren verstärken.

dern und dazu beitragen, dass der potenzielle gesamtgesellschaftliche Nutzen tatsächlich ausgeschöpft werden kann.

Zusammenfassend ist bei Innovationen mit einem positiven Kosten-Nutzen-Verhältnis entscheidend,[6] dieses frühzeitig zu erkennen und die entsprechende Diffusion durch die Schaffung geeigneter Rahmenbedingungen zu fördern (z.B. Abbau von Vorurteilen und Wissensdefiziten, Anwendung entsprechend von Leitlinien, Erreichen relevanter Patientengruppen), damit der potenzielle gesamtgesellschaftliche Nutzen tatsächlich ausgeschöpft werden kann. Je nach Ausgestaltung können Disease Management Programme und Versorgungsleitlinien einen geeigneten Rahmen zur Bündelung und Umsetzung vorhandener Evidenz schaffen.

3.2 Innovationen mit eher heterogenem Kosten-Nutzen-Verhältnis

Die Magnetresonanztomografie (MRT) ist ein bildgebendes Verfahren der medizinischen Diagnostik, mit dem Schnittbilder des menschlichen Körpers erzeugt werden können. Sie kommt ambulant am häufigsten bei der Diagnostik von Rückenschmerzen zum Einsatz. Dabei soll abgeklärt werden, ob es sich um „einfache" Rückenschmerzen oder eine ernsthafte Erkrankung handelt. Zwar ist sie ein für viele Anwendungen sehr effektives bildgebendes Verfahren, aber sowohl in der Anschaffung als auch bei der Nutzung ist sie mit hohen Kosten verbunden. Besonders bei „einfachen" Rückenschmerzen sind die dadurch gewonnenen Erkenntnisse häufig nicht therapierelevant. Aufgrund der vielfältigen Ursachen von Rückenschmerzen ist das Kosten-Nutzen-Verhältnis der MRT sehr heterogen, und derzeit wird diese Innovation noch zu häufig und zu undifferenziert eingesetzt. Sie wird daher häufig als Kostentreiber diskutiert.

Unter Rückenschmerzen (medizinisch „Dorsopathie" genannt) werden akute (plötzlich auftretende) bis chronische (dauerhafte) Schmerzzustände in allen Bereichen des Rückens verstanden. Neben organischen Ursachen können auch psychische Belastungen zu Rückenschmerzen führen. Es wird daher zwischen Rückenschmerzen, die sich auf eine Ursache zurückführen lassen (spezifische Rückenschmerzen), und solchen, bei denen sich keine Ursache finden lässt, unterschieden. Rückenschmerzen sind in Deutschland weitverbreitet: Der Studie „Gesundheit in Deutschland aktuell" des Robert Koch-Instituts aus dem Jahr 2009 zufolge gaben 20,7% der Befragten an, zum Zeitpunkt der Befragung im vergangenen Jahr mindestens drei Monate oder länger unter anhaltenden Rückenschmerzen gelitten zu haben (GBE 2012). Neuhauser et al. (2005) fanden in einem nationalen Telefonsurvey heraus, dass 22% der befragten Frauen und 16% der Männer zum Zeitpunkt der Befragung innerhalb des vergangenen Jahres

---

[6] Dies gilt auch für die zweite untersuchte Fallstudie mit einem positiven Kosten-Nutzen-Verhältnis, das Disease Management Programm Diabetes Typ 2.

täglich oder fast täglich über einen Zeitraum von drei Monaten unter Rückenschmerzen gelitten hatten. Die Prävalenz von chronischen Rückenschmerzen nimmt mit steigendem Alter zu.

Rückenschmerzen sind mit hohen volkswirtschaftlichen Kosten verbunden. Der Krankheitskostenrechnung des Statistischen Bundesamtes zufolge wurden im Jahr 2008 für die Behandlung von Erkrankungen der Wirbelsäule und des Rückens 9,04 Mrd. Euro ausgegeben, also ca. 4% der direkten Kosten für alle Krankheiten. Allerdings werden hier nicht alle durch Rückenschmerzen verursachte Kosten erfasst, denn auch bei vielen anderen Diagnosen, wie z.B. Wirbelsäulendeformitäten oder Wirbelkörperfrakturen infolge von Osteoporose, spielen Rückenschmerzen eine Rolle (GBE 2010b). Im Gegensatz zu vielen anderen Erkrankungen machen aber vor allem die indirekten Kosten nach Schätzungen mit ca. 85% den Großteil der Gesamtkosten aus. Die indirekten Kosten lassen sich teilweise anhand von Arbeitsunfähigkeit und Invalidität abbilden. So wurden im Jahr 2008 172.000 Erwerbstätigkeitsjahre durch Arbeitsunfähigkeit sowie 75.000 durch Invalidität aufgrund von Rückenschmerzen verloren. Dies stellte 5,8% aller verlorenen Erwerbsjahre dar – die Zahl muss aber mit derselben Einschränkung der Vollständigkeit wie bei den Kosten betrachtet werden (GBE 2010b).

2009 wurden nach Daten der Barmer GEK in Deutschland 7,89 Mio. ambulante MRT-Untersuchungen durchgeführt, wodurch Kosten von 832 Mio. Euro entstanden. Die größte Anzahl aller ambulanten MRT wurde von Teilen der Wirbelsäule gemacht (2,07 Mio.), gefolgt von Kopf-MRT (1,1 Mio.). Im Rahmen von Krankenhausaufenthalten wurden 2009 schätzungsweise 1,52 Mio. MRT-Untersuchungen durchgeführt, also deutlich weniger als im ambulanten Sektor. Dies verursachte Kosten von 215 Mio. Euro. Davon wurden 232.712 Aufnahmen von Wirbelsäule und Rückenmark durchgeführt. Diese Zahl wurde nur noch von der Zahl der Kopf-MRT übertroffen (377.382, Grobe et al. 2011).

Das Kosten-Nutzen-Verhältnis der MRT bei Rückenschmerzen ist sehr heterogen, da das Verfahren für eine Vielzahl von Indikationen eingesetzt wird. Sie ist ein effektives Verfahren, um schwerwiegende Erkrankungen der Wirbelsäule wie Morbus Bechterew oder Tumoren zu erkennen, jedoch lässt sich der Großteil der Rückenschmerzen nicht auf eine Ursache zurückführen, und MRT wird häufig auch ohne Hinweise auf ernsthafte Erkrankungen eingesetzt (d.h., das Kosten-Nutzen-Verhältnis ist ungünstig). Aufgrund dieses heterogenen Kosten-Nutzen-Verhältnisses sowie einer Diffusion dieser Technologie, die weitgehend unabhängig vom jeweiligen Kosten-Nutzen-Verhältnis ist (s.u.), hat die MRT sich zu einem entscheidenden Kostentreiber entwickelt.

Insgesamt spielen bei der Diffusion der MRT eine Reihe von zusätzlichen Faktoren zum Kosten-Nutzen-Verhältnis eine zentrale Rolle, auf die nun näher eingegangen werden soll. Dabei ist es nicht möglich zu beurteilen, welche Bedeutung die einzelnen Faktoren haben.

- *Monetäre Anreize im Erstattungssystem* können besonders bei Innovationen wie der MRT, bei der eine evidenzbasierte Anwendung aufgrund der hohen Heterogenität der Indikationen schwierig ist, grundsätzlich eine bedeutende Rolle bei der Entscheidung der Leistungserbringer spielen. Es lässt sich aber für Deutschland nicht pauschal beurteilen, ob die Erstattungspreise für MRT zu starken monetären Anreizen führen.
- *Infrastrukturkomponente:* Durch die beträchtlichen Investitionsausgaben für die MRT entstehen enorme Fixkosten. Zur Deckung dieser Fixkosten, wäre in der Regel eine hohe Anzahl an MRT-Untersuchungen notwendig, wodurch sich die zuvor beschriebenen monetären Anreize erhöhen.
- Bei der Beurteilung von Rückenschmerzen bestehen *Schwierigkeiten und Unsicherheiten in der Unterscheidung zwischen „ernsten" und „nicht ernsten" Schmerzen*, was zur Folge hat, dass im Zweifel eher ein MRT durchgeführt wird.
- Die *Patientennachfrage* nach MRT ist als hoch einzuschätzen. MRT-Untersuchungen bieten neben einer hohen diagnostischen Genauigkeit häufig auch intangiblen Nutzen, wie z.B. die Verminderung von Ungewissheit. Daneben hat bei Patienten mit einer hohen Hightechaffinität die MRT ein positives Image. Die Leistungserbringer wiederum entsprechen in unklaren Fällen tendenziell den Patientenwünschen (z.B. aus Reputationsgründen, um die Verweigerung der Untersuchung nicht rechtfertigen zu müssen oder um Regressansprüche zu vermeiden.)
- Mangels Möglichkeiten zum Datenaustausch mit anderen Leistungserbringern werden häufig *Doppeluntersuchungen* durchgeführt. Aufgrund der fehlenden Strahlenbelastung im Vergleich mit anderen diagnostischen Verfahren lässt sich dies zwar aus medizinischer Sicht rechtfertigen, verursacht aber beträchtliche Kosten.

Die MRT als Innovation hat keine scharfe Anwendungsabgrenzung, was zu einer starken Indikations- und Anwendungsausweitung geführt hat, u.a. durch die genannten Eigeninteressen und Ineffizienzen. Es gilt, den Einsatz dieser Innovation für Indikationen und Anwendungen zu reduzieren, bei denen kein positives Kosten-Nutzen-Verhältnis existiert, um unnötige Kosten zu vermeiden. Mögliche Ansatzpunkte in diesem Fall sind die Anwendung von MRT entsprechend der Versorgungsleitlinie Kreuzschmerz und die Vermeidung von Doppeluntersuchungen durch besseren Datenaustausch zwischen Leistungserbringern.

Aus der Untersuchung dieser und weiterer Fallstudien[7] lässt sich der Schluss ziehen, dass es bei der Gestaltung von Rahmenbedingungen für die Diffusion von Innovationen mit einem unklaren und/oder heterogenen Kosten-Nutzen-

---

[7] Im Rahmen der TAB-Studie zeigten sich anhand der Untersuchung des Fallbeispiels Selektive Serotoninwiederaufnahmehemmer in der Behandlung von Depressionen ähnliche Charakteristika und Herausforderungen.

Verhältnis sehr wichtig ist, dass eine differenziertere Evidenzlage geschaffen wird. Häufig lassen sich aufgrund eines Mangels an qualitativ hochwertigen Studien, Nichtveröffentlichungen und interessensgeleiteter Verzerrung bei der Interpretation der Studien sowie fehlender Vergleichbarkeit aufgrund unterschiedlicher klinischer Endpunkte, nur eingeschränkte Aussagen zur Evidenz treffen. Insbesondere bei medikamentösen Innovationen, für die prinzipiell klinische Studien durchgeführt werden müssen, sind derartige Defizite offenkundig. Erforderlich ist daher eine ausreichende Zahl neutraler, vergleichbarer Studien.

Falls die tatsächliche Verbreitung nicht der aus Kosten-Nutzen-Sicht wünschenswerten Diffusion entspricht, wäre die Ermittlung und gegebenenfalls gezielte Beeinflussung anderer relevanter Diffusionsfaktoren (wie z.B. monetäre Anreize im Erstattungssystem oder Patientennachfrage) notwendig.

3.3 Innovationen mit eher ungünstigem Kosten-Nutzen-Verhältnis

Die Kniegelenksarthroskopie (Spiegelung des Kniegelenks) ist ein minimalinvasives chirurgisches Verfahren, das zur Therapie und (seltener) zur Diagnostik einer Vielzahl von Kniegelenksproblemen eingesetzt wird, unter anderem bei Arthrose im Kniegelenk (Gonarthrose), Meniskusverletzungen, Kreuzbandrissen und anderen Rupturen. Ihre Wirksamkeit beim alleinigen Vorliegen von Gonarthrose wurde schon früh hinterfragt. Zunächst wurde in qualitativ minderwertige Studien zwar ein vermeintlicher Nutzen aufgezeigt. Doch trotz Widerlegung dieser Annahme durch zwei deutlich belastbarere Studien (Moseley et al. 2002; Kirkley et al. 2008) ist die Methode weiterhin diffundiert und wird nach wie vor häufig angewendet.

Gonarthrose ist ein das altersübliche Maß übersteigender „Gelenkverschleiß". Ursächlich sind ein Übermaß an körperlicher Belastung, angeborene oder traumatisch bedingte Ursachen, wie Fehlstellungen der Gelenke oder auch knöcherne Deformierung durch Knochenerkrankungen wie Osteoporose. Diagnostiziert und erkannt wird die Arthrose typischerweise durch Röntgenaufnahmen, auf denen ein fortschreitender Knorpelschwund zu erkennen ist. Dieser kann zu Schmerzen und im Verlauf zu unterschiedlichen Gelenkschäden führen. Der Schmerzgrad sagt dabei nicht unbedingt etwas über den Ausprägungsgrad der Arthrose aus. Mit zunehmendem Alter erhöht sich das Risiko, an Arthrose zu erkranken. Bezüglich der Prävalenz gibt es für Deutschland keine gesicherten Zahlen, aber es wird davon ausgegangen, dass sie ähnlich der für die Niederlande sind, wo 26,1% der Frauen und 20,8% der Männer im Alter zwischen 65 und 74 Jahren betroffen sind (RKI 2006). Jedoch leiden nicht alle Betroffenen auch an den Symptomen, da eine Arthrose auch symptomlos verlaufen kann.

Die Therapiemaßnahmen reichen von Gewichtsreduktion, Schuheinlagen und entzündungshemmenden Medikamenten über die Arthroskopie bis zum

Gelenkersatz. Bei der Arthroskopie erfolgt die Untersuchung des Gelenks mithilfe eines Arthroskops, das durch einen kleinen Hautschnitt in das Gelenk eingeführt wird. Am Ende des Arthroskops ist eine Kamera angebracht, die das Bild auf einen Monitor überträgt. Zunächst wird das Gelenk mit Spülflüssigkeit aufgefüllt, um im Gelenkinnenraum Platz zu schaffen.[8] Das Gelenk wird dann systematisch untersucht. Befinden sich in der Gelenkflüssigkeit kleine Knorpelstücke (Debris) werden diese im Rahmen der Arthroskopie aus dem Gelenk beseitigt. Dieser Effekt wird auch als „Lavage" (Gelenkspülung) bezeichnet (Bouillon et al. 2003). Wird zusätzlich noch der Knorpel geglättet oder krankhaftes und störendes Gewebe entfernt, spricht man vom arthroskopischen „Debridement"[9]. Obwohl das Verfahren insgesamt wesentlich schonender ist als die offene Operation am Knie, gab es schon länger Zweifel an dem Nutzen für die Gonarthrose. Neben der Kniegelenksarthroskopie steht für die Behandlung auch eine Reihe konservativer Behandlungsmöglichkeiten wie Physio- oder Arzneimitteltherapie und physikalische Therapieverfahren zur Verfügung.

Zur Häufigkeit des Eingriffs lassen sich keine exakten Aussagen machen, da im Rahmen einer Arthroskopie in der Regel mehrere Eingriffe erfolgen, die dann einzeln dokumentiert werden. Für den stationären Bereich geht aber aus der fallpauschalenbezogenen Krankenhausstatistik hervor, welche Prozeduren innerhalb der arthroskopischen Behandlung bei der Hauptdiagnose Gonarthrose dokumentiert wurden. Demnach wurden für das Jahr 2010 insgesamt 195.812 vollstationäre Fälle mit der Hauptdiagnose Gonarthrose dokumentiert und insgesamt 365.001 Operationen[10] durchgeführt. Im ambulanten Bereich gab es laut Kassenärztlicher Bundesvereinigung im Jahr 2010 150.000 Kniegelenksarthroskopien, bei knapp einem Fünftel der Eingriffe (27.329) lautete die primäre Diagnose Gonarthrose (AQUA 2011).

Arthrosen sind mit erheblichen Kosten für das Gesundheitssystem verbunden. Die wirtschaftliche Bedeutung der Arthroseerkrankung wird mit dem wachsenden Anteil Älterer in der Bevölkerung vermutlich weiter ansteigen (RKI 2006). Genaue Zahlen sind nicht vorhanden. Aber neben den direkten Kosten der Arthroskopie sind indirekte Kosten bei der Kniegelenksarthroskopie nicht unerheblich, beispielsweise die Einschränkung der physischen Funktionalität und der

---

[8] Dieser bietet im Normalzustand wenig Platz für einen operativen Eingriff.
[9] In der Literatur werden unter dem Begriff Debridement verschiedene Prozeduren verstanden. In diesem Innovationsreport wird der Begriff wie im Text aufgeführt und von AQUA spezifiziert definiert. Dazu gehören z.b. die Meniskusteilresektion, die Entfernung freier Gelenkkörper, die Glättung von Knorpel- oder Meniskusgewebe etc. (AQUA 2011).
[10] Zu den Operationen zählen: Implantation einer Endoprothese am Kniegelenk (41,2%), arthroskopische Operation am Gelenkknorpel und an den Menisken (13,0%), offen chirurgische Revision eines Gelenks (8,0%), arthroskopische Operation an der Synovialis (5,4%) sowie die arthroskopische Gelenkrevision (4,0%).

gesundheitsbezogenen Lebensqualität sowie Kosten durch Produktivitätsverluste.[11]

Die Kniegelenksarthroskopie ist eine Innovation, die bei alleiniger Gonarthrose keinen Nutzen aufweist. Mögliche Schäden wurden nicht ausreichend untersucht, aber schon aufgrund des fehlenden Nutzens kann von einem negativen Kosten-Nutzen-Verhältnis ausgegangen werden. Nachdem viele Jahre fälschlicherweise vermeintliche Nutzen festgestellt wurden, ist die Innovation auch nach Widerlegung dieser fragwürdigen Evidenz durch hochwertige Studien weiterhin diffundiert. Erst jetzt wird sie in Deutschland im Auftrag des G-BA untersucht. Es ist mit einer Einschränkung der Erstattungsfähigkeit zu rechnen.

Um einen solchen ungünstigen Diffusionspfad frühzeitig zu vermeiden, hätte diese Innovation direkt nach Aufkommen begründeter Zweifel an ihrem Nutzen in qualitativ hochwertigen Studien untersucht und die Ergebnisse hätten umgehend an die relevanten Akteure kommuniziert werden müssen. In vielen Fällen werden die tatsächlichen Auswirkungen erst im Versorgungsalltag erkennbar, was eine entsprechende Überwachung nach der Zulassung der Innovation notwendig machte. Darüber hinaus wäre es beim Fallbeispiel Kniegelenksarthroskopie – wie immer bei Innovationen mit einem ungünstigen Kosten-Nutzen-Verhältnis[12] – notwendig gewesen, die relevanten Diffusionsfaktoren zu identifizieren und gezielt zu beeinflussen.

3.4 Fazit aus der Fallstudien-Untersuchung

Bei den hier dargestellten sowie anderen herangezogenen Fallbeispielen lässt sich aufgrund mangelnder Quantität und/oder Qualität der zugrundeliegenden wissenschaftlichen Einzelstudien eine unzureichende Informationslage zum Kosten-Nutzen-Verhältnis feststellen. Die vorhandenen Erkenntnisse zeigen, dass sich bei den Innovationen nur vereinzelt belastbare Aussagen treffen lassen. Auch entspricht die tatsächliche Diffusion insbesondere bei Innovationen mit einem eher positiven oder eher negativen Verhältnis nicht der aus Kosten-Nutzen-Sicht wünschenswerten Diffusion. Stattdessen ist die Verbreitung im Fall der inhalativen Glukokortikoide eher unterproportional, bei der Kniegelenksarthroskopie dagegen überproportional. Bei der MRT ist die Anwendung sehr breit, und das Kosten-Nutzen-Verhältnis entsprechend heterogen. Die Diffusion lässt sich auch damit begründen, dass sie häufig von einem Zusammenspiel anderer Faktoren als dem Kosten-Nutzen-Verhältnis beeinflusst wird. Diese Faktoren unterscheiden sich je nach Innovation, jedoch lässt sich feststellen, dass die

---

[11] Bei sitzenden Berufen muss mit einer Arbeitsunfähigkeit von 10 bis 14 Tagen, bei stehenden Berufen von drei bis vier Wochen gerechnet werden. 1,7% aller Frühberentungen aktiv Rentenversicherter fanden im Jahr 2010 aufgrund von Gonarthrose statt (GBE 2011).

[12] Untersucht wurde das Fallbeispiel Metall-auf-Metall Hüftendoprothesen.

verschiedenen Akteure in ihrer eigenen Logik und entsprechend ihren spezifischen Anreizstrukturen agieren. Daher sollten die Rahmenbedingungen für die Diffusion von Innovationen so gestaltet werden, dass sie sich stärker als bisher an medizinischen und gesellschaftlichen Bedarfen unter Berücksichtigung des Kosten-Nutzen-Verhältnisses orientieren.

4 Schlussfolgerungen und Handlungsoptionen

Der vorliegende Beitrag verdeutlicht, dass die Auswirkungen des MTF auf die Entwicklung der Gesundheitsausgaben und andere Zielgrößen (z.B. Kosten-Nutzen-Verhältnis) differenziert zu betrachten sind. Während der MTF an sich nicht zu einer Kostenexplosion führt, lässt sich die Effizienz des Einsatzes von Innovationen zur Erhöhung des gesamtgesellschaftlichen Nutzens aber durchaus verbessern. Es gilt, diese Potentiale für positive gesamtgesellschaftliche Wirkungen des MTF freizusetzen.

Im Rahmen der TAB-Studie wurde auf Basis der skizzierten und weiteren Fallbeispielen sowie darauf aufbauenden ergänzenden Expertengespräche Handlungsoptionen für die Gestaltung von Rahmenbedingungen für die Diffusion des MTFs abgeleitet. Insgesamt ist ein Ineinandergreifen verschiedener Maßnahmen notwendig. Um ausreichend Freiräume und Anreize für Innovationen zu gewährleisten wird für die frühen Phasen des Innovationsprozesses eine höhere Flexibilität bei Zulassung und Erstattung vorgeschlagen. Gleichzeitig sollte diese möglichst frühzeitig durch Maßnahmen zur Evidenzbasierung begleitet werden. Leitend hierfür ist die Annahme, dass dadurch in späteren Phasen des Innovationsprozesses die Diffusion besser beobachtet und, falls notwendig, korrigiert werden kann: Im Falle eines ungünstigen Kosten-Nutzen-Verhältnisses müssten Mechanismen in Kraft treten, die eine breite Diffusion solcher Innovationen verhindern. Bei einem günstigen Kosten-Nutzen-Verhältnis, aber vergleichsweise geringer Diffusion, müssten Mechanismen zur Förderung der Diffusion greifen. Konkret werden zwei Handlungsfelder und mehrere dazugehörige Ansatzpunkte vorgeschlagen.

4.1 Evidenzbasierung

Das erste Handlungsfeld beschäftigt sich mit der frühzeitigen Schaffung von Evidenz zum Kosten-Nutzen-Verhältnis von Innovationen. Als zielführende Handlungsoptionen werden die Verbesserung der Evidenzgenerierung in klinischen Studien sowie die vermehrte Förderung von Untersuchungen in späteren Innovationsphasen erachtet.

Verbesserung der Evidenzgenerierung in klinischen Studien: Patientenrelevante Entscheidungen sollen nach Möglichkeit auf empirisch nachgewiesenen wissenschaftlichen Erkenntnissen bezüglich Nutzen, Kosten sowie deren Verhältnis zueinander beruhen. Nur wenn Entscheidungen bezüglich der Zulassung, Erstattung und Anwendung von Innovationen auf solchen Erkenntnissen basierend getroffen werden, können Rahmenbedingungen für die breite Diffusion derjenigen Innovation geschaffen werden, die einen hohen Beitrag zu den gesundheitspolitischen Zielen leisten können. Die dafür notwendigen Erkenntnisse müssen von hoher Qualität sein und methodisch dem Stand der Wissenschaft entsprechen. Es ist zu beachten, dass einzelne Studien grundsätzlich immer nur begrenzte Aussagen zulassen, da die Objekte der Evidenz sich im Zeitverlauf des Innovationsprozesses ändern: In den frühen Phasen steht der Nachweis von Wirksamkeit und Nutzen im Vordergrund, während in späteren Phasen eher Kosten und Erkenntnisse über differenzierte Anwendungen (bezüglich einzelner Indikationen, Patientengruppen etc.) relevant werden. Die Fragestellungen sowie das Untersuchungsdesign der Studien müssen somit der jeweiligen Entwicklungsphase, der Reife der Innovation und ihrem Diffusionsgrad entsprechen. Evidenzbasierung bedeutet also, dass die richtigen Fragestellungen zum richtigen Zeitpunkt untersucht, unterschiedliche Perspektiven (die der Patienten, Kostenträger etc.) berücksichtigt, die Studien zur Beantwortung dieser Fragen konzipiert, die richtigen Schlussfolgerungen gezogen und daraus entsprechende Maßnahmen bzw. weiterer Untersuchungsbedarf abgeleitet werden.

In den Fallstudien zeigen sich verschiedene Hemmnisse für eine evidenzbasierte Erkennung von Innovationen mit positiven Auswirkungen: Die derzeitige Forschungsinfrastruktur ist auf die Evidenzbasierung in den frühen Phasen des Innovationsprozesses, d.h. auf die Entscheidung über die Zulassung, fokussiert und liefert wenig Erkenntnisse über den Einsatz in der Versorgung. Trotz dieser Ausrichtung lassen sich auch in den frühen Innovationsphasen in allen Fallstudien Defizite erkennen: So liegen beispielsweise nicht immer entscheidungsrelevante Studien zu Kosten und Nutzen vor, sie kommen zu spät oder sind von mangelnder Qualität und Vergleichbarkeit, oder die Konzeption der Studien und die Interpretation der Ergebnisse ist durch interessengeleitete Verzerrungen („Bias") beeinflusst. Folgende Ansatzpunkte für die Verbesserung der Qualität, die Vergleichbarkeit und Nutzbarkeit klinischer Studien, die Schaffung größerer Synergien zwischen Studien sowie eine Verringerung der Verzerrung wurden im Rahmen der vorliegenden Untersuchung identifiziert:

- *Verpflichtende, prospektive Registrierung aller klinischen Studien (auch für nichtmedikamentöse Innovationen) sowie die Sicherung der Qualität und Aktualität der zur Verfügung gestellten Daten:* Bei Arzneimitteln wird der

Nichtveröffentlichung von Ergebnissen klinischer Studien, welche zu Verzerrungen in der Einschätzung des Nutzens von Innovationen führen kann, bereits durch die verpflichtende Registrierung entgegengewirkt. Neben der durchgängigen Umsetzung der Registrierung sollten die Bemühungen zukünftig auf die Qualität und Aktualität aller relevanten Daten, die Standardisierung und Vernetzung von Studienregistern sowie die Ausweitung auf nichtmedikamentöse Innovationen gerichtet werden.
- *Internationaler Konsens über die Anwendung von Instrumenten zur Messung patientenrelevanter Endpunkte in klinischen Studien:* Derzeit wird die Vergleichbarkeit klinischer Studien durch das Fehlen international einheitlicher Instrumente zur Messung verschiedener Indikatoren stark behindert. Bestehende internationale Harmonisierungsprozesse sollten unterstützt, wo relevant miteinander vernetzt und für weitere Indikationen eingeführt werden. Dies würde eine schnellere Trennung der „Spreu vom Weizen" ermöglichen, denn durch eine bessere Vergleichbarkeit könnten sowohl positive als auch negative Trends schneller erkannt werden.
- *Ausbau der Anstrengungen zur Förderung nichtkommerzieller klinischer Studien:* Im Gegensatz zu auf die Zulassung fokussierte kommerzielle Studien können in nichtkommerziellen klinischen Studien Fragestellungen bearbeitet werden, die sich aus der Forschung oder dem Versorgungsalltag ergeben. Sie können damit u.a. einen wichtigen Beitrag zur Evidenzgenerierung nach der Zulassung leisten. Daher sollten Ansätze zur Bereitstellung höherer Fördermittel, der besseren Nutzung von Synergien zwischen Studienzentren sowie zur Harmonisierung der rechtlichen und regulatorischen Anforderungen gestärkt werden.

Vermehrte Förderung von Untersuchungen in späteren Diffusionsphasen: In den Fallstudien hat sich gezeigt, dass unter Kostengesichtspunkten häufig die späteren Phasen im Innovationsprozess, d.h. die Diffusion der Innovation nach der Zulassung, von weitaus größerer Bedeutung sind. Daher ergeben sich Ansatzpunkte zur besseren Evidenzbasierung insbesondere bei der Erhöhung der Ressourcen für unabhängige Untersuchungen sowie der Entwicklung, Implementierung und Förderung von Untersuchungsdesigns, die zu den unterschiedlichen Phasen des Innovationsprozesses passen. Solche Untersuchungen sollten analysieren, inwieweit in der Versorgung eine Über-, Unter- und Fehlversorgung herrscht. Hierdurch könnten sie auch die Datenbasis über das Kosten-Nutzen-Verhältnis von Innovationen in der Versorgung verbessern. Daher ergeben sich folgende Ansatzpunkte zur Förderung entsprechender Untersuchungen:

- *Stärkere Förderung der Versorgungsforschung* mit „Normalpatientinnen und –patienten" unter Routinebedingungen und Bereitstellung entsprechender Mittel: Erst in der Versorgung lässt sich der tatsächliche Nutzen von Innovationen in den jeweiligen Patientenkollektiven erkennen. Jedoch wurde die Bereitstellung von Mitteln für solche Studien häufig als unzureichend eingestuft. Eine gezieltere Auswahl und engere Abstimmung der zu untersuchenden Fragestellungen wäre anzustreben.

- *Förderung von Akzeptanz und Anwendung neuer Untersuchungsdesigns* für die Versorgungsforschung: Randomisierte klinische Studien gelten als der „Goldstandard" der klinischen Forschung. Allerdings liegt ihre Stärke in der Untersuchung der Wirksamkeit. Zur Beantwortung von anwendungsbezogenen Forschungsfragen und der Einschätzung von Nutzen und Kosten unter Alltagsbedingungen und unter Berücksichtigung einer Vielzahl von Informationen und Perspektiven ist diese Art von Studien nicht geeignet. Zur Analyse von Innovationen im Versorgungskontext bedarf es anderer Untersuchungsdesigns (z.B. Kohortenstudien). Eine wichtige Voraussetzung zur Förderung der Anwendung dieser Designs läge in der Erhöhung der Attraktivität für Wissenschaft und Forschung. Diese könnte durch eine bessere Akzeptanz bei wichtigen Fachzeitschriften wesentlich gefördert werden.

4.2 Qualität in der Versorgung

Bei der Entscheidung über die Zulassung von Innovationen besteht ein grundsätzlicher Widerspruch zwischen der Forderung nach einer guten Evidenzbasierung (welche zeit- und ressourcenintensiv ist) und dem Anspruch auf schnelle Verfügbarkeit in der Versorgung. Ein möglicher Kompromiss ist der *Ausbau flexibler Mechanismen, um Anreize für die Schaffung von Evidenz über das Kosten-Nutzen-Verhältnis zu setzen, ohne die eigentliche Zulassung bzw. Kostenerstattung durch die gesetzliche Krankenversicherung (GKV) hinauszuzögern.* Hierfür könnten bestehende Möglichkeiten der eingeschränkten Zulassung (wie die sogenannte „bedingte Zulassung" von Arzneimitteln oder wissenschaftlich begleitete Pilotprojekte), gekoppelt mit einer befristeten Erstattung (z.B. in Form von Selektivverträgen nach § 140 SGB V[13], oder die 2012 eingeführten §§ 137c und 137e SGB V zur Erprobung von „Methoden mit Potenzial"), für Innovationen mit hohem Potenzial für ein positives Kosten-Nutzen-Verhältnis ausgeweitet werden, um Erkenntnisse über Kosten und Nutzen in der Praxis zu schaffen.

Bei ausreichender Evidenz gilt es, diese Erkenntnisse bei den relevanten Akteuren in der Versorgung praxiswirksam zu verankern. Das zweite Handlungsfeld beschäftigt sich daher mit der Verbesserung der Qualität in der Versorgung. Mögliche Handlungsoptionen betreffen die Erhöhung der Nutzbarkeit von

---

[13] Selektivverträge konnten ursprünglich nur zwischen Krankenkassen und Leistungserbringern abgeschlossen werden, können aber inzwischen auch andere Akteure, unter anderem Arzneimittel- und Medizinproduktehersteller, einschließen.

Informationen, ein Monitoring der Diffusion von Innovationen, die Einführung spezifischer Maßnahmen als Anreize für eine sinnvolle Diffusion sowie bei Bedarf die Streichung von Innovationen aus dem GKV-Leistungskatalog. *Erhöhung der Qualität, Zugänglichkeit und Adressatengerechtigkeit von Informationen:* Der Transfer des Wissens über das Kosten-Nutzen-Verhältnis von Innovationen an die relevanten Akteure könnte durch folgende Maßnahmen befördert werden:

- *Verbesserung der Alltagstauglichkeit von Versorgungsleitlinien:* Leitlinien nehmen eine wichtige Rolle zur Umsetzung der Evidenz in den Versorgungsalltag ein. Allerdings ist bisher nicht immer eine ausreichende Praxistauglichkeit gegeben. Diese ließe sich durch eine stärkere Berücksichtigung von Komorbiditäten, die bei vielen Erkrankungen vorliegen, sowie eine vermehrte berufsgruppenübergreifende Ausrichtung verbessern.
- *Priorisierung und Koordination der vielfältigen Institutionen, die schon jetzt zu einem neutralen evidenzbasierten Informationsangebot über Innovationen beitragen:* Eine Vielzahl unterschiedlicher Institutionen erstellt Informationen über Innovationen und stellt sie Akteuren zur Verfügung. Ziel einer Priorisierung und Koordination der Aktivitäten dieser Institutionen sollte eine stärkere Ausrichtung am Bedarf der Zielgruppen (insbesondere Angehörige von Gesundheitsberufen und Patienten) sein, um ein schnelleres Auffinden und damit eine bessere Nutzung relevanter Informationen zu ermöglichen. So können Wissensdefizite und Vorurteile eher abgebaut werden.

Monitoring der Diffusion von Innovationen: Es besteht Handlungsbedarf bei der systematischen Überwachung der Diffusion von Innovationen, insbesondere bezüglich der über- oder unterproportionalen Anwendung, und einer Untersuchung der dafür verantwortlichen Faktoren:

- *Etablierung eines Monitoringprozesses, um zu erfassen, welche Innovationen nicht entsprechend ihrer Evidenz (d.h. ihrem Kosten-Nutzen-Verhältnis) diffundieren:* Da sich häufig erst relativ spät im Innovationsprozess herausstellt, dass Innovationen nicht entsprechend ihrem Kosten-Nutzen-Verhältnis angewendet werden, könnte eine Kombination aus systematischem Monitoring relevanter Indikatoren sowie Untersuchungen auf Antrag von Einzelpersonen oder Organisationen Abhilfe schaffen.
- *Ergänzende Studien, die fallspezifisch diffusionskritische Faktoren identifizieren:* Ist das Vorliegen von vom Kosten-Nutzen-Verhältnis unabhängiger Faktoren bei der Diffusion festgestellt worden, gilt es, diese zu untersuchen, sodass Rahmenbedingungen zur Anpassung der Diffusion geschaffen werden können.

Gesamtgesellschaftliche Auswirkungen 87

Etablierung von Rahmenbedingungen zur Schaffung positiver und negativer Anreize für die Diffusion:

- *Änderung von Vergütungsstrukturen, Setzen von (finanziellen) Anreizen oder Einschränkung der Innovationsanwendung:* Der vermehrte Einsatz positiver oder negativer finanzieller Anreize stellt ein effektives Mittel dar, um eine nicht dem Kosten-Nutzen-Verhältnis entsprechende Diffusion zu beeinflussen. Allerdings ist das Risiko unbeabsichtigter Folgeeffekte hoch, daher müssen die Wirkungen solcher Anreize beobachtet werden.
- *Bündelung von Evidenz und Schaffung geeigneter Rahmenbedingungen zur Umsetzung der Evidenz:* Disease-Management-Programme sind nachgewiesenermaßen effektive Instrumente zur evidenzbasierten Verbesserung der Versorgung und sollten systematisch weiterentwickelt und angewendet werden.

Streichung von Innovationen mit negativem Kosten-Nutzen-Verhältnis: Im Leistungskatalog der GKV besteht nur eine begrenzte Dynamik – der Katalog wird zwar regelmäßig um Neuerungen ergänzt, eine ähnlich umfängliche Streichung von Leistungen findet jedoch nicht statt. Auch deckt er zahlreiche Technologien ab, deren Sicherheit und Wirksamkeit trotz – bzw. wegen – ihrer langjährigen Verwendung noch nie untersucht worden sind. Die naheliegende Konsequenz eines systematischen Abgleichs des Leistungskatalogs mit dem wissenschaftlichen Stand wäre ein vermehrtes „Disinvestment" von obsoleten, nicht oder wenig nutzenbringenden oder mit fehlendem Wirksamkeitsnachweis verbundenen Leistungen anhand festzulegender Verfahren und Streichungskriterien und unter Einbindung der medizinischen Fachgesellschaften.

Zusammenfassend leistet der MTF einen wichtigen Beitrag zur Erreichung gesamtgesellschaftlicher Ziele. Dazu gehören sowohl die Gesundheit der Bevölkerung als auch Wertschöpfung und Beschäftigung. Einzelne Innovationen unterscheiden sich jedoch sehr stark in ihrem Beitrag bzw. ist dieser nicht ausreichend untersucht oder für verschiedene Indikationen und Patientengruppen sehr heterogen. Die Potentiale des MTF für positive Auswirkungen können daher nur realisiert werden, wenn klare Informationen zum Kosten-Nutzen-Verhältnis vorliegen, und Innovationen stärker entsprechend diesem Verhältnis eingesetzt werden. Die skizzierten Maßnahmen können hierzu relevante Ansatzpunkte aufzeigen.

Literatur

AQUA - Institut für angewandte Qualitätsförderung und Forschung im Gesundheitswesen GmbH (2011): Arthroskopie am Kniegelenk. Göttingen: AQUA.

Augurzky, Boris, Stefan Felder, Renger van Nieuwkoop & Alois Tinkhauser (2012): Soziale Gesundheitswirtschaft – Impulse für mehr Wohlstand. Bonn: Friedrich-Ebert-Stiftung.

Bouillon, Bertil, Thomas Tiling & Sven Shafizadeh (2003): Stellenwert von arthroskopischem Debridement und Lavage bei der Therapie der Arthrose. In: Deutsche Zeitschrift für Sportmedizin, 54(6), 215–217.

Bratan, Tanja & Sven Wydra (2013): Technischer Fortschritt im Gesundheitswesen: Quelle für Kostensteigerungen oder Chance für Kostensenkungen? Berlin: Büro für Technikfolge-Abschätzung beim Deutschen Bundestag (TAB Arbeitsbericht Nr. 157).

Chauhan, Bhupendrasin F., Raja Ben Salah & Francine M. Ducharme (2012): Addition of anti-leukotriene agents to inhaled corticosteroids in children with persistent asthma. Cochrane Database of Systematic Reviews 2013, Issue 10, Art. No.: CD009585.

ÄZQ (Ärztliches Zentrum für Qualität in der Medizin) (2009): Nationale Versorgungsleitline Asthma. Berlin: ÄZQ – Redaktion Nationale VersorgungsLeitlinie.

GBE (2010a): Entwicklung der mittleren Lebenserwartung in Deutschland. www.gbe-bund.de (25.6.2013)

GBE (2010b): Krankheitskosten in Mio. Euro für Deutschland. Gliederungsmerkmale: Jahre, Alter, Geschlecht, ICD10 (www.gbe-bund.de, 8.1.2013).

Kirkley, Alexandra, Trevor B. Birmingham, Robert B. Litchfield, J. Robert Giffin, Kevin R. Willits, Cindy J. Wong, Brian G. Feagan, Allan Donner, Sharon H. Griffin, Linda M. D'Ascanio, Janet E. Pope & Peter J. Fowler (2008): A Randomized Trial of Arthroscopic Surgery for Osteoarthritis of the Knee, in: New England Journal of Medicine 359(11), 1097–1107.

Grobe, Thomas G., Hans Dörning & Friedrich W. Schwartz (2011): Barmer GeK Arztreport 2011. Auswertungen zu Daten bis 2009. Schwerpunkt: Bildgebende Diagnostik – Computer-und Magnetresonanztherapie. St. Augustin: Asgard-Verlag.

Koh, Mariko S., Augustine Tee, Toby J. Lasserson & Louis B. Irving (2007): Inhaled corticosteroids compared to placebo for prevention of exercise induced bronchoconstriction. Cochrane Database of Systematic Reviews 2007, Issue 3, Art.No. CD002739.

Iten, Rolf, Anna Vettori, Judith Trageser, Christian Marti & Martin Peter (2010): Volkswirtschaftliche Wirkungen steigender Gesundheitsausgaben. Zürich: INFRAS.

Moseley, J. Bruce, Kimberly O'Malley, Nancy J. Petersen, Terri J. Menke, Baruch A. Brody, David H. Kuykendall, John C. Hollingsworth, Carol M. Ashton & Nelda P. Wray (2002): A Controlled Trial of Arthroscopic Surgery for Osteoarthritis of the Knee. In: New England Journal of Medicine 347(2), 81–88.

Neuhauser, Hannelore, Ellert, Ute & Thomas Ziese (2005): Chronische Rückenschmerzen in der Allgemeinbevölkerung in Deutschland 2002/2003: Prävalenz und besonders betroffene Bevölkerungsgruppen. In: Gesundheitswesen, 67(10), 685–693.

OECD (2010): OECD Health Data 2010 (http://stats.oecd.org).

OECD (2016): Health at a Glance: Europe 2016 – State of Health in the EU Cycle. Paris: OECD Publishing (doi 10.1787/9789264265592-en)

Pammolli, Fabio, Massimo Riccaboni, Claudio Oglialoro, Laura Magazzini, Gianluca Baio & Nicola Salerno (2005): Medical devices competitiveness and impact on public health expenditure. Lucca: IMT Institute For Advanced Studies.

Reimers, Lutz (2009): Medizinisch-technischer Fortschritt: Theoretische Grundlagen, Regelungsbereiche, Finanzierung und Vergütung. Baden-Baden: Nomos.

RKI (Robert Koch Institut) (2006): Gesundheit in Deutschland. Berlin: RKI.

RKI (Robert Koch Institut) (2012): Rückenschmerzen. Gesundheitsberichterstattung des Bundes Heft 53. Berlin: Robert-Koch-Institut.

Schnurr, Felix, Johannes Vatter, & Frank Weinmann (2010): Zum Kostenanstieg im Gesundheitswesen 2009: Wie teuer waren die Reformen? Freiburg: Albert-Ludwigs-Universität (Diskussionsbeiträge des Forschungszentrums Generationenverträge Nr. 45).

Statistisches Bundesamt (2015): Methodik. Ausgaben, Krankheitskosten und Personal. Wiesbaden: Statistisches Bundesamt.)

Weber, Anja, Marcus Redaelli & Stephanie Stock (2009): Kosten einer leitlinienkonformen Asthma-Therapie aus gesellschaftlicher Sicht. In: PharmacoEconomics – German Research Articles, 7(2), 63–71.

Zwiener, Rudolf (2011): Finanzierungsalternativen für zusätzliche Gesundheitsausgaben. Auswirkungen auf Wachstum und Beschäftigung. Bonn: Friedrich-Ebert-Stiftung.

Wechselbeziehungen zwischen den Technikdeutungen und dem Technikeinsatz Älterer

Helga Pelizäus-Hoffmeister

1 Einleitung

Das Thema *Alter und Technik* gewinnt sowohl in der Öffentlichkeit als auch in der Forschung immer mehr an Bedeutung, denn viele sind davon überzeugt, dass ein Teil der Herausforderungen, die der demografische Wandel mit sich bringt, mit dem Einsatz von Technik bewältigt werden kann. Nicht nur das Bundesministerium für Bildung und Forschung geht beispielsweise davon aus, dass Technik die von den Menschen angestrebte Selbstständigkeit im Alter fördern – und damit zugleich den Betreuungsaufwand senken – kann und macht dieses Thema daher zu einem Schwerpunkt seiner Forschungsförderung. Auch auf kommunaler Ebene entstehen zahlreiche Projekte, deren Zielsetzung es ist, Ältere über technische Unterstützungsmöglichkeiten im Alltag zu informieren, um ihnen ein langes Leben in Unabhängigkeit zu ermöglichen.

Bei der Technikentwicklung zeigt sich allerdings, dass die Techniker[1] und Technikwissenschaftler den technischen Innovationsschüben meist größere Bedeutung zuschreiben als der Nachfrage. Die technische Machbarkeit wird in den Mittelpunkt gerückt, während die Perspektive der potenziellen Nutzer zu wenig Beachtung erhält (vgl. z.B. Glende et al. 2011; Pelizäus-Hoffmeister 2013). Mit der Konsequenz, so lautet meine Annahme, dass im Bereich technischer Unterstützungssysteme für ältere Menschen in den letzten Jahren viele Produkte entstanden sind, die von den Älteren nicht akzeptiert und genutzt werden.

Die diesem Beitrag zugrundeliegende These lautet, dass ein technisches Produkt von den Älteren nur dann akzeptiert und in ihren Alltag integriert wird, wenn bei seiner Entwicklung die Bedeutungs- und Verwendungszusammenhänge, in die die Technik eingepasst werden soll, gleichwertig mit berücksichtigt werden (vgl. auch Giesecke 2003: 10). In Anlehnung an Befunde und Konzepte aus der Techniksoziologie und -geschichte (vgl. z.B. Hörning 1988, 1989, Woolgar 1991; Wengenroth 2001; Rammert 2007) wird davon ausgegangen, dass sowohl die konkreten Bedürfnisse der Älteren als auch die Deutungen, mit der sie die Technik versehen, bekannt sein und berücksichtigt werden müssen, um ein erfolgreiches, gebrauchstaugliches Produkt zu entwickeln. Die soziologische

---

[1] Auch wenn ich mich in diesem Beitrag aus Gründen der besseren Lesbarkeit durchgängig der männlichen Form bediene, sind natürlich dennoch beide Geschlechter gemeint.

© Springer Fachmedien Wiesbaden GmbH, ein Teil von Springer Nature 2018
H. Künemund und U. Fachinger (Hrsg.), *Alter und Technik*, Vechtaer Beiträge zur Gerontologie, https://doi.org/10.1007/978-3-658-21054-0_6

Forschung bietet unterschiedliche Konzepte an, die genutzt werden können, um in beiden Bereichen wichtige Erkenntnisse zu erzielen.

In diesem Beitrag wird der Fokus auf die Bedeutungen bzw. Sinnsetzungen gerichtet, die Ältere der Technik, mit der sie in ihrem Alltag konfrontiert werden, zuschreiben. Sie wurden im Rahmen einer empirischen, qualitativ orientierten Studie erhoben, in der der Frage nach den – auch unbewussten – Motiven Älterer für ihre Techniknutzung oder -vermeidung nachgegangen wurde (Pelizäus-Hoffmeister 2013). Das Ziel war die Deskription und Erklärung verschiedener Varianten von Technikdeutungen, unter Einbezug der jeweiligen Handlungspraxen und der sozialen, strukturellen, kulturellen und individuellen Kontextbedingungen. Denn letztere üben, so war die Vermutung, einen entscheidenden Einfluss darauf aus, wie Technik wahrgenommen wird.

Die Technikdeutungen spielen auch in diffusionstheoretischen, sozialpsychologischen oder verhaltenswissenschaftlichen Modellen zur Akzeptanzforschung oder den Akzeptanzmodellen aus der Informationssystemforschung eine Rolle. Hier werden sie meist unter dem Konzept der subjektiven Einstellung subsumiert, wobei die dieser Einstellung zugrundeliegenden Variablen wie beispielsweise Geschlecht, Bildung und Einkommen meist nicht in das Erklärungsmodell mit einfließen. In vielen Modellen werden sie als moderierende Variablen (vgl. Wiedmann et al. 2007), als vorherige Faktoren (vgl. Wixom & Todd 2005: 87), als background factors (vgl. Fishbein & Ajzen 2005: 194) oder als Personenvariablen (vgl. Arndt 2011: 60) nur genannt.

Das Ziel der vorliegenden Studie ist es, neben der Beschreibung der verschiedenen Technikdeutungen zumindest vage Annahmen darüber zu entwickeln, welche Kontextbedingungen mit welchen Technikdeutungen einhergehen könnten, oder in der Terminologie der Akzeptanzforschung ausgedrückt, wie die subjektive Einstellung auf der Basis der background factors (Fisbein & Ajzen 2005) erklärt werden kann. Im Folgenden werden zunächst theoretische Annahmen über Technik als Träger kultureller Sinnsetzungen – in Anlehnung an Hörning (1988, 1989) – formuliert (2). Diese dienten in der empirischen Untersuchung als sensibilisierende Konzepte. Im Anschluss daran wird auf die Studie selbst eingegangen. Zunächst wird kurz das methodische Design beschrieben (3). Danach werden die Ergebnisse in Form einer Typologie präsentiert (4). Im Resümee (5) wird über mögliche Erträge dieser Erkenntnisse für die Produktentwicklung und über weiterführende Forschungsperspektiven nachgedacht.

2 Kulturelle Modellierung der Technik

Seit den 1980er Jahren hat das Thema *Technik im Alltag* in der Techniksoziologie an Bedeutung gewonnen. Es lassen sich zwei Forschungsperspektiven unterscheiden, die das Verhältnis zwischen Technik und Mensch im Alltag unterschiedlich beschreiben: Während die *sachtheoretisch* argumentierende Forschungsrichtung den strukturierenden und regulierenden Effekt von Technik im Alltag – im Sinne der These einer „Kolonialisierung der Lebenswelt" (Habermas 1981) – in den Mittelpunkt rückt, beschreiben Vertreter der *kulturalistischen* Perspektive Technik vor allem als Element der kulturellen Sphäre oder als Träger von Bedeutungen.[2]

Letztere betonen, dass der Einsatz von Technik im Alltag weniger ihrer Funktionalitäten als vielmehr den mit ihr verbundenen Bedeutungen geschuldet ist (vgl. Hörning 1988). Und diese werden nach Hörning (1989: 91f.) auf zwei Ebenen produziert: Zum einen erscheine Technik als materialisierte Kultur, da sie von Menschen erfunden, hervorgebracht, bewertet, verbreitet und bei diesen Prozessen zugleich kulturell geprägt werde. Damit verliere sie den Charakter eines reinen Instruments. Ihre Bedeutungen überstiegen die materiell-technischen Funktionalitäten. Zum anderen werde Technik von den Nutzern als Medium „vielfältiger – nicht ausschließlich technisch-funktionaler Sinnsetzungen – begriffen" (ebd. 99). Sie werde von ihnen mit Bedeutungen versehen, die nicht mit den vom Hersteller entwickelten Sinnsetzungen übereinstimmen müssen. Die Deutungsmuster der Nutzer seien zwar zum Teil kulturell und gesellschaftlich geprägt, resultierten aber zugleich aus der alltäglichen Praxis ihrer Technikverwendungen (vgl. ebd., 117). Zwar kann, auch aus der Sicht Hörnings, dem technischen Gerät aufgrund seiner Materialität und Funktionalität nicht jede beliebige Bedeutung zugeschrieben werden. Dennoch sei es Träger anderer als nur streng funktionalistischer Bedeutungen, die der Nutzer selbst hervorbringe und die mit darüber entscheiden würden, ob es verwendet würde oder nicht.

Wird diese Forschungsperspektive auf die Herausforderung übertragen, nutzergerechte und akzeptierte Technik für Ältere zu entwickeln, dann müsste im Vorfeld danach gefragt werden, welche Gruppen von Älteren über welche Technikdeutungen, -ideologien oder -mythen – auf der Basis welcher Umgangsstile mit Technik – verfügen. Oder konkreter: Es müsste nach den jeweiligen Motiven gefragt werden, die dem technischen Handeln zugrundeliegen und weit über rein technisch-funktionale Gebrauchserwartungen hinausgehen können.

Hörning (1988: 73ff.) entwickelt vier allgemeine Muster von Handlungsorientierungen, die nach ihm dem menschlichen Handeln mit Technik – dem tech-

---

[2] Vgl. zum sachtheoretisch argumentierenden Forschungsstrang beispielsweise Bievert & Monse (1988) oder Joerges (1988), zum kulturalistisch argumentierenden beispielsweise Hennen (1992), Hörning (1988, 1989) oder Rammert (1988, 2007).

nischen Handeln – zugrundeliegen. Er beschreibt eine sogenannte *Kontrollorientierung*, auf deren Basis die Technik genutzt wird, um die Umwelt zu kontrollieren oder um zumindest das Gefühl zu haben, sie bei Bedarf kontrollieren zu können. Den Wunsch nach Freude und Wohlgefallen bei der Techniknutzung – z.B. Motorradfahren, um die „große Freiheit" zu spüren – ordnet Hörning der *ästhetisch- expressiven Handlungsorientierung* zu (vgl. ebd., 76). Unter einer *kognitiven Orientierung* versteht er den Wunsch, Technik zur Befähigung im Umgang mit der technischen Umwelt einzusetzen. Nach ihm ist dieses Interesse gespeist vom gesellschaftlichen Druck, mit der Technik „rational" bzw. „intelligent" umgehen zu können (vgl. ebd. 77). Der vierten, der *kommunikativen Handlungsorientierung*, misst Hörning besondere Bedeutung zu. Der Technikeinsatz ermöglicht den Nutzern in diesem Sinne eine Einbindung in vielfältige Kommunikationssysteme; er erlaubt ihnen „im ‚sozialen Universum' nicht marginalisiert" zu sein (ebd. 78). Werden die Handlungsorientierungen zusammenfassend betrachtet, dann ist zu vermuten, dass sie häufig miteinander verschränkt sein dürften und sich je nach technischem Gerät unterscheiden. Wie sie sich wo und in welcher Kombination zeigen, ist eine empirisch zu beantwortende Frage.

Diese von Hörning entwickelten Konzepte wurden in der vorliegenden Studie als sensibilisierende Konzepte im Sinne von Kelle und Kluge (1999: 25ff.) verwendet. Sie sollten für die vielfältigen Sinnsetzungen der Nutzer sensibilisieren, wurden aber nicht als eine Begrenzung auf die genannten Aspekte verstanden.[3]

3 Methodisches Vorgehen

Im Rahmen der qualitativ orientierten, empirischen Untersuchung wurden 31 Interviews mit älteren Männern und Frauen geführt (vgl. Pelizäus-Hoffmeister 2013). Als Ältere galten Personen, die 60 Jahre oder älter waren. Diese Grenze wurde aus pragmatischen Gründen in Anlehnung an die Definition der Weltgesundheitsorganisation gewählt (vgl. WHO 2002: 4), auch wenn klar ist, dass das biologische Alter ein nur unzureichender Maßstab ist. Denn zwischen gleichaltrigen Menschen bestehen ganz wesentliche Unterschiede, was beispielsweise ihre Gesundheit, ihre aktive Teilnahme am sozialen Leben oder den Grad ihrer

---

[3] Kelle und Kluge (1999) erachten das Einbringen von theoretischem Vorwissen als notwendig, da es helfe, relevante Daten und Zusammenhänge zu erkennen und in theoretischen Begriffen zu reflektieren. Das soll nicht bedeuten, dass den eigenen Daten diese Konzepte aufgezwungen werden. Vielmehr werde der Forscher „mit der notwendigen ‚Brille' aus[gestattet], durch welche die soziologischen Konturen empirischer Phänomene erst sichtbar werden" (ebd. 98).

Unabhängigkeit betrifft (vgl. ebd.). Die Anzahl der befragten Frauen war etwas größer als die der Männer.

Es wurden verstehende Interviews im Sinne Kaufmanns (1999) durchgeführt, die zugleich durch einen Leitfaden (vgl. Hopf 1991: 177; Witzel 2000) gestützt wurden. Auf der Basis der Erzählungen[4] sollte einerseits das technische Handeln der Älteren deskriptiv erfasst werden. Andererseits sollten die damit verbundenen subjektiven Sinnsetzungen erhoben werden. Darauf aufbauend war es das Ziel, die bestimmenden Bedingungen für den (nicht) erfolgreichen Technikeinsatz zu erheben.

Durch einen einfachen Erzählstimulus wurden die Befragten zunächst aufgefordert, über ihren alltäglichen Tagesablauf zu berichten und darüber, wie sie dabei mit technischen Geräten in Berührung kommen. Das Ziel war es, eine möglichst lange, narrative Erzählung zu initiieren. Die Fragestellung war recht offen gehalten, um die Befragten in ihrer Darstellung nicht einzuschränken und so ihre Relevanzsetzungen erfassen zu können. Nach der „Haupterzählung" wurden erzählinterne Nachfragen gestellt, die sich auf in der Haupterzählung angedeutete Erzählungen und Informationen bezogen, um zusätzliche Aspekte und Hintergrundereignisse zu erfassen. Daran schloss sich die leitfadengestützte Befragung an, die sich auf die Bereiche bezog, die in der Haupterzählung unerwähnt blieben. Dabei waren die Fragen des Leitfadens als eine Gesprächsanregung konzipiert, die weitere Narrationen generieren sollten.

Die Fragen waren auf den Wohnbereich begrenzt, zum einen, um das komplexe Thema bearbeitbar zu halten, zum anderen aufgrund des hohen Stellenwerts, den dieser Bereich für Ältere einnimmt (vgl. z.B. Kreibich 2004: 12). In der Wohnung wird ein großer, bei manchen Älteren der größte Teil der Zeit verbracht, womit der innerhäusliche Alltag zwangsläufig an Bedeutung gewinnt (vgl. Backes & Clemens 2003: 230; Saup & Reichert 1999).

Die Interviews wurden digital aufgezeichnet und anschließend vollständig transkribiert. Die Auswertung der Daten erfolgte in Anlehnung an die Methode der Grounded Theory, wie sie von Strauss und Corbin (1996) entwickelt wurde. Das Ziel war die Entwicklung einer gegenstandsorientierten Theorie, die Zusammenhänge bzw. Wechselbeziehungen zwischen Technikdeutungen, technischem Handeln und weiteren Kontextbedingungen aufzeigen sollte.

Die drei Arbeitsschritte Datenerhebung, Analyse und Theorieproduktion wurden nicht als strikte Abfolge aufeinander aufbauender Schritte, sondern als dynamisch miteinander verknüpfte, parallel stattfindende Schritte vollzogen. Zunächst wurden auf der Basis von Daten nur weniger Fälle erste theoretische Konzepte – „Ad hoc"-Hypothesen" – gebildet (vgl. auch Strübing 2002: 329). Diese wurden anschließend vor dem Hintergrund weiterer Fälle geprüft und neue

---

[4] Wenn von Erzählungen gesprochen wird, dann in dem allgemeineren Sinne, dass darunter die mündlichen Ausführungen der Befragten verstanden werden. Es wird hier nicht Bezug auf die spezifische Bedeutung genommen, wie sie beispielsweise Schütze (1987) eingeführt hat.

Fälle wurden auf den Erkenntnissen aufbauend hinzugezogen („theoretical sampling"). Durch diesen zyklisch-iterativen Forschungsprozess wurde die Zuverlässigkeit und Angemessenheit der Ergebnisse auf jeder Stufe erneut geprüft und bewertet.

Das Ziel war es, mit einer vergleichenden Analyse von Einzelfällen die verschiedenen Technikdeutungen – im Kontext des technischen Handelns und weiterer Rahmenbedingungen – fallübergreifend und typisierend[5] zu erfassen. Grundlegend war dabei die Annahme, dass nicht eine unendliche Vielfalt unterschiedlicher Typen existiert, sondern dass ein spezifisches Repertoire an sozial-kulturell möglichen Varianten erfasst werden kann (vgl. Baerenreiter et al. 1990: 15f.).

Die Typenkonstruktion erfolgte in Anlehnung an die Vorschläge von Kelle und Kluge (1999). Sorgfältig durchgeführte Einzelfallanalysen bildeten die Basis. Diese Fälle wurden miteinander verglichen und Ähnlichkeiten und Unterschiede herausgearbeitet. Es wurden jene Fälle in Gruppen zusammengefasst, die sich auf allen Vergleichsdimensionen ähnelten. Dies war ein Mittel, um zu den inhaltlichen allgemeineren Ordnungen bzw. Sinnzusammenhängen vorzudringen, die zur Gruppierung geführt hatten, so dass die Bedeutung jeder Merkmalskombination besser verstanden werden konnte (vgl. ebd. 78).

Die ermittelten Befunde können und wollen keinen Anspruch auf statistische Repräsentativität erheben. Es geht vielmehr darum, eine Gegenstandstheorie zu entwickeln, die in der Lage ist, die Wechselbeziehungen zwischen technischem Handeln, Technikdeutungen und weiteren Rahmenbedingungen zu erfassen. Dabei sind die entwickelten Typen als Handlungs- bzw. Deutungsmuster zu verstehen und nicht als Personentypen. Dementsprechend kann eine Person mehreren Typen zugeordnet werden, wenn sie gleichzeitig unterschiedlichen Motiven beim Technikeinsatz folgt.

4 Technikdeutungen – Motive für und gegen den Technikeinsatz

Die von Hörning entwickelten Orientierungsmuster dienten als heuristischer Rahmen. Sie sensibilisierten für die vielfältigen Sinnsetzungen der Älteren, wurden aber nicht als Begrenzung auf die genannten Aspekte verstanden, sondern durch die eigene Erhebung differenziert, ergänzt und mit Inhalt gefüllt. Die

---

[5] Typen werden hier als symbolische Konstruktionen verstanden, die pointiert dargestellt werden, um ihre spezifischen Charakteristika besonders deutlich zu machen. Ihre Bildung erfolgt nach Weber (1922: 191) in der Form, dass wichtige Aspekte eines Phänomens in widerspruchlos gedachten Zusammenhängen konstruiert werden, durch gedankliche Steigerung der Elemente, die als besonders wichtig erachtet werden, durch Zusammenschluss diffuser Aspekte und durch Vernachlässigung als unwichtig angesehener Elemente.

erarbeiteten Technikdeutungen – oder spezifischer: die Motive Älterer für oder gegen den Technikeinsatz – wurden folgenden, allgemeineren Dimensionen zugeordnet, die teils mit den Hörningschen Handlungsorientierungen übereinstimmen: der instrumentellen Dimension, der ästhetisch-expressiven Dimension, der kognitiven und der sozialen Dimension.

Bei Typen, die der *instrumentellen* Dimension zugerechnet werden, stehen die (arbeitserleichternden) Funktionen der Technik im Mittelpunkt. Technik wird als ein Instrument verstanden, das die eigenen Fähigkeiten und Fertigkeiten verbessern oder unterstützen kann. Das Erreichen alltagspraktischer Ziele soll durch den Technikeinsatz schneller, einfacher, effizienter oder sparsamer möglich werden. Beim Typus, der der *ästhetisch-expressiven* Dimension zugeordnet wird, gilt der Technikeinsatz (auch) als Anlass für Freude und Wohlgefallen. Ganz anders sind die Motive, die der *kognitiven* Dimension zugerechnet werden. Hier erhält die Beschäftigung mit der Technik „an sich" eine herausgehobene Bedeutung. Das Ziel der Älteren ist es hier, die Möglichkeiten und Funktionsweisen der Technik kognitiv zu durchdringen und das aus zwei unterschiedlichen Motiven heraus. Auf der *sozialen* Dimension stehen die sozialen Bedürfnisse im Mittelpunkt, die der Technikeinsatz in zweierlei Hinsicht befriedigen kann: Er kann dazu beitragen, dass die Älteren sich dem Kreis von „Technikinteressierten" zugehörig fühlen. Und er kann ebenfalls ganz praktisch dafür sorgen, dass Ältere durch technische Kommunikationssysteme mit ihren Bezugspersonen verbunden sind.

Die diesen Dimensionen zugeordneten Technikdeutungen wurden als Typen konstruiert, um ihre spezifischen Charakteristika besonders deutlich herausarbeiten zu können. Sie sind – wie oben angedeutet – nicht als Personentypen zu verstehen, sondern als typische Handlungs- und Deutungsmuster. Es wurden acht verschiedene Typen der Technikdeutung bzw. Motive für (und gegen) den Technikeinsatz herausgearbeitet. Der instrumentellen Dimension werden die Typen *Technik als Invisible Hand*, *Sparen mit und an der Technik* und *Technik als Segen* zugeordnet. Der ästhetisch-expressiven Dimension kann ein Typus zugeordnet werden, und zwar der der *Freude an „schöner" Technik*. *Herrschaft über Technik* und *Technik als Leidenschaft* sind Typen, die der kognitiven Dimension zugerechnet werden. Und auch der sozialen Dimension werden zwei Typen zugeordnet: einerseits *Technik zur Inszenierung des sozialen Selbst*, andererseits *Kommunikation mit Hilfe von Technik*.

Im Folgenden werden die genannten Typen zunächst stichpunktartig charakterisiert. Dann werden die – den Älteren nicht immer bewussten – Beweggründe und die darauf aufbauenden Handlungspraxen präsentiert. Anschließend wird der Frage nachgegangen, ob sich Verbindungen zu je spezifischen Kontextbedingungen wie Generation, Geschlecht, Bildung, soziale Partizipation etc. plausibel herausarbeiten lassen.

4.1 Technik als Invisible Hand

Bei diesem Typus wird im Technikeinsatz einerseits eine wertvolle Chance gesehen, die alltäglichen Aufgaben besser, schneller, einfacher und sicherer erledigen zu können. Andererseits wird Technik *nur* als ein Mittel zum Zweck erlebt. Ihr wird kein Wert *an sich* zugeschrieben. Daher soll sie auch nicht in Erscheinung treten. Sie soll, metaphorisch ausgedrückt, einem unsichtbaren Helfer oder einer *Invisible hand* gleich ihre Dienste tun und sich nicht in den Mittelpunkt des Alltags drängen. Dahinter verbirgt sich der Wunsch, der Technik keine nähere Beachtung schenken zu müssen. Hier wird zugleich der normative Charakter dieser Technikdeutung deutlich: Es geht weniger darum, Technik als unsichtbaren Helfer zu erleben als um das Bedürfnis, dass sie diesem Anspruch genügen möge.[6]

Wird nach den dieser Deutung zugrundeliegenden Beweggründen (Motiven) gesucht, dann zeigen sich zwei Überzeugungsmuster (I, II), die in bestimmter Hinsicht deckungsgleich sind, sich zum Teil aber auch unterscheiden. Beiden Untertypen ist gemein, dass als lästig erachtete, regelmäßig anfallende Aufgaben und Anforderungen im Haushalt möglichst wenig Zeit gewidmet werden soll. Viel lieber wendet man sich den „schönen Dingen des Lebens" zu, wie Freunde treffen, Lesen, Spazieren gehen oder mit dem Hund spielen. Und wenn technische Geräte dabei behilflich sein können, den „lästigen Alltagskram" schnell zu erledigen, werden sie akzeptiert und in den Alltag eingebaut. Technische Geräte werden mit dem ungeliebten „Arbeits"-Alltag assoziiert, stehen damit im Gegensatz zu den „schönen Seiten des Lebens" und sollen dementsprechend möglichst wenig Zeit und Raum einnehmen.

Für den Untertypus I existiert ein weiterer Grund für den Wunsch nach *unsichtbarer* Technik: Hier wird der Technikeinsatz zugleich mit Schwierigkeiten und Ärgernissen assoziiert. Insbesondere der Umgang mit den neuen, digitalen Geräten wird als mühselig, problematisch und auch als beängstigend erlebt und mit eigener mangelnder technischer Kompetenz in Verbindung gebracht. Beim Untertypus II hingegen herrscht die Überzeugung hoher eigener Technikkompetenz vor, gleichzeitig aber ein ausgesprochenes Desinteresse an der Technik „an sich", so dass eine intensivere Beschäftigung mit ihr nach Möglichkeit vermieden wird.

---

[6] Bemerkenswert ist, dass technische Geräte bei einem Teil der Älteren mit dieser Technikdeutung tatsächlich eher an Plätzen aufbewahrt werden, die sich dem ersten Blick (des Besuchers) entziehen. Küchengeräte werden in Schränken verstaut, der PC verbirgt sich hinter einer Trennwand und der Fernseher wird durch seinen Einbau in den Wohnzimmerschrank unsichtbar. Das Spezifische dieser Fälle wird noch offensichtlicher, wenn man bedenkt, dass das Design technischer Geräte bei der Produktentwicklung und -verwendung allgemein immer größere Bedeutung erhält (zur Ästhetisierung moderner Gesellschaften vgl. z.B. Lash 1996: 234ff.).

In der Handlungspraxis drücken sich die beiden Überzeugungsmuster darin aus, dass vor allem hinlänglich bekannte und als einfach wahrgenommene Geräte[7] zur Unterstützung bei den alltäglichen Aufgaben eingesetzt werden. Der Einsatz neuer Geräte wird nach Möglichkeit vermieden, da dies mit einem gewissen Maß an Beschäftigung mit der Technik „an sich" verbunden wird. Für Untertypus I kommt hinzu, dass man sich bei der Beschäftigung mit neuen Geräten zugleich mit den mangelnden eigenen Kompetenzen konfrontiert sieht, was ebenfalls nach Möglichkeit vermieden werden soll. Es herrscht eine Vorliebe für die Geräte vor, die schon lange ihren Dienst im Haushalt tun. Insofern kann die Technikakzeptanz bei diesem Typus als begrenzt auf die sogenannte „veralltäglichte" Technik (Hörning 1988: 51) beschrieben werden, also auf die Technik, die häufig gar nicht mehr bewusst als Technik wahrgenommen wird, weil sie problemlos im Haushalt integriert ist.

Diese Motive zeigen sich in allen der hier untersuchten Altersgruppen. Das gibt Anlass zur Vermutung, dass die generationsspezifisch unterschiedlichen frühen Techniksozialisationen, die nach Sackmann und Weymann (1994) das Verhältnis der Menschen zur Technik ein Leben lang prägen, möglicherweise keinen Einfluss auf diesen Beweggrund haben. Auch die wahrgenommene eigene Technikkompetenz allein scheint kein bestimmender Faktor zu sein, da diesem Typus sowohl wenig als auch hoch Technikkompetente zugeordnet werden können. Dass dennoch gerade die wahrgenommene eigene mangelnde Technikkompetenz dazu beitragen kann, diese Technikdeutung zu verstärken, wurde oben gezeigt. Und da insbesondere Frauen nach wie vor in der Regel weniger Technikkompetenz zugeschrieben wird, was nicht ohne Folgen für ihr Selbstbild bleibt (vgl. z.B. Ahrens 2009; Beisenherz 1989; Collmer 1997; Hargittai & Shafer 2006), oder sie aufgrund fehlender Erfahrungen weniger technikkompetent sind, kann vermutet werden, dass sich besonders Frauen dem Untertypus I zuordnen lassen.

4.2 Sparen mit und an der Technik

Auch bei diesem Typus ist die Funktionalität der Technik zentraler Dreh- und Angelpunkt, denn der Einsatz von Technik soll zum Sparen beitragen und zwar zum Sparen von Ressourcen jeglicher Art. Die alltäglichen Aufgaben werden hier aus der Perspektive ihrer Rationalisierung betrachtet, es wird ständig nach Möglichkeiten ihrer Optimierung gesucht. Der Technikeinsatz erfolgt in diesem

---

[7] Interessant ist die Unterschiedlichkeit bei der Bestimmung von „einfachen" Geräten: Für die (in der eigenen Wahrnehmung) wenig Technikkompetenten erscheint die klassische Technik (vgl. Tully 2003) – wie Waschmaschine, Herd und Mixer – als einfach, während die (in der eigenen Wahrnehmung) Technikkompetenten auch PC, Handy und Internet als einfache Geräte erleben.

Sinne nur dann, wenn er wirtschaftlich erscheint, ansonsten und vorzugsweise wird er vermieden.
Welche Motive bestimmen diesen Typus? Hier lässt sich unverkennbar eine starke Orientierung an Werten wie Effizienz, Leistungssteigerung und Sparsamkeit herausarbeiten. Es wird versucht, die alltäglichen Tätigkeiten so zu rationalisieren, dass sie möglichst einfach, schnell, günstig und effizient bewältigt werden können. Dabei scheint das Motiv des Sparens quasi ein Selbstzweck zu sein, der das gesamte Leben bestimmt (vgl. hierzu auch Rammert 1988: 192). Der Einsatz von Technik erscheint vor diesem Hintergrund nur dann sinnvoll, wenn er eindeutig dazu beiträgt, Zeit, Geld, Energie, Anstrengung oder andere Ressourcen zu sparen. Dennoch scheint der Hauptfokus auf dem Sparen an der Technik selbst, auf der Vermeidung des Technikeinsatzes, zu liegen. Wie lässt sich das erklären?

Das Motiv der Rationalisierung impliziert hier zugleich ein starkes Streben nach Kontrolle. Und gerade die Kontrolle erscheint durch den Technikeinsatz gefährdet: Technik wird gewissermaßen als eine Bedrohung für eigene Kontrollmöglichkeiten erlebt. Einmal eingesetzt, sieht man sich der Technik ausgeliefert, da sie mit über die Zeitverwendung, die Tagesplanung und das gesamte Leben bestimmt. Insbesondere mit der neuen, digitalen und gleichzeitig als komplex und undurchschaubar wahrgenommenen Technik wird eine Vielzahl an Gefahren assoziiert, die eigene Kontrollmöglichkeiten begrenzen oder bedrohen. So kann der Einsatz eines PCs mit der Befürchtung einhergehen, von der Funktionsfähigkeit des Gerätes abhängig zu werden und nicht mehr Herr über die eigene Zeitverwendung zu sein. Der Einsatz neuer, digitaler Technik wird darüber hinaus – aufgrund der wahrgenommenen eigenen mangelnden Technikkompetenz – mit einem hohen Bedarf an Unterstützung verbunden, was ebenfalls die eigene Kontrolle in verschiedenen Hinsichten gefährdet.

Dennoch gilt auch für diesen Typus der Einsatz von Technik im Alltag als selbstverständlich. Es werden gängige, klassische Geräte wie Fernseher, Waschmaschine, Herd und Telefon genutzt. Allerdings wird selbst diesen hin und wieder mit Bedenken begegnet. Auch der bereits praktizierte eigene Technikeinsatz wird immer wieder kritisch hinterfragt. Insbesondere wenn eines der verwendeten Geräte defekt ist, wird intensiv über Möglichkeiten der Vermeidung seines Ersatzes nachgedacht. Der Technikeinsatz ist stets begleitet von einer Techniskepsis, die sich in möglichst begrenztem technischem Handeln ausdrückt.

Und welche Rahmenbedingungen erscheinen für diesen Typus relevant? Vermutlich korreliert er mit einer eher geringen Technikkompetenz. Diese könnte sich einerseits aufgrund mangelnder beruflicher Erfahrungen mit neueren technischen Entwicklungen ergeben haben, andererseits auf ein Leben jenseits der Berufstätigkeit, das gleichzeitig durch einen geringen Technikeinsatz geprägt ist. Letzteres könnte sich insbesondere bei älteren Frauen zeigen, deren Hauptaufgabe im „Sorgen um die Kinder" und in der Haushaltsführung bestand. Diese Form der Technikskepsis und die darauffolgende Technikvermeidung könnte insofern zumindest zum Teil auf fehlende biografische Erfahrungen mit neueren technischen Errungenschaften zurückgeführt werden.[8]

4.3 Technik als Segen

Auch bei diesem Typus steht das Interesse an der Funktionalität der Technik im Mittelpunkt. Technik soll die Bewältigung alltäglicher Aufgaben erleichtern, und zwar vor allem in körperlicher Hinsicht. Zugleich wird eine uneingeschränkt positive Sicht auf Technik deutlich. Bemerkenswert ist darüber hinaus, dass technische Probleme im Alltag keine Rolle zu spielen scheinen und dass die Überzeugung vorherrscht, alle Geräte des Haushalts kompetent beherrschen zu können.

Welches sind die dieser uneingeschränkt positiven Technikdeutung und der wahrgenommenen eigenen Technikkompetenz zugrundeliegenden Überzeugungen? Und welche Rahmenbedingungen ermöglichen diese Deutungen? Zunächst zeigt sich, dass der Entscheidung für den Technikeinsatz meist eine grundsätzliche Orientierung an seinen Vorteilen vorausgeht, die sich aus dem Vergleich zwischen „früher" und „heute" speist. Dabei bezieht sich das „früher" meist auf eine Zeit, in der Hausarbeit in hohem Maße aus schwerer körperlicher Arbeit bestand, da kaum (elektrische) Geräte zur Verfügung standen. Vor diesem Hintergrund ist es naheliegend, dass die umfassende Haushaltstechnisierung (vgl. Sackmann & Weymann 1994) mit ihren bedeutenden Arbeitserleichterungen mit großer Aufgeschlossenheit, Begeisterung und Wertschätzung begrüßt wird.

Eine weitere Überzeugung kann als Basis der positiven Technikdeutung und auch des Selbstbildes als technikkompetent herausgearbeitet werden: Bei diesem Typus besteht grundsätzlich *nicht* der Wunsch, die technischen Geräte zu „durchschauen". Es interessieren weder deren Arbeitsweisen, deren impliziten „Logiken", deren Aufbau noch die mögliche Vielfalt ihrer Verwendungsbezüge. Die Geräte müssen nur bedient werden können, um die ihnen zugedachten Zwecke zu erfüllen. Eine Beschäftigung mit der Technik „an sich" wird überhaupt nicht in Erwägung gezogen. Daraus resultiert einerseits, dass viele mögliche Probleme und Gefährdungen, die insbesondere mit der neuen, digitalen Technik einhergehen können, nicht wahrgenommen werden. Andererseits wird die eigene Technikkompetenz allein an der Bedienkompetenz festgemacht, was es erlaubt,

---

[8] Bemerkenswert war die große emotionale Betroffenheit der Vertreter dieses Typus, die sich in den Interviews deutlich zeigte. Es liegt der Verdacht nahe, dass diese Älteren ihre negativen Technikeinschätzungen gegenüber einem sozialen Umfeld verteidigen bzw. rechtfertigen müssen, das durch eine weitaus größere Akzeptanz der Techniknutzung geprägt ist.

sich selbst auch mit eher geringen Technikkenntnissen als technikkompetent wahrzunehmen.

An dieser Stelle muss die Frage nach den Rahmenbedingungen gestellt werden, die diese Überzeugungen ermöglichen. Vermutlich müssen zuverlässige Bezugspersonen bereitstehen, die zum einen den Zugang zu möglichen (arbeitserleichternden) Geräten eröffnen und zum anderen Sorge dafür tragen, dass die Geräte problemlos genutzt werden können. Und treten Probleme auf, dann müssen sie stets zur Stelle sein, diese zu beseitigen.

Vor diesem Hintergrund wird nachvollziehbar, dass hier eine Vielfalt an klassischen, aber auch neuen, digitalen Techniken im Alltag genutzt wird. Dabei kann es sich um ein Handy handeln, dass beim Spaziergang mit dem Hund mitgeführt wird, um bei Bedarf Hilfe rufen zu können; oder auch um den Wäschetrockner, der genutzt wird, um sich das körperlich anstrengende Wäscheaufhängen und -abnehmen zu ersparen. Gleichzeitig werden die Geräte ohne Scheu, mit einem Gefühl der Sicherheit und Souveränität bedient.

Diese Technikdeutungen fanden sich im vorliegenden Sample nur bei den *Hochaltrigen*, die nach Sackmann und Weymann (1994) der „vortechnischen Generation" zugeordnet werden können. Diese zeichnet sich dadurch aus, dass in ihrer Kindheit zwar schon Strom und damit elektrisches Licht im Haushalt vorhanden war, das Radio jedoch lange Zeit das einzige komplexe Geräte blieb. Insofern ist naheliegend, dass der oben beschriebene Vergleich zwischen „früher" und „heute" die heutige – und vor allem die arbeitserleichternde – Technik stets im positiven Licht erscheinen lässt. Hochaltrigkeit mag darüber hinaus auch ein Grund dafür sein, dass der Technikeinsatz insbesondere körperliche Anstrengungen reduzieren soll. Denn gerade im hohen Alter ist verstärkt mit körperlichen Beeinträchtigungen zu rechnen. Dieser Typus korreliert vermutlich zudem mit geringen technischen Kenntnissen, was ebenfalls in Verbindung mit einem hohen Alter und den damit verbunden eher geringeren Chancen, intensive berufliche Erfahrungen mit neuen, digitalen Techniken zu sammeln, gesehen werden kann. Und darauf könnte möglicherweise auch der fehlende Wunsch zurückgeführt werden, die „innere Logik" der Technik verstehen zu wollen. Denn mit einer geringen Technikkompetenz fehlen die konkreten Anknüpfungspunkte für eine intensivere Beschäftigung mit der Technik „an sich".

4.4 Freude an „schöner" Technik

Dieser Typus wird der ästhetisch-expressiven Dimension zugeordnet. Hier wird dem Äußeren der Geräte ein beachtliches Maß an Aufmerksamkeit geschenkt. Auch wenn Technik in erster Linie ihre Aufgaben erfüllen soll (instrumentelle Dimension), so haben dennoch ihr Erscheinungsbild und der sich darin widerspiegelnde Wert große Bedeutung. Jedes im Haushalt integrierte Gerät soll durch sein Äußeres zur „Schönheit" des eigenen Heims beitragen. Schönheit[9] wird hier im Sinne eines positiv bewerteten Erlebnisses oder Gefühls verstanden. Kriterium beim Kauf einer Kaffeemaschine ist daher nicht nur ihre Funktionalität, sondern zugleich ihre Form, ihre Farbe, ihr Design insgesamt.

Welcher Beweggrund liegt dieser Technikdeutung zugrunde? Zunächst zeigt sich, dass der Ästhetik allgemein eine hohe Bedeutung zugewiesen wird, was sich auch im Kleidungsstil und der Wohnungseinrichtung widerspiegelt. Das perfekte Arrangement aller Artefakte des Haushalts löst ein Genusserlebnis, Freude und Wohlbefinden aus. Gleichzeitig ist die „richtige" Auswahl eines – meist teuren – Gerätes Ausdruck von Wohlstand und kultureller Sachkenntnis und erhöht damit zugleich das soziale Prestige.

Im praktischen Alltag kommt diese Technikdeutung u.a. darin zum Ausdruck, dass der Auswahl eines neuen Gerätes viel Zeit und Aufmerksamkeit gewidmet wird. Dabei kann der Wunsch nach einem „schönen" Gerät sogar so weit gehen, dass auf bestimmte Funktionen verzichtet wird, um ein als erstklassig empfundenes Design zu erhalten. Vorzugsweise werden hochpreisige Markenprodukte ausgewählt und ihr Kauf erfolgt – selbstverständlich – in Fachgeschäften, da mit ihnen eine Atmosphäre verbunden wird, die dem angestrebten „schönen" Lebensgefühl entspricht. Zugleich wird Wert auf ein möglichst neues, aktuelles Produkt gelegt, um zugleich auch up to date zu sein.

Welche Rahmenbedingungen gehen möglicherweise mit dieser Technikdeutung einher? Es fällt auf, dass die Motive und Handlungspraktiken dieses Typus stark denen ähneln, die Schulze (1992) in seiner Erlebnisgesellschaft dem Niveaumilieu zuordnet. Die dort verorteten Männer wie Frauen besitzen überwiegend eine eher höhere Bildung und sind relativ wohlhabend, was als eine notwendige Grundlage für die dieser Technikdeutung zugrundeliegenden kulturellen und ökonomischen Ressourcen gedeutet werden kann.

4.5 Herrschaft über Technik

Charakteristisch für diesen Typus ist das Bestreben, mit Hilfe des Technikeinsatzes eigene technische Fähigkeiten und Fertigkeiten zu verbessern bzw. weiter auszubauen. Dass die Geräte dabei wichtige Funktionen im Haushalt erfüllen (instrumentelle Dimension), wird als selbstverständlich vorausgesetzt. Das Ziel ist es, die Technik zu *beherrschen*. Besonders anregend erscheint die neue, digitale Technik, da sie – auf den ersten Blick – mit Komplexität und Undurchschaubarkeit verbunden wird. Und gerade das macht für diesen Typus ihre Attraktivität aus. Ebenso werden Probleme mit technischen Geräten als eine interessante Herausforderung begrüßt. Dennoch wird nicht allen technischen Neue-

---

[9] Sie liegt nicht der objektiven Erscheinung des Gerätes zugrunde, sondern wird ihm durch diese Älteren subjektiv zugeschrieben.

rungen Aufmerksamkeit geschenkt. Das Interesse bezieht sich ausschließlich auf die Geräte des eigenen Haushalts. Welche tieferen Beweggründe liegen dieser Einstellung zugrunde? Der Technikeinsatz bietet hier einerseits einen willkommenen Anlass, sich von den als langweilig erlebten Alltagsroutinen abzuwenden. Andererseits und insbesondere bietet er die Möglichkeit, eigene kognitive Fähigkeiten bzw. technische Kompetenzen zu verbessern und sich ihrer dadurch zugleich zu vergewissern. Mit Technikkompetenz wird hohe kulturelle Qualifikation, Bildung, Intelligenz und geistige Flexibilität verbunden. Und gerade diese Ressourcen gelten als erstrebenswerte Lebensziele. Die wahrgenommene eigene hohe Technikkompetenz bildet dementsprechend einen wichtigen Aspekt des Selbstbildes. Sie löst einerseits Stolz aus und das Gefühl, mit sich zufrieden sein zu können. Andererseits ermöglicht sie eine soziale Abgrenzung von Menschen mit weniger Technikkompetenz. Technikkompetenz gilt hier als Grundlage für gesellschaftliche Teilhabe und zugleich als Indikator für Fortschrittlichkeit, Aufgeschlossenheit und Jugendlichkeit. Dennoch werden die eigenen Kompetenzen gleichzeitig als begrenzt erlebt, was auf einen eher niedrigeren Bildungsgrad zurückgeführt wird. Das macht es nachvollziehbar, dass das Technikinteresse pragmatisch auf die Geräte des eigenen Haushalts beschränkt ist.

Im praktischen Alltag bewirken diese Beweggründe die Nutzung einer Vielfalt an Geräten, denen viel Zeit gewidmet wird. Insbesondere dem Studium von Gebrauchsanleitungen wird große Bedeutung zugewiesen. Diese gelten als *der Schlüssel* zur Kompetenzaneignung. Mit Disziplin und Ausdauer werden die Anleitungen Schritt für Schritt durchgearbeitet, das bereitgestellte Wissen wird nachvollzogen, so dass die eigene Technikkompetenz sukzessive und planmäßig ausgebaut werden kann. Auch Schulungen gelten als wichtige Möglichkeiten, die eigenen Kenntnisse weiter zu vertiefen. Bemerkenswert ist darüber hinaus, dass technische Probleme als willkommene Anlässe erlebt werden, um weitere technische Kompetenzen zu entwickeln.

Wie könnten mögliche Rahmenbedingungen für diesen Typus aussehen? Vermutlich korreliert er mit einem eher niedrigen bis mittleren Bildungsgrad, da die Begrenztheit des eigenen Wissens deutlich gesehen und Technikkompetenz quasi als Ersatz bzw. als eine Art „Aufwertung" der eigenen Bildung erlebt wird. Zudem ist möglicherweise ein gewisses Maß an (beruflichen) Erfahrungen mit neueren technischen Geräten vorhanden, da der digitalen Technik mit großer Aufgeschlossenheit begegnet wird und das Vertrauen exisitiert, diese Technik beherrschen zu können.

4.6 Technik als Leidenschaft

Für diesen Typus hat Technik eine ganz besondere Bedeutung: Nicht nur zur Unterstützung bei der Bewältigung alltäglicher Aufgaben, sondern vor allem als ein ganz besonderer Lebensinhalt – sozusagen als eine *Leidenschaft* – spielt sie eine wichtige Rolle. Ihr wird ein Großteil des Tages gewidmet und jede technische Neuerung auf dem Markt löst das Bedürfnis aus, mehr über sie zu erfahren. Auf den ersten Blick ergeben sich Parallelen zum Typus *Herrschaft über Technik*, da bei beiden ein ausgeprägtes Interesse an der Technik „an sich" besteht. Dennoch zeigt sich ein gravierender Unterschied: Während beim Typus *Herrschaft über Technik* durch Auseinandersetzung mit technischen Geräten eigene kognitive Fähigkeiten gefördert und sich dadurch der eigenen Kompetenz vergewissert werden soll, steht beim Typus *Technik aus Leidenschaft* die Technik selbst im Mittelpunkt. Eindrucksvoll zeigt sich zudem eine hohe Gewissheit hinsichtlich der eigenen Technikkompetenz, die sich u.a. darin widerspiegelt, dass als unhinterfragt selbstverständlich gilt, Bedienungsanleitungen *nicht* lesen zu müssen.

Auf der Suche nach den Motiven für den Technikeinsatz zeigt sich bei diesem Typus an erster Stelle das oben schon angedeutete intrinsisch motivierte Interesse an technischen Artefakten. Technik ist zentraler Dreh- und Angelpunkt des gesamten Alltags. Die Beschäftigung mit ihr ist ähnlich zeitintensiv wie bei anderen die Erwerbsarbeit. Verschiedene Indizien stützen die These, dass die Beschäftigung mit Technik hier einen Ersatz für frühere Erwerbstätigkeit bildet: So wird ihr ein großer, wenn nicht der größte Teil des Tages gewidmet, der zudem strikt vom sogenannten „privaten" Leben abgegrenzt wird. Außerdem werden jederzeit und gerne „Aufträge", die technischer Kompetenz bedürfen, aus dem sozialen Umfeld entgegengenommen, um diese zeitnah, pflichtbewusst und fast professionell zu erledigen. Hinzu kommt ein unfreiwilliger Abschied aus der Erwerbstätigkeit. Dieser wird als sinngebendes Element nachgetrauert. So erscheint naheliegend, dass die intensive und fast schon professionelle Beschäftigung mit der Technik hierfür einen zumindest kleinen Ersatz bildet.

Im praktischen Alltag zeigt sich diese Ersatzfunktion wie oben erwähnt u.a. darin, dass der Technik ein Großteil des Tages gewidmet wird.[10] Jeder Tag wird so geplant, dass Technik darin eine wichtige Rolle spielt. Darüber hinaus herrscht ein großes Interesse an allen technischen Neuerungen. Regelmäßig werden Fach- und Testzeitschriften studiert und auch der rege Austausch mit anderen „Technikexperten" wird gesucht, sei es über das Internet oder face-to-face. Dass der eigene Haushalt mit einer Vielzahl modernster technischer Geräten ausgestattet ist, gilt als selbstverständlich. Und ebenso wie beim Typus *Herr-*

---

[10] So ist das Notebook für einen Älteren selbst im Urlaub ein unverzichtbarer Begleiter und es wird stets nach „Aufträgen" gesucht, so dass es zum Einsatz kommen kann.

schaft über Technik wird auch hier jedes technische Problem als willkommener Anlass genommen, sich intensiv mit der Technik zu beschäftigen. Wird nach möglichen Rahmenbedingungen für diesen Typus gefragt, dann wäre eine Korrelation mit der Nacherwerbsphase einer typisch männlichen Erwerbsbiografie naheliegend. Darüber hinaus könnte daran anknüpfend aufgrund der deutlich sichtbaren Technikkompetenz vermutet werden, dass diese in langjährigen beruflichen Erfahrungen gründet. Die intrinsische Motivation an der Technik „an sich" würde sich insofern in der Berufswahl widerspiegeln und dann Auslöser dafür sein, dass sie auch in der Nacherwerbsphase eine große Rolle spielt.

4.7 Technik zur Inszenierung des sozialen Selbst

Auch bei diesem Typus zeigt sich eine gewisse Nähe zum Typus *Herrschaft über Technik*, denn bei beiden besteht der Wunsch, sich der eigenen Kompetenz im Umgang mit Technik zu vergewissern. Doch existiert zugleich ein deutlicher Unterschied, der es rechtfertigt, einen eigenen Typus zu bilden und diesen einer anderen, der sozialen Dimension, zuzuordnen: Bei diesem Typus stellen sich Gewissheit, Zufriedenheit und Stolz hinsichtlich der eigenen Technikkompetenz vor allem in Auseinandersetzung mit anderen Menschen ein. Der Wunsch nach *sozialer Anerkennung* eigener technischer Kompetenz ist hier zentral. Daher wird sie gern in Gesprächen mit Freunden und Verwandten sichtbar gemacht, ebenso wie in Auseinandersetzung mit anderen „Technikexperten". Der Einbezug einer Vielfalt technischer Geräte im Alltag ist bei diesem Typus selbstverständlich.

Der kompetente Technikeinsatz wird verbunden mit Gefühlen sozialer Zugehörigkeit und gesellschaftlicher Integration. Es herrscht die Überzeugung vor, ohne technische Kompetenz von der gegenwärtigen und zukünftigen „technisierten Welt" ausgeschlossen bzw. kein vollwertiges Mitglied dieser Gesellschaft zu sein. Oder, wie es eine Ältere des Samples formuliert: „irgendwie nur halb zu sein". Dabei reicht die eigene Vergewisserung der hohen Technikkompetenz nicht aus. Sie muss sozial sichtbar gemacht werden, denn erst die Anerkennung durch andere verschafft das Gefühl der Zugehörigkeit. Der Wunsch nach sozialer Sichtbarkeit der Technikkompetenz hat aber auch seine Schattenseiten: Durch den kontinuierlichen technischen Fortschritt entsteht ein andauernder Druck, immer mithalten bzw. lernen zu müssen, um „up to date" zu sein und zu bleiben. Dieser Druck wird mit der Angst verbunden, bei Versagen als alt stigmatisiert und von den „Jungen" nicht mehr ernst genommen zu werden. Technische Kompetenz wird mit Jugendlichkeit und Fortschrittlichkeit assoziiert, Eigenschaften, die den eigenen Lebenszielen entsprechen.

Diese Beweggründe finden ihren Ausdruck in einem Alltag, der durch eine intensive Auseinandersetzung mit technischen Geräten, vor allem in zeitlicher

Hinsicht, geprägt ist. Soll beispielsweise ein Gerät angeschafft werden, dann wird sehr viel Zeit darauf verwendet, die Vor- und Nachteile unterschiedlicher Gerätetypen sorgfältig gegeneinander abzuwägen. Dabei wird das Internet zu Rate gezogen, aber auch Fachzeitschriften und Verkäufer in Fachgeschäften werden zur Unterstützung herangezogen, bis die Kaufentscheidung getroffen ist. Darüber hinaus ist Technik ein stets präsentes Thema im Freundeskreis und in Gesprächen mit dem Partner bzw. der Partnerin. Und auch der stete Kontakt zu „Technikexperten" – wie z.B. Dozenten der Volkshochschule – wird gesucht, um sich „auf dem Laufenden" zu halten. Es ist naheliegend, dass eine Vielfalt an neuesten und modernsten Geräten in den eigenen Haushalt integriert wird, die jeweils mit großer Souveränität bedient werden.

Was sind die Rahmenbedingungen, die mit dieser Form der Technikdeutung korrelieren könnten? Es könnte aufgrund des souveränen Umgangs mit neuesten Geräten vermutet werden, dass hier auf eine bereits existierende, höhere Technikkompetenz aufgebaut wird, die sich möglicherweise aus langjährigen beruflichen Erfahrungen speist. Zugleich scheint zumindest ein gewisser Grad an intrinsicher Motivation nötig, um sich in technischer Hinsicht permanent „auf dem Laufenden" zu halten.

4.8 Kommunikation mit Hilfe von Technik

Auch bei diesem Typus steht der Technikeinsatz in engem Zusammenhang mit einem sozialen Bedürfnis: Hier gilt die Technik als ein probates Mittel, einen immerwährenden Zugang zu anderen Personen aufrecht zu erhalten. Dieser Technikdeutung liegt insofern zugleich eine instrumentelle Handlungsorientierung zugrunde. Dass dieser Typus dennoch der sozialen Ebene zugeordnet wird, wird dadurch gerechtfertigt, dass Technik hier vor allem soziale Bedürfnisse befriedigt. Das Handy, das Telefon und das Email-Programm des PCs spielen hier die zentrale Rolle. Insbesondere das Handy wird als eine Chance zur Vergrößerung und Stärkung des eigenen Beziehungsnetzwerkes erlebt und ist infolgedessen ein ständiger Begleiter.

Der Beweggrund für den Technikeinsatz ist hier ganz klar der Wunsch nach permanenter und enger Einbindung in das eigene soziale Netzwerk. Man will immer „auf dem Laufenden" sein, wenn es um die engsten Bezugspersonen geht. Und gerade die neuen Medien ermöglichen einen so intensiven Kontakt, wie er in früheren Zeiten nicht möglich war. Dennoch geht es nicht vorrangig darum, unablässig zu kommunizieren. Vielmehr reicht meist die Gewissheit, ständig erreichbar zu sein und andere kontaktieren zu können. Dementsprechend vermittelt das Handy beispielsweise bei einem „einsamen" Spaziergang ein Gefühl von Zugehörigkeit, auch ohne eingesetzt zu werden. Räumliche Abwesenheit zwischen den Bezugspersonen wird hier durch die Kommunikationsmedien in eine ortsungebundene interaktive „Anwesenheit" transformiert.

In der Alltagspraxis spiegelt sich diese Technikdeutung in der Verwendung einer Vielzahl an Techniken wider, die dem sozialen Austausch dienen und souverän je nach Situation passgerecht eingesetzt werden. Soll beispielsweise eine Freundin kontaktiert werden, die sich viel auf Reisen befindet, wird zunächst eine SMS geschickt, um den Aufenthaltsort zu erfahren und um darauf aufbauend das adäquate Kommunikationsmittel zu wählen. Ist ein Austausch mit der vielbeschäftigten Tochter geplant, dann wird eine E-Mail geschrieben, die diese dann beantworten kann, wenn es ihre Verpflichtungen erlauben. Bemerkenswert ist auch die Zeit, die dem medienvermittelten sozialen Austausch gewidmet wird. Telefongespräche mit Personen, die aufgrund räumlicher Distanzen oder (altersbedingter) Mobilitätseinschränkungen nicht face-to-face getroffen werden können, nehmen hier viel Raum ein. Daher gehört eine Telefon-Flatrate zur Grundausstattung des Haushalts. Für Anrufe müssen keine konkreten Anlässe existieren. Das Telefonieren über „sweet nothings" (Peil 2007: 231) dient hier der Aufrechterhaltung einer Beziehung. Aufgrund der großen Bedeutung der Kommunikationsmedien werden mögliche technische Defekte unverzüglich durch den Einsatz von Experten behoben. Sie spielen eine untergeordnete Rolle, da sie umgehend überwunden werden.

Es lässt sich vermuten, dass dieser Typus quer zu allen Bildungsschichten und Altersgruppen und geschlechterunabhängig existiert, da er sich zentral auf den Wunsch nach intensivem sozialen Austausch zurückführen lässt. Und auch der Grad an Technikkompetenz scheint hier keine Rolle zu spielen, da die Lösung technischer Probleme externalisiert wird.

5 Resümee

Werden abschließend die Motive für (und gegen) den Technikeinsatz zusammenfassend betrachtet, dann lassen sich verschiedene Tendenzen festhalten: Erstens scheinen die an den konkreten Funktionen der Technik orientierten Motive, die hier der *instrumentellen* Ebene zugeordnet wurden, eine wichtige Rolle zu spielen. Mit dem Technikeinsatz wird hier vor allem das Ziel verfolgt, die alltäglichen Arbeiten einfacher, schneller, sparsamer oder (körperlich) leichter bewältigen zu können. Im Sinne Rammerts (1988: 192) könnte dies auf die sogenannte „technologische Mentalität" zurückgeführt werden, die sich nach ihm im Zuge der modernen technischen Entwicklung herausgebildet und dazu geführt hat, dass technische Effizienz und Leistungssteigerung zum Selbstzweck bzw. zum kulturellen Wertbestand geworden sind. Technik wird dementsprechend an erster

Stelle als ein Mittel gedeutet, das bei der effizienten Umsetzung alltagspraktischer Ziele behilflich sein kann. Und auch Sackmanns und Weymanns (1994) Erkenntnisse zu verschiedenen Technikgenerationen deuten in diese Richtung: Nach ihnen sind die heute Älteren in ihrer Technikeinstellung geprägt durch die Erfahrung in ihrer Jugend, dass technische Errungenschaften vor allem zur Erleichterung verschiedener Tätigkeiten konzipiert wurden, dass sie insofern allein Mittel zum Zweck sind.

Auf Basis dieser Erkenntnis könnte vermutet werden, dass andere als instrumentelle Motive beim Umgang mit Technik kaum eine Rolle spielen. Aber es lässt sich – zweitens – zeigen, dass darüber hinaus eine Vielzahl weiterer Beweggründe für den Technikeinsatz existiert: Ein Typus, der sich der *ästhetisch-expressiven* Dimension zuordnen lässt, verbindet mit dem Technikeinsatz zugleich Gefühle von Freude und Wohlgefallen. Hier ist der Wunsch groß, mit einem ansprechenden Design der Geräte dem Bedürfnis nach einer ästhetisch stimmigen, harmonischen bzw. „schönen" Umgebung zu entsprechen und damit gleichzeitig Hinweise auf eigene finanzielle und kulturelle Ressourcen – letztere in Form des „guten Geschmacks" – zu geben. Darüber hinaus lassen sich Motive für den Technikeinsatz identifizieren, die der *kognitiven* und der *sozialen* Ebene zugeordnet werden konnten: Ein Typus zeichnet sich dadurch aus, dass der Technikeinsatz im Alltag als eine wichtige Chance interpretiert wird, sich der eigenen technischen Kompetenzen zu vergewissern, um sich darauf aufbauend zugleich als fortschrittlich, aufgeschlossen, als geistig flexibel und gebildet erleben zu können. Bei einem anderen Typus ist der Umgang mit Technik ein wichtiger Lebensinhalt, eine Leidenschaft, die der Ausübung eines Berufes gleichkommt und quasi eine Kompensation des Ausschlusses aus der Erwerbsarbeit darstellt. Die soziale Sichtbarkeit von Technikkompetenz spielt bei einem anderen Typus die herausragende Rolle. Durch die Präsentation von Technikkompetenz entsteht ein Gefühl der Zugehörigkeit zur „modernen und im hohen Maße technisierten Welt". Ein weiterer Typus, der vermutlich quer zu allen Altersgruppen und Bildungsschichten liegt, verbindet mit Technik vor allem die Gewissheit der kommunikativen Erreichbarkeit. Durch den Einsatz von Kommunikationsmedien wird die räumliche Abwesenheit von Bezugspersonen in eine ortsungebundene „interaktive Anwesenheit" transformiert und lässt dadurch ein Gefühl von Zugehörigkeit und Integration entstehen.

Eine weitere Erkenntnis der Untersuchung ist, dass mit dem (fehlenden) Technikeinsatz im Alltag meist *mehrere Motive* verbunden sind. So kann der Technikeinsatz beispielsweise neben der praktischen Unterstützung bei Alltagsarbeiten (instrumentelle Dimension) zugleich zu steigendem Selbstbewusstsein (kognitive Dimension), zum Gefühl sozialer Integration und zur sozialen Anerkennung beitragen (soziale Dimension). Ebenso kann eine weitgehende Reduktion des Technikeinsatzes zur Vermeidung der Angst vor technikinduziertem

Kontrollverlust und des Gefühls eigener technischer Inkompetenz beitragen und gleichzeitig dem Wunsch nach *unsichtbarer* Technik Rechnung tragen. Wenn es das Ziel ist, Älteren möglichst lange ein unabhängiges Leben durch unterstützende Technik zu ermöglichen, dann sollten die oben beschriebenen Erkenntnisse in die Technikentwicklung mit einfließen. Nicht nur technisch Machbares sollte im Mittelpunkt stehen, sondern auch die Bedeutungen, mit der Ältere die technischen Artefakte versehen. Um die oben entworfene Typologie der Beweggründe (Motive) für und gegen den Technikeinsatz für technische Innovationen nutzbar zu machen, wäre es nötig, sie weiterzuentwickeln: So wäre ein erster Schritt, die im Rahmen der Typenbeschreibungen formulierten Thesen über mögliche Wechselbeziehungen zwischen den sozialen, kulturellen und strukturellen Rahmenbedingungen und den Deutungen und Handlungspraxen mit einem quantitativ orientierten Forschungsdesign zu prüfen. Das Ziel wäre es hierbei, einen umfassenden und systematischen Überblick über verschiedene Gruppen von Älteren zu erhalten, die sich durch je spezifische Technikdeutungen auszeichnen, woran Technikentwicklung im Idealfall systematisch orientiert werden könnte.

Literatur

Ahrens, Julia (2009): Going Online, Doing Gender. Alltagspraktiken rund um das Internet in Deutschland und Australien. Bielefeld: Transcript.

Arndt, Stephanie (2011). Evaluierung der Akzeptanz von Fahrerassistenzsystemen. Wiesbaden: VS Verlag.

Backes, Gertrud M. & Wolfgang Clemens (2003): Lebensphase Alter. Eine Einführung in die sozialwissenschaftliche Alternsforschung. Weinheim: Juventa.

Baerenreiter, Harald, Werner Fuchs-Heinritz & Rolf Kirchner (1990): Jugendliche Computer-Fans: Stubenhocker oder Pioniere? Biographieverläufe und Interaktionsformen. Opladen: Westdeutscher Verlag.

Beisenherz, Gerhard (1989): Computer und Stratifikation. In: Heidi Schelhowe (Hrsg.): Frauenwelt – Computerträume. Berlin: Springer, 93–101.

Bievert, Bernd & Kurt Monse (1988): Technik und Alltag als Interferenzproblem. In: Bernward Joerges, (Hrsg.): Technik im Alltag. Frankfurt: Suhrkamp, 95–119.

Collmer, Sabine (1997): Frauen und Männer am Computer. Aspekte geschlechtsspezifischer Technikaneignung. Wiesbaden: DUV.

Fishbein, Martin & Icek Ajzen (2005): The influence of attitudes on behavior. In: Dolores Albarracín, Blair T. Johnson & Marc P. Zanna (eds.): The handbook of attitudes. Mahwah, New Jersey: Erlbaum, 173–221.

Giesecke, Susanne (2003): Von der Technik- zur Nutzerorientierung – neue Ansätze der Innovationsforschung. In: Dies. (Hrsg.): Technikakzeptanz durch Nutzerintegration?

Beiträge zur Innovations- und Technikanalyse. Teltow: VDI/VDE-Technologiezentrum Informationstechnik GmbH, 9–17.

Glende, Sebastian, Christoph Nedopil, Beatrice Podtschaske, Maria Stahl & Wolfgang Friesdorf (2011): Erfolgreiche Lösungen durch Nutzerintegration: Ergebnisse der Studie „Nutzerabhängige Innovationsbarrieren im Bereich Altersgerechter Assistenzsysteme". Berlin: VDE-Verlag.

Habermas, Jürgen (1981): Theorie des kommunikativen Handelns. Frankfurt: Suhrkamp.

Hargittai, Eszter & Steven Shafer (2006): Differences in actual and perceived online skills: The role of gender. In: Social Science Quarterly, 87 (2), 432–448.

Hennen, Leonhard (1992): Technisierung des Alltags. Ein handlungstheoretischer Beitrag zur Theorie technischer Vergesellschaftung. Opladen: Westdeutscher Verlag.

Hörning, Karl H. (1988): Technik im Alltag und die Widersprüche des Alltäglichen. In: Bernward Joerges (Hrsg.): Technik im Alltag. Frankfurt: Suhrkamp, 51–94.

Hörning, Karl H. (1989): Vom Umgang mit Dingen. Eine techniksoziologische Zuspitzung. In: Peter Weingart (Hrsg.): Technik als sozialer Prozeß. Frankfurt: Suhrkamp, 90–127.

Hopf, Christel (1991): Qualitative Interviews in der Sozialforschung. Ein Überblick. In: Uwe Flick, Ernst von Kardoff, Heiner Keupp, Lutz von Rosenstiel & Stephan Wolff (Hrsg.): Handbuch qualitative Sozialforschung. Grundlagen, Konzepte, Methoden und Anwendungen. München: Psychologie Verlag, 177–182.

Joerges, Bernward (1988): Gerätetechnik und Alltagshandeln. In: Ders. (Hrsg.): Technik im Alltag. Frankfurt: Suhrkamp, 20–50.

Kaufmann, Jean-Claude (1999): Das verstehende Interview. Theorie und Praxis. Konstanz: Konstanzer Universitätsverlag.

Kelle, Uwe & Susanne Kluge (1999): Vom Einzelfall zum Typus. Fallvergleich und Fallkontrastierung in der qualitativen Sozialforschung. Opladen: Leske + Budrich.

Kreibich, Rolf (2004): Selbstständigkeit im Alter. Neue Dienstleistungen, neue Technik, neue Arbeit. Berlin: Institut für Zukunftsstudien und Technologiebewertung (ArbeitsBericht Nr. 3/2004 des IZT).

Lash, Scott (1996): Reflexivität und ihre Doppelungen: Struktur, Ästhetik und Gemeinschaft. In: Ulrich Beck, Anthony Giddens & Scott Lash (Hrsg.): Reflexive Modernisierung. Eine Kontroverse. Frankfurt: Suhrkamp, 195–286.

Peil, Corinna (2007): Keitai-Kommunikation: Mobiler Medienalltag in Japan. In: Jutta Röser (Hrsg.): MedienAlltag. Domestizierungsprozesse alter und neuer Medien. Wiesbaden: VS Verlag, 223–233.

Pelizäus-Hoffmeister, Helga (2013): Zur Bedeutung von Technik im Alltag Älterer. Wiesbaden: VS Verlag.

Rammert, Werner (1988): Technisierung im Alltag. Theoriestücke für eine soziologische Perspektive. In: Bernward Joerges (Hrsg.): Technik im Alltag. Frankfurt: Suhrkamp, 165–208.

Rammert, Werner (2007): Technik – Handeln – Wissen. Zu einer pragmatischen Technik- und Sozialtheorie. Wiesbaden: VS Verlag.

Sackmann, Reinold, Weymann, Ansgar (1994): Die Technisierung des Alltags. Generationen und technische Innovationen. Frankfurt: Campus.

Saup, Winfried & Monika Reichert (1999): Die Kreise werden enger. Wohnen und Alltag im Alter. In: Gerhard Naegele, Eckhart Frahm & Annette Niederfranke (Hrsg.):

Funkkolleg Altern 2. Lebenslagen und Lebenswelten, soziale Sicherung und Altenpolitik. Opladen: Westdeutscher Verlag, 245–286.

Schütze, Fritz (1987). Das narrative Interview in der Interaktionsfeldstudie: Erzähltheoretische Grundlagen. Hagen: Fernuniversität Hagen (I. Studienbrief der Fernuniversität Hagen).

Schulze, Gerhard (1992): Die Erlebnisgesellschaft: Kultursoziologie der Gegenwart. Frankfurt: Campus.

Strauss, Anselm L. & Juliet Corbin (1996): Grounded Theory: Grundlagen Qualitativer Sozialforschung. Weinheim: Beltz.

Strübing, Jörg (2002): Just do it? Zum Konzept der Herstellung und Sicherung der Qualität in grounded theory-basierten Forschungsarbeiten. In: Kölner Zeitschrift für Soziologie und Sozialpsychologie, 54(2), 318–342.

Tully, Claus (2003): Mensch – Maschine – Megabyte. Technik in der Alltagskultur. Eine sozialwissenschaftliche Hinführung. Opladen: Leske + Budrich.

Weber, Max (1922): Gesammelte Aufsätze zur Wissenschaftslehre. Tübingen: Mohr.

Wengenroth, Ulrich (2001): Vom Innovationssystem zur Innovationskultur. In: Johannes Abele, Gerhard Barkleit & Thomas Hänseroth (Hrsg.): Innovationskulturen und Fortschrittserwartungen im geteilten Deutschland. Köln: Böhlau, 23–32.

Weltgesundheitsorganisation (WHO) (2002): Aktiv altern. Rahmenbedingungen und Vorschläge für politisches Handeln. Genf: WHO.

Wiedmann, Klaus-Peter, Astrid Siebels & Nina Janßen (2007): Die Zielgruppe 50plus im Hinblick auf Akzeptanz und Nutzung technischer Produkterrungenschaften – Eine aktuelle Bestandsaufnahme und Herausforderung für das Marketing. Hannover: Leibniz Universität Hannover, Institut für Marketing und Management (Schriftenreihe Marketing Management).

Witzel, Andreas (2000): Das problemzentrierte Interview. In: Forum Qualitative Sozialforschung, 1 (1), Art. 22.

Wixom, Barbara H. & Peter A. Todd, P. A. (2005): A theoretical integration of user satisfaction and technology acceptance. In: Information Systems Research, 16(1), 85–102.

Woolgar, Steve (1991): Configuring the user: The case of usability trials. In: John Law (Hrsg.): A Sociology of monsters: Essays on power, technology and domination. London: Routledge, 57–99.

PAUL und die Frauen

Annette Spellerberg & Lynn Schelisch

1 Einleitung

Die moderne Gesellschaft mit den Zuschreibungen von Frauen zur Haus- und Fürsorgearbeit und Männern zur Erwerbs- und Industriearbeit hat typische Geschlechterrollen hervorgebracht, die trotz sozialem, demographischem und technologischem Wandel im heutigen Alltag fortwirken. Hiermit einhergehend sind die Entwicklung und der Gebrauch technischer Geräte durch Geschlechterrollen geprägt, und dies betrifft auch den häuslichen Bereich (Bratteteig 2002). Typischerweise wurden technische Geräte wie Waschmaschinen, Nähmaschinen, Bügeleisen und Küchenmaschinen von Frauen bedient, während Bohrer, Elektro-Vertikutierer oder Akku-Schrauber in den traditionell männlichen Bereich der Hauswirtschaft gehören.

Der Übergang zur Dienstleistungs- und Wissensgesellschaft mit gleichermaßen hohen Bildungsniveaus bei Männern und Frauen sowie vergleichbaren Anforderungen in der Arbeitswelt legen nahe, dass die geschlechtsspezifische Ausformung der Lebensbereiche eine Basis verliert (kulturelle, rechtliche und institutionelle Faktoren werden hier ausgeklammert). Als eine Folge des sozioökonomischen Wandels kann beobachtet werden, dass Geräte und Technologien seltener den Geschlechtern zugeschrieben werden. In den jüngeren Jahrgängen nutzen beispielsweise ebenso viele Frauen Computer und Internet wie Männer (vgl. z.B. Initiative D21 e.V. 2011), die Software wird jedoch häufig von Männern entwickelt. Die Schlagworte „Design for all" oder „Universal Design" bringen die Entwicklung zum Ausdruck, nicht für spezifische Zielgruppen, sondern für alle Bevölkerungsgruppen geeignet zu sein.

Es stellt sich die Frage, inwieweit neue Technologien an den sozialen Geschlechterrollen anknüpfen, sie überformen oder sogar überwinden können. Weiterführend geht es um die Frage, ob die technologische Entwicklung geschlechtersensibel vonstattengeht und inwieweit die Funktionen die Bedürfnisse beide Geschlechter berücksichtigen und ansprechen. Diese Fragen sind besonders interessant in der Altersgruppe, die durch die starke Rollentrennung in der westdeutschen Gesellschaft sozialisiert wurde, nämlich die Gruppe der Älteren. Die neuen technologischen Entwicklungen zugunsten von Internet, Tablet-PCs, Smartphones, mobiler Anwendungssoftware (Apps), aber auch Technologien aus dem Assisted Living-Bereich, die einen Schwerpunkt auf eine ältere Zielgruppe legen, sprechen zumeist nicht gezielt Frauen oder Männer an.

© Springer Fachmedien Wiesbaden GmbH, ein Teil von Springer Nature 2018
H. Künemund und U. Fachinger (Hrsg.), *Alter und Technik*, Vechtaer Beiträge
zur Gerontologie, https://doi.org/10.1007/978-3-658-21054-0_7

In diesem Beitrag stellen wir Ergebnisse aus zwei mehrjährigen Forschungsprojekten vor, in denen etwa 30 ältere Menschen neueste, intelligente Technikanwendungen aus dem Bereich des Assisted Living in ihren Privatwohnungen zur Verfügung gestellt bekommen haben. Entsprechend der allgemeinen Verteilung sind dies mehr Frauen als Männer. Wir gehen der Frage nach, ob sich die Häufigkeit der Nutzung und die Auswahl von Funktionen des eingesetzten Assisted Living Systems zwischen älteren Frauen und Männern unterscheiden. Uns interessiert auch die generelle Wahrnehmung der Technik, die in dem Touchscreen-PC PAUL – der Persönliche Assistent für Unterstütztes Leben – zusammenfließt. Es wird sich zeigen, dass PAUL zu einem neuen „Mitbewohner" avanciert ist, der von Frauen wie Männern problemlos bedient wird und unterschiedlichen Nutzen für die Geschlechter bereithält.

2 Potentielle Nutzung von Assisted Living-Technik

Frauen gelten im Allgemeinen als reservierter im Hinblick auf technische Spielereien und nutzen weniger technische Geräte als Männer, vor allem im Bereich der Informations- und Kommunikationstechnologien sowie der Unterhaltungstechnik (Meyer & Schulze 2009; Jakobs et al. 2008; vgl. auch Doh 2011). So liegt der Anteil männlicher Internetnutzer höher als der Anteil weiblicher Internetnutzer, was sich vor allem aus den Unterschieden der Nutzung im fortgeschrittenen Alter ergibt.[1] Ältere Frauen nutzen das Internet deutlich seltener als ältere Männer und dieser Unterschied wird mit zunehmendem Alter größer (Statistisches Bundesamt 2005; Doh & Kaspar 2006; Initiative D21 e.V. 2013). So waren unter den Personen über 69 Jahren im Jahr 2011 fast doppelt so viele Männer (36%) wie Frauen (17%) online, im Alter zwischen 60 und 69 Jahren lagen die Anteile bei zwei Drittel der Männer (67%) und bei der Hälfte der Frauen (49%, Initiative D21 e.V. 2011). Interessanterweise sind es jedoch vor allem die älteren Frauen, deren Anteil bei der Internetnutzung in den vergangenen Jahren zugenommen hat, während der Anteil der männlichen Internetnutzer über 59 Jahre stagniert (Initiative D21 e.V., 2003 - 2011). Allerdings unterscheiden sich auch die Internetaktivitäten zwischen Männern und Frauen: Männer nutzen das Internet diverser (Kott et al. 2013).

Auch die Nutzungsbereitschaft von Technikanwendungen aus dem Assisted Living- bzw. Smart Home-Bereich wurde in einigen Studien hinsichtlich möglicher Geschlechterunterschiede untersucht. Die Studien kommen dabei teilweise

---

[1] Nach den Daten des Datenreports 2013 des Statistischen Bundesamts nutzen Personen über 65 Jahre einen Computer nur zu gut einem Drittel (36%), während es bei den bis zu 44-Jährigen nahezu alle (97%) sind (Kott et al. 2013).

zu unterschiedlichen Ergebnissen, wenngleich deren Vergleichbarkeit aufgrund der Betrachtung verschiedener Technikanwendungen nur eingeschränkt möglich ist: In Studiobefragungen des Berliner Instituts für Sozialforschung (BIS) konnte festgestellt werden, dass die Nutzungsbereitschaft der Männer bei allen fünf abgefragten Technikanwendungen[2] größer war, als bei den Frauen (Oesterreich & Schulze 2009; Berndt et al. 2009). Auch in einer quantitativen Studie des Forschungsverbunds GAL (Niedersächsischer Forschungsverbund Gestaltung altersgerechter Lebenswelten) zeigten Männer bei zwei der vier vorgestellten Anwendungsszenarien[3] – wenn auch nur geringfügig – höhere Akzeptanzwerte als Frauen. Bei den beiden übrigen Szenarien bestanden keine bzw. kaum Unterschiede zwischen Männern und Frauen (Künemund et al. 2012). Gleichzeitig wurde in der BIS-Studie festgestellt, dass eine allgemeine Technikakzeptanz zur Nutzungsbereitschaft der fünf Techniken beiträgt. Entsprechend wurde der Geschlechterunterschied mit einer höheren allgemeinen Technikakzeptanz von Männern begründet (Oesterreich & Schulze 2009; Berndt et al. 2009). In eine ähnliche Richtung zeigt auch die Argumentation von Künemund et al. (2012): Technikerfahrung wurde, nach dem Gesundheitszustand, als wichtigste Determinante in Hinblick auf die Nutzerakzeptanz der Anwendungsszenarien ermittelt. Frauen schätzten ihre Technikerfahrungen in der Befragung geringer ein als Männer, was zumindest einen Teil des Geschlechterunterschieds erklärt (vgl. auch Künemund & Tanschus 2012).

Im Gegensatz zu den Studien des BIS und des Forschungsverbunds GAL haben Spellerber & Grauel (2007) – entgegen ihrer vorangegangenen Annahme – ermittelt, dass sich die Nutzungsbereitschaft verschiedener Wohntechniken im Hinblick auf das Geschlecht bei der Mehrheit der abgefragten Einzelanwendungen *nicht* unterschied. Sofern Unterschiede hinsichtlich des Geschlechts festgestellt werden konnten, dann weil Frauen im Vergleich zu Männern eine *höhere* Nutzungsbereitschaft zeigten. Frauen waren bei fünf der 18 Technikanwendungen signifikant häufiger bereit diese zu nutzen. Dies traf vor allem auf solche Anwendungen zu, die den Komfort oder die Sicherheit in der Wohnung erhöhen, wie z.B. der automatischen Abschaltfunktion von Herd und Bügeleisen, Rollläden mit Fernbedienung, Anlagen zum Düngen und Bewässern von Pflanzen und der Sturzerkennung[4] (Spellerberg & Grauel 2007). Bei einigen Technikanwendungen aus dem Assisted Living- bzw. Smart Home-Bereich liegen demnach

---

[2] Diese waren: Automatische Sicherung der Wohnung, Telemonitoring für Herz-Kreislauf-Kranke, funkgesteuerte Medikamentenbox, mobiler Gesundheitsassistent und ein intelligenter Schuh zur Analyse des Gangbildes (Berndt et al. 2009).

[3] Die vier Szenarien waren: ein Erinnerungsassistent, ein Gerät zum Gesundheitsmonitoring, Aktivitätserkennung sowie eine Sturzerkennung. Männer standen dem Erinnerungsassistenten und dem Gesundheitsmonitoring etwas aufgeschlossener gegenüber (Künemund et al. 2012).

[4] In der GAL-Studie konnte festgestellt werden, dass die Akzeptanz einer Sturzerkennung vor allem bei älteren Frauen höher liegt (Künemund et al. 2012).

geschlechtsspezifische Unterschiede vor, diese sind jedoch je nach Funktionalität von verschiedenen, jeweils unterschiedlichen Einflussgrößen abhängig. Werden in multivariaten Analysen weitere Variablen einbezogen (z.b. Alter, berufliche Bildung, Technikkompetenz) zeigt sich, dass die Technikanwendungen jeweils „differenziert wahrgenommen und jeweils von unterschiedlichen Gruppen akzeptiert werden" (Spellerberg & Grauel 2007: 208). Die berufliche Bildung zeigte sich beispielsweise bei der Nutzungsbereitschaft eines Gedächtnistrainings über einen Bildschirm sowie bei einem beweglichen Roboter zum Transport von Dingen als erklärende Variable, während bei einer Anlage zum Düngen und Bewässern von Pflanzen Technikkompetenz bedeutsamer war.

In der o.g. BIS-Studie wurde allerdings auch ein deutlicher Unterschied zwischen Männern und Frauen hinsichtlich der Wahl einer Lösung für den Fall ermittelt, dass ein Leben alleine nicht mehr möglich ist. Deutlich häufiger als Männer (38%) bevorzugten Frauen (59%) eine Unterstützung durch Technik, wenn dadurch ein Umzug vermieden werden kann (Oestereich & Schulze 2009).[5] Die Autoren begründen dies mit der Vermutung, dass „Frauen Zeit ihres Lebens gelernt haben, für sich allein zu sorgen. Außerdem haben sie lebensgeschichtlich eine sehr viel größere Verantwortung und vor allem auch Erfahrung für die Versorgung und Betreuung von Familienangehörigen, wissen also, welche Belastung dies für Andere bedeuten kann". Die Autoren folgern aus dem Ergebnis, dass vor allem Frauen Ansprechpartner für technische Entwicklungen zur Unterstützung des Wohnens im Alter sind (ebenda; vgl. auch Berndt et al. 2009).

3 Nutzung von Assisted Living-Technik in der Praxis

Vorangegangene Studien belegen die Akzeptanz von Techniken aus dem Smart Home- bzw. dem Assisted Living-Bereich sowohl hinsichtlich der potentiellen Nutzung (vgl. z.B. Friesdorf et al. 2007; Künemund et al. 2012), als auch im Praxiseinsatz im Rahmen von Feldtests. Über die Nutzerstrukturen – also welche Personengruppen wie häufig und in welchem Umfang Assisted Living-Technik im häuslichen Umfeld tatsächlich nutzen – ist jedoch nur wenig bekannt. Obwohl inzwischen eine allmählich steigende Nachfrage nach Assisted Living-Technik festgestellt werden kann, beschränkt sich der Einsatz bislang zumeist noch auf Forschungsvorhaben oder geförderte Pilotprojekte, so dass Assisted Living Technologienaußerhalb künstlicher Bedingungen kaum verbreitet sind.

---

[5] Hierbei muss jedoch angemerkt werden, dass keine weitere Alternative zum Nichtumzug (z.B. durch Unterstützung einer persönlichen Hilfskraft) oder eine passive Alternative (keine Veränderung) gegeben waren.

Dies trifft umso mehr auf den Einsatz von Techniken zu, die über eine reine Hausautomatisierung hinausgehen. Aufgrund der noch geringen Verbreitung von Assisted Living-Technik ist eine Erhebung der Nutzerstruktur bzw. eine Ermittlung verschiedener Nutzertypen nur schwer möglich. Die Untersuchung von geschlechtsspezifischen Unterschieden in der Assisted Living-Nutzung erfolgt daher aus den Nutzererfahrungen aus zwei Forschungsprojekten mit einem längerfristigen Einsatz der Technik (seit 2007).

Das AAL-System

In zwei Forschungsprojekten mit Beteiligung der TU Kaiserslautern wurde ein Assisted Living-System entwickelt, welches in Wohnungen älterer Menschen eingesetzt wurde, um deren Erfahrungen zu erheben. Das entwickelte Assisted Living-System ermöglicht u.a. die Steuerung der Hausautomation in den Bereichen Komfort (z.B. Rollladen- und Lichtsteuerung) und Sicherheit (Türkamera, Besucherhistorie, Anzeigestatus der Fenster), eine Kommunikation (Schwarzes Brett, Videotelefonie) und beinhaltet verschiedene Funktionen aus den Bereichen Information und Unterhaltung (z.B. Radio, Spiele, Internetzugriff auf ausgewählte Seiten) sowie eine auf Inaktivität basierende Notfallerkennung (ausführlicher siehe Flöck et al. 2012; Rodner et al. 2011).

Abbildung 1: Oberflächengestaltung von PAUL

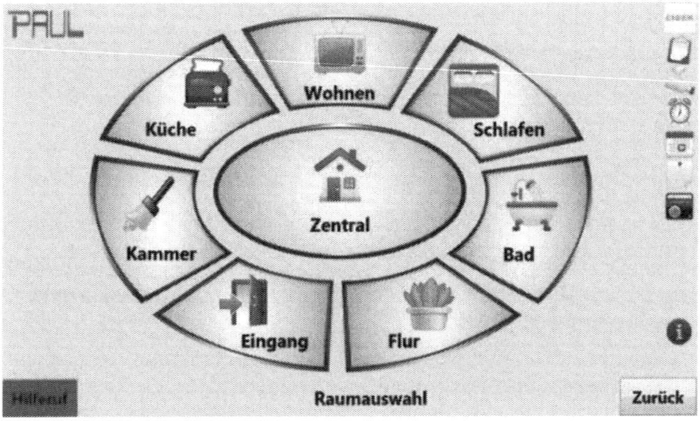

Quelle: Eigene Aufnahme 2013.

Zentrales Element des Assisted Living-Systems ist „PAUL", der „Persönliche Assistent für Unterstütztes Leben", eine Bedienungssoftware der Firma CIBEK technology + trading GmbH, die auf Touchscreen Computern eingesetzt wird.[6] Das Assisted Living-Konzept und die Oberfläche wurde ursprünglich von der TU Kaiserslautern entwickelt. Die Entwicklung der Technik erfolgte in enger Zusammenarbeit mit den Teilnehmer/-innen des Projektes.

Abbildung 2: PAUL im Einsatz / Assisted Living Wohnanlage in Kaiserslautern

Quelle: Eigene Aufnahmen.

PAUL wurde u.a. in 19 bewohnten Wohnungen einer neu errichteten Wohnanlage in Kaiserslautern[7] und in 12 verstreut liegenden Bestandswohnungen in Speyer und Kaiserslautern[8] getestet. Die Teilnehmer/-innen wurden im Rahmen der Projekte mehrfach zu ihren Nutzungsgewohnheiten, ihren Einstellungen und Erfahrungen befragt. Insgesamt liegen über 100 Interviews mit den teilnehmenden Haushalten zur Einstellung und Nutzung von PAUL vor.

Bewohnerstruktur

In die Kaiserslauterer Wohnanlage sind Ende 2007 zunächst 22 Personen in 18 Wohneinheiten eingezogen.[9] Durch Umzug oder Tod schieden bis zum Projektende 2012 sieben Teilnehmer/-innen aus dem Kaiserslauterer Projekt aus, ebenso viele neue Teilnehmer/-innen zogen hinzu. Im zweiten Projekt nahmen insgesamt 12 Haushalte teil. Aufgrund ihres Gesundheitszustands mussten jedoch zwei Teilnehmerinnen ihre Wohnungen verlassen und in Servicewohnen bzw.

---

[6] Im Folgenden wird PAUL auch synonym mit dem Touchscreen verwendet.
[7] Im Projekt „Assisted Living – Wohnen mit Zukunft" (2006-2012).
[8] Im Projekt „TSA – Technisch-soziales Assistenzsystem für Komfort, Sicherheit, Gesundheit und Kommunikation im innerstädtischen Quartier" (2010-2013).
[9] Das an der Wohnanlage angegliederte Eckhaus mit einem jüngeren Haushalt mit Kindern wird an dieser Stelle nicht weiter berücksichtigt.

ein Pflegeheim ziehen und sich entsprechend aus dem Projekt verabschieden. Zum jeweiligen Projektende verfügten 17 Haushalte der Kaiserslauterer Wohnanlage (22 Personen; eine Wohnung war unbewohnt) und 10 Haushalte im verstreuten Bestand (12 Personen) über je einen PAUL.

Entsprechend der allgemeinen Verteilung in der Altersgruppe lebten in den teilnehmenden Haushalten zum jeweiligen Projektende mehr Frauen als Männer. Von den 34 Personen waren 24 weiblich und zehn männlich. 14 Personen lebten in Paarhaushalten, entsprechend wohnten 20 Personen alleine, darunter drei Männer und 17 Frauen. Von 31 Personen ist das Alter bekannt, sie waren Ende 2013 durchschnittlich 70 Jahre alt.

Teilnahme am Forschungsprojekt

In der Wohnanlage in Kaiserslautern ist PAUL und die übrige AAL-Technik quasi Bestandteil der Wohnungsausstattung und war bereits vor Einzug in den Wohnungen vorhanden. Für die Mehrheit der Bewohner/-innen war die barrierefreie Erschließung der bedeutendste Aspekt für den Zuzug in die Wohnanlage, entweder aufgrund einer aktuellen Einschränkung der Mobilität oder als Vorsorge für einen späteren Zeitpunkt. Auch die Lage der Wohnung, die infrastrukturelle Anbindung und das Leben in einer gemeinschaftsorientierten Nachbarschaft waren bedeutende Faktoren. Obwohl die Bewohner/-innen vorab über die technische Ausstattung informiert wurden, war die Technik in den meisten Fällen kein ausschlaggebender Grund für den Zuzug (Spellerberg, Grauel 2008).

Im Gegensatz dazu konnten die Haushalte in den Bestandswohnungen im zweiten Projekt selbst entscheiden, ob sie am Projekt teilnehmen und entsprechend einen PAUL testen wollten. Hierfür wurden Mieter/-innen gesucht, die sich für eine Teilnahme am Projekt interessieren. Die Akquise der Teilnehmer/-innen gestaltete sich hierbei als schwierig: weniger Interessenten als erhofft meldeten sich trotz einer Vielzahl von Informationsveranstaltungen, Aufrufen im Mitteilungsblatt des Vermieters und persönlichen Gesprächen (Spellerberg 2013). Eine Reihe von Interessenten meldeten sich, nahm jedoch schließlich nicht teil. Die Projektverantwortlichen gewannen den Eindruck, dass Angehörige Vorbehalte gegenüber der Technik hatten und Personen davon abgehalten wurden, am Projekt teilzunehmen, weil vor allem männliche Partner von Interessentinnen der Meinung waren, dass sie noch zu „jung" für die Projektteilnahme wären.

Um diese Vermutung zu untersuchen, wurden 14 Haushalte, die Interesse gezeigt, aber letztlich nicht zugesagt haben, um Rückmeldung zu den Gründen gebeten. Neun Haushalte (elf Personen: fünf Männer, sechs Frauen) antworteten. Vier Befragte gaben an, ein Interesse an der Teilnahme gehabt zu haben, darunter drei der sechs Frauen. Die übrigen hatten kein Interesse an einer Teilnahme, obwohl dies dem Forscherteam bzw. dem Vermieter ursprünglich vermittelt wurde. Der einzige Mann mit Interesse war zugleich die Person mit dem höchsten Interesse, die drei Frauen bewerteten ihr Interesse eher gering bis mittel. Die am häufigsten genannten Gründe gegen die Teilnahme waren, dass die Technik (noch) nicht gebraucht werde bzw. die Befragten sich zu jung fühlten. Die Mehrheit der Befragten aus Haushalten mit mehr als einer Person gab an, dass (auch) das fehlende Interesse des Partners bzw. der Partnerin ein Grund gegen die Teilnahme war (vier Frauen und zwei Männer als Nicht-Interessierte und drei der vier Interessierten, auch der Mann). Der Partner bzw. die Partnerin scheinen demnach unabhängig vom Geschlecht einen Einfluss auf die Entscheidung zur Teilnahme am Projekt gehabt zu haben.

12 Haushalte konnten für die Teilnahme am zweiten Projekt gewonnen werden. Unter den teilnehmenden Haushalten waren zwei Paarhaushalte, zwei alleinstehende Männer sowie acht alleinstehende Frauen. Partnerhaushalte sind damit für die Altersgruppe unterrepräsentiert. Hierbei sei angemerkt, dass die Teilnahme in den beiden Paarhaushalten ausschließlich von den Frauen ausging. Sie waren es, die sich von Anfang an für PAUL interessierten und die Teilnahme am Projekt forcierten (Schelisch 2014), was sich letztlich auch in der Nutzung bemerkbar machte (s.u.).

F: „Weil es einfach mal interessant ist zu sehen, was da alles so läuft und welche Hilfe man haben kann. (…) da kenn ich eben sehr viele, die starke Behinderung haben und allein schon aus dem Grund interessiert mich das, was man da machen kann. Und ne Mutter, die auch schon älter ist und deshalb interessiert mich das schon sehr und für mich persönlich."

I: [zu Mann] „Okay, und Sie?"

M: „Ja gut, ich mein ich bin da zwar nicht so ganz begeistert gewesen, aber ich denke vom technischen her interessiert mich das halt mal. Aber ich denke vom Alter her, noch nicht so ganz, ich denke wir haben da noch ein bisschen Zeit, aber wir können es ja mal testen." *(Frau, 53 Jahre; Mann 53 Jahre)*

F: „(…) dann habe ich mich ja gleich interessiert und dann waren wir beim Mieterverein, waren da drüben, und haben uns noch einmal informiert und ich wäre halt dafür. (…) Es geht mir nur um die Sicherheit. Und sagen wir mal, es täte mich auch interessieren mit dem Internet, da bin ich ganz ehrlich, ne. Ja.2

I: [zu Mann] „Warum ist das Projekt für Sie interessant?"

F: „Ja, mein Mann interessiert sich da nicht so dafür. Der denkt, wenn ich das mache langt das." *(Frau, 66 Jahre)*

Für letztere Teilnehmerin war klar, dass sie im Haushalt die Entscheidung fällt, am Forschungsprojekt teilzunehmen:

„Sagen wir mal, bei uns ist so mit meinem Mann: Alle wichtigen Dinge überlässt er sowieso mir. Also entscheide ich. Ganz einfach." *(Frau, 68 Jahre)*

Im Rahmen eines Teilnehmertreffs in Speyer, der regelmäßig mit den teilnehmenden Haushalten durchgeführt wurde, bzw. in einem anschließenden Telefonat wurden die Nutzer/-innen gebeten einzuschätzen, aus welchen Gründen mehr Frauen am Projekt teilgenommen haben könnten. Vier Teilnehmer/-innen äußerten hierzu unterschiedliche Gründe:

„Die Frauen haben das Übergewicht, die Mehrheit, sowieso. (...) Die meisten Männer leben ja nicht mehr. Die Frauen leben ja länger wie die Männer." *(Mann, 88 Jahre)*

„Also ich denke, es sind auch mehr Frauen, die im Büro waren. Dass vielleicht die das dann auch weiter fortsetzen und eher mit dem Computer umgehen können, als manche Männer." *(Frau, 72 Jahre)*

„(...) die Männer gehen halt gern mehr fort und die Frauen bleiben halt mehr zu Hause." *(Frau, 68 Jahre)*

„Vielleicht haben Frauen mehr Interesse, weil Ihnen die Sicherheit wichtiger ist. Sie sind ja auch sensibler. PAUL ist ja ein Vorteil, wenn was passiert."[10] *(Mann, 62 Jahre)*

Es deuten sich somit verschiedene Faktoren an, die die größere Nähe von Frauen zu PAUL bestimmen, neben der strukturellen Überrepräsentanz von Frauen in der Altersgruppe werden Technikerfahrungen und eine größere Häuslichkeit von Frauen genannt. Die stärkeres subjektiv empfundenes Sicherheitsbedürfnis und der damit verbundene Wunsch, präventive Maßnahmen zu ergreifen, spielt ebenso eine Rolle.

Wahrnehmung von PAUL

In den meisten Haushalten wurden die Funktionen von PAUL von Anfang an in den Alltag integriert. Mit der Bedienung kamen beide Geschlechter gut zurecht. Aufgrund der einfachen Bedienung wurde PAUL dabei teilweise nicht als „Technik" wahrgenommen:

I: „Also Sie finden das alles ganz normal hier? Auch den PAUL?"

F: „Nee, den natürlich nicht. Das ist ja einmalig, das ist ja klar. Das ist aber auch gerade das einzige." *(Frau, 84 Jahre)*

„Außer dem PAUL da jetzt, aber das ist ja nichts, nur da drauf drücken und so, das ist ja keine Technik." *(Mann, 76 Jahre)*

Auch wenn anfänglich teilweise noch Skepsis in Bezug auf das Assisted Living-System bestand, ist PAUL für einige Teilnehmer/-innen nicht nur fester Bestandteil der Wohnung, sondern auch zur einem „Untermieter" geworden...

---

[10] Mitschrift während eines Telefongesprächs.

„Es ist interessant und ich sage ja, mit dem PAUL ist es so, er gehört schon zum Inventar. Ich werde immer gefragt, wer ist denn der PAUL, da habe ich gesagt, das ist mein Untermieter. Er wird schön immer genutzt." *(Frau, 76 Jahre)*

… der vermisst wird, wenn die Technik nicht funktioniert:

„Ja, ich meine, man hat sich ja jetzt damit abgefunden und hat sich auch an ihn gewöhnt, wenn er nicht da wäre, würde ja was fehlen. Oder man merkt es ja auch, wenn er nicht geht." *(Frau, 80 Jahre)*

„Ich wäre ganz traurig, wenn ich den PAUL wieder hergeben müsste, muss ich Ihnen ehrlich sagen. Man gewöhnt sich da dran. Und ich muss immer wieder sagen, es ist für mich eine ungeheure Beruhigung (…) und dass ich etwas im Haus habe und hier bleiben könnte und nicht in ein Heim muss." *(Frau, 82 Jahre)*

„Und der PAUL, mit dem komme ich zurecht, also der ist schon ideal. Am Anfang wollte ich ihn nicht, weil ich habe mir dann gedacht, gut, so alt bist du noch nicht, aber mittlerweile ist es schon ganz praktisch." *(Frau, 53 Jahre)*

„Nein, er funktioniert nicht. (…) er will noch nicht so richtig. (…) Und deswegen arbeite ich jetzt ein bisschen mehr mit ihm, damit er nicht meint, wenn man gar nichts macht und dann ruht er so und dann wird er faul oder so." *(Frau, 80 Jahre)*

Einige Teilnehmer/-innen sehen in der Nutzung PAUL vor allem etwas, das ihnen „Spaß" bereitet:

„Und jo, ich sage mal, ich habe keine Angst davor auch. Als ich den PAUL da in die Hand gekriegt habe, das hat mir Spaß gemacht. (…) Ja, aber mit dem PAUL, werde ich mich schon anfreunden." *(Frau, 81 Jahre)*

„Also den PAUL finde ich schon interessant. Da werde ich schon ein bisschen mit spielen." (Frau, 81 Jahre)

In den Paarhaushalten wird PAUL dabei teilweise nur von einer Person – zumeist der Frau – verwendet:

„Er gehört eher zu mir als zu meinem Mann." *(Frau, 63 Jahre)*

„Und ich sage, meine Frau ist mit dem PAUL sehr zufrieden, weil ich bin gar nicht scharf drauf." *(Mann, 77 Jahre)*

Für einzelne Teilnehmer/-innen ist PAUL weniger interessant, oder wird als eine Annehmlichkeit, die gerne genutzt wird, die jedoch nicht notwendig ist:

„Der hat sich noch nie dafür interessiert. Der hat von Anfang an gesagt, das ist nichts für mich und das interessiert mich nicht." *(Frau, 68 Jahre über ihren Mann)*

„Jetzt wo ich es habe gefällt es mir auch, aber wenn man es nicht kennt, es ist nicht lebensnotwendig. Also, es ist schon okay. Aber man kann auch ohne leben." *(Frau, 79 Jahre)*

Allgemeine Nutzung von PAUL

Bereits kurze Zeit nach der Einführung des AAL-Systems in den beiden Projekten wurde deutlich, dass PAUL von den Teilnehmer/-innen unterschiedlich in den Alltag integriert wird und verschiedene Nutzverhalten und Aneignungsweisen erkennbar sind (Spellerberg et al. 2009). In jeder Evaluierungsphase gab es sowohl Viel- als auch Nicht-Nutzer/-innen sowie Nutzer/-innen, die PAUL nur für bestimmte Funktionen verwendeten (Schelisch 2014). Im Folgenden werden die Ergebnisse aus der jeweils letzten Befragung in den Projekten wiedergegeben. 25 der 27 Haushalte (31 von 34 Personen) konnten in den letzten Befragungsrunden im November 2012 bzw. Juni 2013 erreicht werden. Es liegen Angaben zu 25 Nutzer/-innen und sechs Nicht-Nutzer/-innen vor.

Unter den sechs Personen, die PAUL nicht nutzen, sind drei von insgesamt nur neun männlichen Teilnehmern. Alle drei leben in einem Paarhaushalt. Ihre Partnerinnen wiederum verwenden PAUL täglich. Die Männer selbst zeigen keinerlei Interesse an PAUL bzw. dem Forschungsprojekt. Ein Beispiel einer Frau, die sich zu ihrem Mann äußert:

„Mein Mann geht nicht da dran, der interessiert sich nicht. Der guckt zwar wenn ich das mache, aber. Oder wenn wir uns die Bilder ansehen, dann steht er nebendran, aber der weiß noch nicht mal wie er das Radio anmachen kann. Das interessiert ihn nicht." *(Frau, 68 Jahre)*

Die übrigen drei Nicht-Nutzerinnen sind alleinstehende Frauen. Zwei Frauen zeigen durchaus Interesse an PAUL und haben bereits einige Funktionen ausprobiert, sich allerdings in der letzten Zeit wenig mit PAUL beschäftigt. Es ist durchaus möglich, dass sie PAUL künftig wieder verwenden werden. Die dritte Nicht-Nutzerin scheint ausschließlich teilzunehmen, weil ihre Kinder dies wünschen. Sie selbst zeigt keinerlei Interesse an PAUL und kenne sich auch nicht aus:

„Es kann sein, dass wenn ich ihn abstaube, dass er dann angeht, aber sonst? Ich gucke alls ob er noch geht. Aber sonst, dass ich ihn so benutze, brauche ich auch gar nicht." *(Frau, 77 Jahre)*

Die deutliche Mehrheit der Nutzer/-innen nutzt PAUL intensiv: Zum Zeitpunkt der jeweils letzten Befragung in den Projekten waren unter den Teilnehmer/-innen 22 tägliche Nutzer/-innen (darunter sechs Männer und 16 Frauen) und drei Personen, die PAUL mindestens einmal in der Woche nutzten (drei Frauen; vgl. auch Schelisch 2014).

Obwohl bei der geringen Anzahl an Teilnehmer/-innen nur beschränkt allgemeine Aussagen getroffen werden können, fällt auf, dass PAUL von einem höheren Anteil Frauen als Männern genutzt wird. Unter denjenigen, die PAUL nutzen, können jedoch hinsichtlich des Geschlechts keine eindeutigen Unterschiede in der Häufigkeit der Nutzung festgestellt werden. Allerdings: wenn

Männer PAUL nutzen, dann täglich; wenn Frauen PAUL nutzen, dann teilweise auch seltener.

Tabelle 1: Häufigkeit der Nutzung von PAUL

	Nutzung von PAUL insgesamt			
	Täglich	Mind. 1x Woche	Keine Nutzung	n
Frauen	16	3	3	22
Männer	6	-	3	9

Quelle: Eigene Befragungen 11/2012 und 06/2013. Die vorgegebene Antwortmöglichkeit „ab und zu" wurde nicht gewählt.

In den sechs befragten Paarhaushalten nutzen, wie oben erwähnt, drei männliche Partner PAUL nicht. In den übrigen drei Paarhaushalten wurde angegeben, dass PAUL von jeweils beiden Partnern täglich genutzt wird. In zwei Paarhaushalten wird PAUL von beiden Partnern in etwa gleich intensiv verwendet, obwohl in einem der Haushalte z.B. die Rollladensteuerung ausschließlich von der Frau übernommen wird:

I: „Nutzen Sie auch die Rollladensteuerung über PAUL?"

M: „Nein, das macht immer meine Frau. Da ist sie ganz närrisch darauf."

F: „Das ist so meine Sache." (*Mann, 63 Jahre; Frau 59 Jahre*)

Im dritten Paarhaushalt ist es jedoch der Mann, der PAUL für mehr Funktionen verwendet:

M: „[…] die geht so gut wie gar nicht dran."

F: „Mein Mann ist mehr dran wie ich."

M: „Es heißt guck mal nach, wann denn der nächste Bus fährt, weil wir unser Auto abgeschafft haben. Oder mit dem Zug, als wir nach Mannheim wollten oder so, dann gehe ich dran. Meine Frau geht da so gut wie gar nicht dran." (*Frau, 60 Jahre; Mann 69 Jahre*)

Und später:

I: „Wie regelmäßig hatten Sie jetzt PAUL in den letzten ein bis zwei Wochen in Gebrauch?"

M: „Ei ja, wir gucken täglich da mal rein und dann wie gesagt, also…"

F: „Mein Mann geht öfters dran. Der macht Spielchen."

M: „Ab und zu bin ich da drin. Wenn meine Frau mich wieder geärgert hat, dann muss ich mich ja abreagieren." *(Frau, 60 Jahre, Mann 69 Jahre)*

Nutzung unterschiedlicher Funktionen von PAUL

13 Funktionen von PAUL, die in beiden Forschungsprojekten zur Anwendung kamen und mindestens von drei Viertel der Nutzer/-innen verwendet werden konnten,[11] wurden hinsichtlich möglicher Geschlechterunterschiede bei der Nutzung näher betrachtet. Hierbei stand die regelmäßige, d.h. täglich bis wöchentliche Nutzung im Fokus.[12]

Generell zeigen sich kaum Unterschiede zwischen den männlichen und weiblichen Nutzer/-innen. Von den häufig genutzten Funktionen wird lediglich das Internet von Männern häufiger regelmäßig verwendet, wie die folgende Auflistung zeigt:

- Türkamera: 5 von 6 Männer und 14 von 17 Frauen,
- Rollladensteuerung: 4 von 6 Männer und 11 von 15 Frauen,
- Besucherhistorie : alle Männer und fast alle Frauen (13 von 15),
- Ansicht des Inaktivitätsmonitorings : 3 von 5 Männer und 10 von 15 Frauen,
- Internet: 5 von 6 Männer und 10 von 19 Frauen.

Unter den übrigen acht Funktionen sind drei Funktionen, die ebenfalls von Männern deutlich häufiger regelmäßig genutzt werden:

- Lichtsteuerung: 4 von 6 Männer und 3 von 19 Frauen
- Nachrichten (vor-)lesen: 4 von 6 Männer und 4 von 19 Frauen
- Ansicht, ob ein Fenster geöffnet ist: 2 von 6 Männer, keine Frau.

Es gibt keine Funktion, die deutlich häufiger von Frauen regelmäßig verwendet wird, mit Ausnahme der Erinnerungsfunktion, die ausschließlich von zwei Frauen angesteuert wird. Demnach sind vor allem Funktionen aus den Bereichen Information sowie Komfort für Männer interessanter.

---

[11] Einige Funktionen waren nur im zweiten Projekt verfügbar. Zudem werden an dieser Stelle nur Funktionen berücksichtigt, die in den einzelnen Haushalten zum jeweiligen Befragungszeitpunkt funktionsfähig waren.
[12] Die Nutzung wurde mittels Selbsteinschätzung erhoben (Nutzung täglich, mindestens einmal in der Woche, ab und zu, keine Nutzung bzw. geht nicht/nicht installiert).

4 Zusammenfassung und Fazit

Die Ergebnisse aus Befragungen in Praxisprojekten mit Einsatz von Assisted Living-Technik in Wohnungen älterer Menschen zeigen, dass in unserem Fall die Bereitschaft zur Projektteilnahme und daher zur Nutzung von Assisted Living-Technik bei Frauen leicht höher war, als bei Männern und in Paarhaushalten Frauen die treibende Kraft waren. Neben den Erwartungen an ein solches System, d.h. vor allem Sicherheit in der Wohnung, hat möglicherweise an dieser Stelle auch die (angenommene) leichte Bedienbarkeit und der Produktname beigetragen: Die Haushalte bekamen keinen „Touchscreen-PC mit Funktionen aus dem Bereich der Hausautomatisierung und Internetzugang", sondern einen „PAUL", der Unterstützung im Alltag verspricht und in einigen Fällen zu einem „Mitbewohner" avanciert ist.

Männer zählen häufiger zu den Nichtnutzern. Wird PAUL jedoch genutzt, sind es die Männer, die diesen täglich nutzen, im Gegensatz zu Frauen, die ihn teilweise auch seltener verwenden. Der Zugang zum Internet sowie Komfortfunktionen (z.B. Anzeige offener Fenster) werden von Männern häufiger regelmäßig verwendet. Bei Frauen scheint eher noch als bei Männern eine direkte Zusatzleistung erforderlich zu sein, die über eine reine Bequemlichkeit hinausgeht.

Die Ergebnisse aus den Praxisprojekten sind aufgrund der geringen Anzahl an Befragten nicht unbedingt auf andere Settings übertragbar. Auch sind hier weitere Determinanten der Techniknutzung (wie z.B. Alter, Technikerfahrung oder Gesundheitszustand) nicht berücksichtigt worden. Dennoch ist erkennbar, dass zumindest geringfügige Unterschiede in der Häufigkeit der Nutzung und der Auswahl von Funktionen zwischen älteren Frauen und Männern existieren.

Interessant ist die darüber hinaus die symbolische und emotionale Bedeutung von PAUL. Die AAL-Technik wird nicht als kompliziert oder überwachend wahrgenommen, sondern mit freundlichen Attributen bedacht. Der Touchscreen wird als „Mitbewohner" klassifiziert, der schon einmal „faul" sei, weswegen „mit" ihm gearbeitet werden müsse. Fällt PAUL aus, wird er zumeist vermisst und selbst wenn der subjektive Nutzen als nicht sehr hoch eingeschätzt wird, möchte man auf das Gerät nicht verzichten. Diese paraphrasierten Interviewzitate sprechen dafür, dass die neuen Informations- und Kommunikationsgeräte ohne große Komplikationen und Anleitungen in den Alltag integriert werden können. Hilfreich war dabei sicherlich auch, dass die Oberfläche des Touchscreen nach den Wünschen der Mieterinnen und Mieter gestaltet wurde. Bei den Teilnehmer/-innen der genannten Projekte handelt es sich dabei nicht um besonders privilegierte Bevölkerungsgruppen, sondern um Personen mit vorwiegend Haupt- bzw. Volkschulabschluss, niedrigeren bis durchschnittlichen Renten, dem Status des Mieters und damit um Arbeiter- und Mittelschichten.

Die neuen Techniken dienen auch dem Empowerment, der Selbstbestätigung, der Freude, der Kommunikation, der Unabhängigkeit sowie der Teilhabe und Teilnahme, neben den Aspekten, die typischerweise bei assistiver Technologie im Vordergrund stehen, d.h. der Sicherheit, der Gesundheit und dem Komfort bei gesundheitlichen Einschränkungen. Ein attraktives Gerät, das spielerisch bedient werden kann, wird kaum noch mit „Technik" assoziiert. Damit stehen trotz einer stärkeren geschlechtsspezifischen Sozialisation und der allgemein geringeren PC-nutzung die neuen Technologien Männern wie Frauen offen.

Literatur

Berndt, Erhard, Reiner Wichert, Eva Schulze, Holger Gothe, Sibylle Meyer& Christian Dierks (2009): Marktpotenziale, Entwicklungschancen, Gesellschaftliche, gesundheitliche und ökonomische Effekte der zukünftigen Nutzung von Ambient Assisted Living (AAL)-Technologien (MEG AAL): Schlussbericht. Rostock: Fraunhofer IGD.
Bratteteig, Tone (2002): Bringing gender issues to technology design. In: Christiane Floyd (ed.): Feminist challenges in the information age: Information as a social resource. Opladen: Leske + Budrich, 91–105.
Doh, Martin (2011): Heterogenität der Mediennutzung im Alter: Theoretische Konzepte und empirische Befunde. München: kopaed.
Doh, Martin & Roman Kaspar (2006): Entwicklung und Determinanten der Internetdiffusion bei älteren Menschen. In Jörg Hagenah (Hrsg.): Sozialer Wandel und Mediennutzung in der Bundesrepublik Deutschland. Münster: Lit-Verlag, 139–156.
Floeck, Martin, Lothar Litz & Annette Spellerberg (2012): Monitoring patterns of inactivity in the home with domotics networks. In: Juan Carlos Augusto (ed.): Handbook of ambient assisted living. Technology for healthcare, rehabilitation, and well-being. Amsterdam: IOS Press, 258–282.
Friesdorf, Wolfgang & Achim Heine (Hrsg.) (2007): Sentha, seniorengerechte Technik im häuslichen Alltag: Ein Forschungsbericht mit integriertem Roman. Berlin: Springer.
Initiative D21 e.V. (Hrsg.) (2011): (N)Onliner Atlas 2011. Eine Topographie des digitalen Grabens durch Deutschland: Nutzung und Nichtnutzung des Internets, Strukturen und regionale Verteilung. Berlin: Initiative D21 e.V.
Initiative D21 e.V. (Hrsg.) (2013). D21 – Digital – Index. Auf dem Weg in ein digitales Deutschland?! Berlin: Initiative D21 e.V.
Jakobs, Eva-Maria, Kathrin Lehnen & Martina Ziefle (2008): Alter und Technik: Studie zu Technikkonzepten, Techniknutzung und Technikbewertung älterer Menschen. Aachen: Apprimus.
Kott, Kristina, Sabine v. Thenen & Silvia Vogel (2013): Freizeit und gesellschaftliche Partizipation. In: Statistisches Bundesamt (Hrsg.): Datenreport 2013: Ein Sozialbericht für die Bundesrepublik Deutschland. Bonn: Bundeszentrale für politische Bildung, 333–356.

Künemund, Harald, & Nele M. Tanschus (2012): Technikakzeptanz ist (k)eine Altersfrage: Ergebnisse einer repräsentativen Befragung in Niedersachsen. In: Institut für Gerontologie der Universtät Vechta (Hrsg.): Gerontologie, Nr. 1. Vechta: Institut für Gerontologie der Universität Vechta.

Künemund, Harald, Nele M. Tanschus, Anja Garlipp, Franz Neyer, Juliane Felber & Forberg, A. (2012): Bestimmungsgründe der Nutzerakzeptanz. In: 5. Deutscher AAL-Kongress 2011 „Technik für ein selbstbestimmtes Leben" – Tagungsbeiträge. Berlin: VDE-Verlag (CD-ROM), paper 07.1.

Meyer, Sibylle & Eva Schulze (2009): Smart home für ältere Menschen: Handbuch für die Praxis. Stuttgart: Fraunhofer-IRB-Verlag.

Oesterreich, Detlef & Eva Schulze (2009): Akzeptanz technischer Innovationen im Gesundheitsbereich. Ergebnisse einer empirischen Untersuchung zu neu entwickelten AAL-Geräten für einen Verbleib in der eigenen Wohnung bei gesundheitlichen Einschränkungen. In: Institut für Public Health und Pflegeforschung (IPP) an der Universität Bremen (Hrsg:): IPP Info, Ausgabe 08 Winter 2009/2010. Bremen: IPP, 8–9.

Rodner, Thorsten, Martin Floeck & Lothar Litz (2011): Inaktivitätsüberwachung und Alarmhandling zur Verringerung von Fehlalarmen. In: 4. Deutscher AAL-Kongress 2011 „Demographischer Wandel – Assistenzsysteme aus der Forschung in den Markt" – Tagungsbeiträge. Berlin: VDE-Verlag (CD-ROM), paper 10.1.

Schelisch, Lynn (2014): Wer nutzt eigentlich PAUL? Erfahrungen aus dem Praxiseinsatz. In: 7. Deutscher AAL-Kongress "Wohnen – Pflege – Teilhabe: Besser Leben durch Technik" – Tagungsbeiträge. Berlin: VDE-Verlag (CD-ROM), paper s11.3.

Spellerberg, Annette (2013): Potenzial der digitalen Infrastruktur und von AAL-Lösungen in ländlichen Räumen. In: 6. Deutscher AAL-Kongress 2013 "Lebensqualität im Wandel von Demografie und Technik" – Tagungsbeiträge. Berlin: VDE-Verlag (CD-ROM), 78–82.

Spellerberg, Annette & Jonas Grauel (2007): Akzeptanz neuer Wohntechniken für ein selbstständiges Leben im Alter: Erklärung anhand sozialstruktureller Merkmale, Technikkompetenz und Technikeinstellungen. In: Zeitschrift für Sozialreform, 53(2), 191–215.

Spellerberg, Annette; Grauel, Jonas (2008): Attitudes and requirements of elderly people towards assisted living solutions. In: Max Mühlhäuser, Alois Ferscha und Erwin Aitenbichler (eds.): Constructing ambient intelligence. Berlin: Springer, 197–206.

Spellerberg, Annette & Lynn Schelisch (2011): Acceptance of ambient assisted living solutions in everyday life. In: Martina Ziefle & Carsten Röcker (Hrsg.): E-health, assistive technologies and applications for assisted living: challenges and solutions. Hershey: Medical Information Science Reference, 195–216.

Spellerberg, Annette; Grauel, Jonas; Schelisch, Lynn (2009): AmbientAssisted Living – ein erster Schritt in Richtung eines technisch-sozialen Assistenzsystems für ältere Menschen. In: Hallesche Beiträge zu den Gesundheits- und Pflegewissenschaften 8 (39), 5–19.

Statistisches Bundesamt (Destatis) (2005): Internetnutzung älterer Menschen nimmt überdurchschnittlich zu. In: Wirtschaft und Statistik, April 2005, 289–290.

Das AKTIVE-Projekt – Maßgeschneiderte assistive Technologien für sturzgefährdete und demenzkranke ältere Menschen in Großbritannien[1]

Andreas Hoff, Sue Yeandle, Kate Hamblin & Emma-Reetta Koivunen

1 Einleitung

Mit dem britischen AKTIVE-Forschungsprojekt wird in diesem Beitrag ein innovatives Beispiel internationaler Forschung zum Einsatz technischer Hilfsmittel in der häuslichen Pflege vorgestellt, das gerade für die ländlich geprägten Regionen Ostdeutschlands, Nordhessens und Nordbayerns, weite Teile Niedersachsens und von Rheinland-Pfalz mit ihren besonders rasch alternden Bevölkerungen (Kiziak et al. 2014; Klingholz 2016) vielversprechende Anknüpfungspunkte zur Förderung unabhängigen Lebens bietet. Das Kernargument für den Einsatz von technischen Assistenzsystemen in der häuslichen Pflege und Sorgearbeit ergibt sich aus der wachsenden Anzahl hilfe- und pflegebedürftiger Menschen ohne lokale Unterstützungsnetzwerke. Familiale und öffentliche Pflegestrukturen werden durch die erwartete große Zahl Betroffener, aber auch aufgrund reduzierter Unterstützungspotentiale bedingt durch eine abnehmende Zahl zur Verfügung stehender familialer und professioneller Pfleger/-innen und Helfer/-innen überfordert. Der englische Begriff ‚Telecare' steht dabei für eine Vielzahl von technischen Alltagshilfen, die auf moderner Informations- und Kommunikationstechnologie beruhen und die z.B. eine kontinuierliche, automatische Fernüberwachung des Wohnraums hilfe- oder pflegebedürftiger Personen mit dem Ziel ermöglicht, ihnen trotz gesundheitlicher Einschränkungen den Verbleib im gewohnten häuslichen Umfeld zu ermöglichen (TSA 2014).

Der erste Abschnitt dieses Kapitels widmet sich der Beschreibung des demografischen Wandels in Großbritannien, der den Anstoß für die Entwicklung des AKTIVE-Projekts gab, und vergleicht diesen mit der demografischen Entwicklung in Deutschland. Im zweiten Abschnitt wird erklärt, warum sich das Projekt auf sturzgefährdete und demenzkranke Menschen konzentriert. Im dritten

---

[1] Der Projekttitel AKTIVE steht für „Advancing Knowledge of Telecare for Independence and Vitality in later life" (Deutsch: "Die Förderung von Wissen über Telecare für Unabhängigkeit und Lebensfreude im höheren Lebensalter") und wurde finanziert vom Technology Strategy Board (TSB), heute ‚Innovate UK', einer Sonderabteilung des britischen Wirtschaftsministeriums zur Förderung innovativer Technologien. Wir stützen uns im Folgenden teilweise auf eine frühere Publikation zu diesem Projekt (Hoff et al. 2015).

© Springer Fachmedien Wiesbaden GmbH, ein Teil von Springer Nature 2018
H. Künemund und U. Fachinger (Hrsg.), *Alter und Technik*, Vechtaer Beiträge zur Gerontologie, https://doi.org/10.1007/978-3-658-21054-0_8

Teil werden Zielstellungen, Forschungsdesign und Forschungsmethodik des AKTIVE-Projekts vorgestellt, bevor dann in Abschnitt 4 erste Forschungsergebnisse überblicksartig berichtet werden. Den Abschluss bildet ein Ausblick auf Entwicklung und Einsatz von Telecare-Technologien in der häuslichen Pflege Deutschlands mit besonderem Augenmerk auf ländlichen Regionen.

2 Demografischer Wandel und Pflegebedürftigkeit in Deutschland und Großbritannien

Das demografische Profil Großbritanniens stellt sich dank höherer Geburtenraten deutlich ausgewogener dar als das der deutschen Gesellschaft. Seit der Jahrtausendwende stieg die zusammengefasste Geburtenziffer britischer Frauen von durchschnittlich 1,64 (2000) auf 1,98 (2010) Geburten pro Frau deutlich an, während sie in Deutschland auf niedrigem Niveau zwischen 1,38 (2000) und 1,39 (2010) verharrte (Lanzieri 2013). Erst in den letzten Jahren war auch in Deutschland ein Anstieg der Geburtenraten auf nunmehr 1,5 Geburten pro Frau (Statistisches Bundesamt 2016) zu verzeichnen, während die britische Geburtenziffer im gleichen Zeitraum etwas abnahm (auf 1,83 Geburten je Frau 2014, ONS 2015).

Im Einklang mit kontinuierlich steigender Lebenserwartung stieg das Durchschnittsalter in beiden Ländern. Der deutlich größere Anteil älterer Menschen in Deutschland resultierte in einen beträchtlichen Anstieg des Durchschnittsalters der deutschen Bevölkerung von 39,8 auf 44,2 Jahre innerhalb nur eines Jahrzehnts (2000 bis 2010). Großbritannien hingegen verzeichnete in diesem Zeitraum nur einen vergleichsweise leichten, aber dennoch spürbaren Anstieg von 37,5 auf 39,5 Jahre (Lanzieri 2011). Analog stieg der Anteil über 65-Jähriger in Großbritannien nur leicht von 15,8% auf 16,4% an, während für Deutschland ein deutlicher Anstieg von 16,2% auf 20,7% zu verzeichnen war. Größere Ähnlichkeit hat die demografische Situation in Bezug auf den Anteil Hochaltriger (definiert als 80 Jahre und älter), die in beiden Ländern die am schnellsten wachsende Altersgruppe ist (Hoff 2015): 2010 fielen etwa fünf Prozent der Bevölkerung in beiden Ländern in diese Kategorie (Deutschland 5,1%, Großbritannien 4,6%). Allerdings ist absehbar, dass auch hier die Schere in Zukunft auseinandergehen wird. Bereits für 2020 wird erwartet, dass der Anteil Hochaltriger in Deutschland um zwei Prozentpunkte höher liegen wird als in Großbritannien (7,2% vs. 5,2%), ein Trend, der sich laut Projektionen der europäischen Statistikbehörde Eurostat bis 2050 beschleunigen wird: dann wird der Abstand auf mehr als fünf Prozentpunkte (14,4% vs. 9,3%) anwachsen (Lanzieri 2011).

Diese Statistiken belegen dennoch, dass auch die britische Gesellschaft altert. Dementsprechend ist die Motivationslage für die verstärkte Ausnutzung des Potentials von assistiven Technologien in Großbritannien ähnlich gelagert wie in Deutschland. Hinzu kommt, dass der Vergleich von Daten auf nationaler Ebene tendenziell den Blick für zum Teil erhebliche regionale Unterschiede versperrt. Das im Vordergrund der medialen Aufmerksamkeit stehende wirtschaftliche, politische und kulturelle Zentrum im Großraum London sowie die Ballungszentren West Midlands (Großraum Birmingham), Greater Manchester, Merseyside (Großraum Liverpool) und die Universitätsstädte Leeds und Sheffield, also die Metropolregionen, in denen ein Großteil der (jüngeren) Bevölkerung Großbritanniens lebt und arbeitet, verdeckt erhebliche regionale Differenzen. So begegnet man in den ehemaligen Bergbauregionen in Wales, in den ländlichen Regionen an der englischen Süd-, Südwest-, Ost- und Nordostküste oder auch in weiten Teilen der schottischen Highlands und Lowlands einer deutlich älteren Bevölkerung. Mit einem Anteil von 33,2% der Bevölkerung 65 Jahre und älter ist das südenglischen Christchurch derzeit britischer Spitzenreiter in punkto Bevölkerungsalterung (Bayliss & Sly 2010; ONS 2012) – ein Wert, der sogar noch etwas über dem des aktuellen „Rekordhalters" in Sachsen, der Stadt Hoyerswerda, mit aktuell 32,5% (Statistisches Landesamt Sachsen 2013) liegt. Diese ländlich geprägten Regionen sehen sich sowohl in Deutschland als auch in Großbritannien vergleichbaren Herausforderungen gegenüber: Wie kann die Versorgung einer steigenden Anzahl hilfe- und pflegebedürftiger alter Menschen gesichert werden, wenn die jüngere und mittlere Generation hunderte Kilometer entfernt in den wirtschaftlichen Ballungszentren lebt?

Erhielten in Deutschland 2015 2,9 Millionen Menschen Leistungen aus der Pflegeversicherung (Statistisches Bundesamt 2017), so wird unter der Annahme der Fortschreibung der gegenwärtigen Betroffenheit von Pflegebedürftigkeit bis 2030 mit einem weiteren Anstieg auf dann 3,4 Millionen und bis 2050 auf 4,5 Millionen gerechnet (Statistische Ämter des Bundes und der Länder 2010). Statistische Daten zu Pflegebedürftigkeit in Großbritannien sind mit deutschen Daten nicht vergleichbar, was u.a. daran liegt, dass es im Gegensatz zu Deutschland keine Pflegeversicherung gibt, deren Empfänger/-innen einfach ausgezählt werden könnten. Zumindest kann aber auf der Basis vorhandener Daten festgestellt werden, dass auch in Großbritannien die Zahl Pflegebedürftiger steigt und weiter ansteigen wird (Pickard et al. 2007). Die Zahl von Empfänger/-innen staatlicher Pflegeleistungen ist in den letzten Jahren jedoch stark rückläufig, was von Kritikern als Beleg für eine noch restriktivere Bewilligungspolitik als in der Vergangenheit gesehen wird (Fernandez, Snell & Wistow 2013), obwohl ohnehin nur Personen mit sehr geringen Einkünften anspruchsberechtigt auf staatliche Pflegehilfen sind.

Es kann als sicher gelten, dass in beiden Ländern in Zukunft das Prinzip „ambulante vor stationärer Pflege" noch stärker zum Leitmotiv der Versorgung pflegebedürftiger älterer Menschen werden wird, um den Kostenanstieg für die öffentlichen Haushalte zu begrenzen. Hinzu kommt, dass es der ausdrückliche Wunsch älterer Menschen in beiden Ländern ist, so lange wie möglich unabhängig „in den eigenen vier Wänden" zu leben (DoCLG 2008; Kruse & Wahl 2010). Selbständiges Leben im Sinne von Selbstpflege oder Esseneinnahme sowie der Durchführung komplexer Alltagstätigkeiten wie Medikamenteneinnahme, Nutzung von Transportmitteln, Nahrungszubereitung oder Einkaufen wird im hohen Lebensalter zum Inbegriff von Kompetenz und Unabhängigkeit (Thiele 2001).

3 Warum sturzgefährdete und demenzkranke Menschen?

Das AKTIVE-Forschungsprojekt konzentriert sich auf den Einsatz technischer Assistenzsysteme in den Haushalten zweier spezifischer Zielgruppen älterer Menschen. Die Lebensumstände hochaltriger Menschen sind durch das Auftreten von chronischen Mehrfacherkrankungen charakterisiert, was mit dem Begriff der Multimorbidität beschrieben wird (Bundesverband Geriatrie 2010). Dabei kann es sich um so verschiedene Krankheitsbilder wie z.b. Hirninfarkt, Herzinsuffizienz, Schlaganfall, Arthrosen, schwerwiegende Mobilitätsstörungen, oder Frakturen handeln. Es erscheint naheliegend, dass zur optimalen häuslichen Versorgung dieser verschiedenen Krankheitsbilder *unterschiedliche* Telecare-Systeme zum Einsatz kommen. Um die Vergleichbarkeit der im Rahmen von AKTIVE getesteten Technologien zu gewährleisten, beschränkte sich das Forschungsprojekt auf zwei spezifische Konditionen: Sturzgefährdung und Demenz.

Ältere Menschen sind u.a. aufgrund nachlassender Seh- und Hörfähigkeit, eingeschränkter Sinneswahrnehmungen, kognitiven Einbußen (etwa beim Multitasking) oder zunehmender Gleichgewichtsstörungen generell stärker sturzgefährdet als jüngere. Darüber hinaus sind Stürze die Hauptursache für das Auftreten von Behinderungen bei über 75-Jährigen. Oberschenkelhalsbrüche oder andere Frakturen gelten oftmals als „Anfang vom Ende" eines Prozesses, der unmittelbar der unabhängigen Lebensführung hochaltriger Menschen ein Ende setzt. Exemplarisch und stellvertretend für eine Reihe ähnlicher internationaler Studien sei die des norwegischen Teams um Osnes genannt, die zu dem Ergebnis kam, dass der Anteil derer, die ohne Gehhilfe laufen konnten, nach einem Sturz von 76% auf 36% sank; 46% konnten nicht mehr allein außer Haus gehen, ca. drei Viertel konnten nicht mehr selbständig kochen (Osnes et al. 2004). Darüber hinaus waren die Betroffenen deutlich anfälliger für weitere Stürze. Ein Fünftel starb an den Spätfolgen des Sturzes innerhalb eines Jahres. Angesichts dieser Dramatik, aber auch aufgrund der Tatsache, dass es inzwischen eine ganze Reihe von Telecare-Technologien gibt, die sich sturzgefährdeter Menschen annehmen (z.B. tragbare Notrufsysteme, sensorgestützte Fußmatten), schien dieses Krankheitsbild ein vielversprechendes Anwendungsfeld für die Studie zu sein. Das vielleicht spektakulärste, aber zugleich schwierigste Einsatzgebiet assistiver Technologien sind Haushalte, in denen Demenzkranke leben. Im Zuge einer Demenzerkrankung gehen zunächst das Kurzzeitgedächtnis, später auch Langzeitgedächtnis, Denk- und Orientierungsvermögen verloren. Die Konsequenz ist eine schwere Beeinträchtigung von Aktivitäten des täglichen Lebens bis hin zum vollständigen Verlust der selbständigen Lebensführung. In Deutschland gibt es derzeit 1,6 Millionen Demenzkranke – bis 2050 wird fast mit einer Verdoppelung dieser Zahl auf dann 3 Millionen gerechnet (Bickel 2016). In Großbritannien lebten 2013 mehr als 800.000 Demenzkranke – bis 2025 wird ein Anstieg auf 1,1 Millionen und bis 2051 auf 2 Millionen Fälle erwartet (Prince et al. 2014), vorausgesetzt, dass sich die Prävalenzraten nicht wesentlich ändern. Wie jedoch die bahnbrechende Arbeit von Matthews et al. (2013) gezeigt hat, gibt es erste Anzeichen für eine leichte Verringerung der Demenzprävalenz in Großbritannien. Die niedrigere Zahl im Vergleich zu Deutschland ergibt sich zum einen aus der geringeren Gesamtbevölkerungszahl von 64 Millionen Einwohnern und zum anderen aus dem eingangs beschriebenen geringeren Anteil älterer Menschen. Das Erkrankungsrisiko wächst mit steigendem Alter exponentiell an: von weniger als ein Zehntel der 75- bis 79-Jährigen über ein Fünftel der 80- bis 84-Jährigen auf fast die Hälfte der über 95-Jährigen (Falk 2009).

Eine Demenzerkrankung stellt den Einsatz von Telecare wahrscheinlich vor die größtmöglichen Herausforderungen, da eine starke Einschränkung der selbständigen Lebensführung einher geht mit zunehmenden Verlusten kognitiver Leistungsfähigkeit. Es ist anzunehmen, dass technische Lösungen hier an ihre Grenzen stoßen. Gleichwohl erscheint es nicht zuletzt aufgrund der immens steigenden Fallzahlen angebracht, diese Grenzen „auszutesten". Außerdem verspricht Telecare einen längeren Verbleib im gewohnten häuslichen Umfeld, was seinerseits positive Effekte für die Lebensqualität Demenzkranker verspricht.

Besonders herausfordernd erscheint eine Kombination der beiden Krankheitsbilder Demenz *und* Sturzgefährdung (Suzuki et al. 2012), was in der Praxis keineswegs abwegig ist, wie die nachfolgenden Forschungsergebnisse belegen. Es konnte nachgewiesen werden, dass das Risiko eines Sturzes durch eine Demenzerkrankung um das Drei- bis Fünffache erhöht wird (Milisen et al. 2007). Je schwerer die Demenz, desto größer die Sturzgefahr und desto größer die Gefahr einer schweren Verletzung (Nakamura et al. 1996; Shaw & Kenny 1998). Komplikationen von Hüftverletzungen (Infektionen, Dislokationen) sind unter Demenzkranken häufig (Stromberg et al. 1997). Die Wahrscheinlichkeit einer dauerhaften Einweisung ins Pflegeheim nach einem Sturz ist für Demenzkranke um das Fünffache höher als für nicht Demenzkranke (Shaw & Kenny 1998).

4 Das AKTIVE-Forschungsprojekt

Das AKTIVE-Forschungsprojekt war ein multidisziplinäres Kooperationsprojekt zweier britischer Universitäten (Leeds, Oxford) und zweier im Geschäftsfeld Telecare bzw. assistive Technologien (AAL) tätiger britischer Unternehmen (Tunstall und Inventya) mit mehreren wissenschaftlichen und zivilgesellschaftlichen Partnern. Das Forschungsprojekt wurde über einen Zeitraum von 36 Monaten von Juni 2011 bis Mai 2014 durchgeführt. Ziel des Forschungsprojekts war es, vorhandene Telecare-Produkte entsprechend der Bedürfnisse und Wünsche pflegebedürftiger älterer Menschen, ihrer Angehörigen und Pflegekräfte anzupassen (Yeandle et al. 2014). Die unmittelbare Adaption im häuslichen Umfeld der Betroffenen wurde von Technikern des beteiligten Telecare-Herstellers Tunstall, von Industriedesignern und von Ergonomen durchgeführt und wissenschaftlich begleitet.

Forschungsfragen

Sturzgefährdung und Demenzerkrankung wurden ausgewählt, um exemplarisch in diesen Situationen zu beobachten und zu analysieren, wie Telecare in Privatwohnungen verwendet wird und welche Bedeutung die Technologie für Pflegebedürftige, ihre Angehörigen und ihre Pflegekräfte hat. Bezogen auf Pflegebedürftige sollte vor allem untersucht werden, welche Barrieren ggf. gegenüber der Nutzung von assistiven Technologien bestanden, welche Maßnahmen notwendig wären, um diese zu beseitigen und welche Wünsche die Betroffenen hinsichtlich einer besseren Handhabung der Technologie haben. In Bezug auf pflegende Angehörige stand im Mittelpunkt des Interesses, ob und inwieweit Telecare eine bessere Vereinbarung von Erwerbstätigkeit und Pflege ermöglicht. Mit Blick auf Pflegedienstmitarbeiterinnen sollte untersucht werden, ob und falls ja wie Telecare deren Tätigkeit erleichtert. Außerdem sollte eine Analyse des Marktes für Telecare-Lösungen vorgenommen werden mit dem Ziel, innovative Lösungen künftig leichter marktfähig zu machen. Im Detail wurden die nachstehenden Forschungsfragen formuliert (Yeandle et al. 2014):

1. Wie beeinflussen die Fähigkeiten älterer Menschen und ihres sozialen Umfelds die Inanspruchnahme von Telecare?
2. Welche Barrieren verhindern die erfolgreiche Integration von Telecare in den Alltag älterer Menschen?
3. Welchen Nutzen ziehen sturzgefährdete im Vergleich zu demenzkranken älteren Menschen aus der Nutzung von Telecare?

Das AKTIVE -Projekt 135

4. Welche Faktoren beeinflussen die Fähigkeit der Pflegekräfte älterer Pflegebedürftiger, Telecare anzuwenden und welchen Nutzen ziehen sie daraus?
5. Trägt Telecare zu einer besseren und kostengünstigeren Versorgung älterer Menschen in ihrer Wohnung bei?

Forschungsdesign und Forschungsmethodik

Um diese Forschungsfragen zu beantworten, waren mehrere Teilstudien notwendig, die in insgesamt acht Arbeitspaketen realisiert wurden. Dabei wurden qualitative und quantitative sowie ethnografische, ergonomische und ökonometrische Forschungsmethoden kombiniert. Für das zentrale Anliegen der Studie, die Anwendung von Telecare in Privathaushalten sturzgefährdeter und demenzkranker Menschen zu verstehen und ggf. besser an die jeweilige Lebenssituation Betroffener, ihrer Angehörigen und Pflegekräfte anzupassen, musste eine völlig neue Forschungsmethode entwickelt werden – die „Alltagslebensanalyse" („Everyday Life Analysis", ELA).

Ausgangspunkt war die Erstellung eines umfangreichen Überblicks über die vorhandene Literatur zur Nutzung von Telecare-Technologien aus sozialwissenschaftlicher, wirtschaftswissenschaftlicher, medizinischer, Industriedesign- und Ergonomieperspektive. Zu den Vorarbeiten gehörte auch die Schulung der an der Feldarbeit teilnehmenden wissenschaftlichen Mitarbeiter/-innen, Techniker und Industriedesigner im Umgang mit demenzkranken und sturzgefährdeten älteren Menschen. Den Kern des AKTIVE-Forschungsprojekts bildete die 12-monatige „Alltagslebensanalyse" („Everyday Life Analysis", ELA), die vor dem Hintergrund entwickelt wurde, dass keine der existierenden quantitativen oder qualitativen Forschungsmethoden dem übergeordneten Forschungsziel gerecht werden konnte, existierende Telecare-Produkte *unmittelbar* an die alltäglichen Bedürfnisse und Präferenzen Pflegebedürftiger anzupassen. Doch genau an diesem Punkt unterscheidet sich AKTIVE grundlegend von herkömmlichen Forschungsprojekten, die üblicherweise auf der Basis wissenschaftlicher Analysen am Projektende Empfehlungen für die Entwicklung neuer Produkte oder Dienstleistungen machen. Das Ziel von AKTIVE war es, die Lebensbedingungen der Betroffenen bereits *im Verlauf der Studie* durch unmittelbare Anpassung der von ihnen genutzten Telecare-Produkte entsprechend der von ihnen geäußerten Präferenzen anzupassen. Dies geschah durch eine schrittweise Technologieanpassung, realisiert durch am Projekt beteiligten Industriedesigner des Helen Hamlyn Centre's am Royal College of Arts, London, und Technikern des Telecare-Herstellers Tunstall. Begleitet wurde der Prozess durch umfassende ethnografische und sozialwissenschaftliche Teilstudien, die von den wissenschaftlichen Mitarbeiterinnen des Oxford Institutes of Ageing (OIA), University of Oxford, und des Centres for International Research on Care, Labour and Equalities (CIRCLE[2]), University of Leeds, durchgeführt wurden.

Im Rahmen dieser sozialwissenschaftlichen Begleitforschung kam eine Vielzahl ethnografischer und sozialwissenschaftlicher Instrumente zum Einsatz, z.B. Tagebücher, ergänzt durch fotografische Aufnahmen mittels einer Einwegkamera, mündliche Interviews mit Betroffenen, Angehörigen und Pflegekräften und Soziogramme zur Abbildung persönlicher Pflegenetzwerke. Jeder teilnehmende Haushalt wurde im Verlauf der 12 Monate sechsmal besucht. Jedes Mal wurden Veränderungen der Telecare-Technologie seit dem letzten Besuch erfasst und mit den Betroffenen besprochen. Darüber hinaus wurden bei jedem dieser sechs Besuche mit Hilfe von leitfadengestützten Interviews Daten zu folgenden sechs Themenbereichen erhoben: 1. Biografie, 2. Soziale Netzwerke und Beziehungen, 3. Wohnung und Wohnumfeld, 4. Bildung, Erwerbstätigkeit und Ruhestand, 5. Gesundheit und Wohlbefinden und 6. Technologie. Darüber hinaus wurden Mitglieder der persönlichen Pflegenetzwerke befragt.

Die 12-monatige Alltagslebensanalyse (ELA) wurde in 60 Haushalten mit demenzkranken und sturzgefährdeten Pflegebedürftigen durchgeführt, in deren Häusern Telecare-Technologie des Herstellers Tunstall installiert war, und zwar in zwei Regionen Nord- und Südenglands (Leeds und West Yorkshire einerseits und Oxford und Oxfordshire andererseits) – 24 in Leeds und West Yorkshire, 36 in Oxford und Oxfordshire. Tabelle 1 gibt einen Überblick über die Verteilung nach Region und Krankheitsbild (Yeandle et al. 2014):

Tabelle 1: ELA-Teilnehmer nach Region und Krankheitsbild

Krankheitsbild	Leeds	Oxford	Gesamt
Sturzgefährdung	15	21	36
Demenzerkrankung	5	4	9
Demenz+Sturzgefährdung	4	11	15
Gesamt	24	36	60

Alle Teilnehmer/-innen verfügten wenigstens über einen Alarmknopf zum Umhängen oder am Handgelenk. Eine signifikante Minderheit nutzte außerdem sensorgestützte Technologien wie eine Bettmatte mit integrierten Sensoren, Sturzdetektoren, Kohlenmonoxid- oder Rauchmelder. Zwei demenzkranke Teilnehmerinnen aus Leeds verwendeten GPS-gesteuerte Suchsysteme zum Auffinden der Personen bei Weglauftendenz.

Ganz im Sinne guter Praxis bei Anwendung qualitativer Forschungsmethodik (Przyborski & Wohlrab-Sahr 2014) wurden in Vorbereitung der Alltagslebensanalyse Experteninterviews mit relevanten Akteuren aus Telecare-Produktion und -Vertrieb, pflegerischen Versorgungsstrukturen und Entschei-

---

[2] CIRCLE wechselte mit Prof. Yeandle 2015 an die University of Sheffield.

dungsträgern geführt, um sicherzustellen, dass das Forschungsteam die wesentlichen Markt- und Versorgungsstrukturen im Bereich Telecare versteht. Auch in Nachbereitung der Feldphase wurden nochmals Experteninterviews durchgeführt, um einerseits Interpretationsfehler bei der Datenanalyse zu minimieren und andererseits, um praxisnahe Empfehlungen aus den Forschungsergebnissen abzuleiten. Eine ähnliche Zielrichtung wurde mit der Durchführung von qualitativen Fokusgruppeninterviews mit Pflegedienstmitarbeiterinnen einerseits und pflegenden Angehörigen andererseits verfolgt. Auch hier ging es um den „Praxistest" im Vorfeld und im Anschluss an die ELA-Erhebung. Darüber hinaus stellten die beiden kommunalen Pflegedienstleistungszentren („Care Commissioners") in Leeds (Nordengland) und Oxfordshire (Südengland) insgesamt n = 8.000 Datensätze aus der Überwachung der von ihnen eingesetzten Telecare-Produkte zwecks statistischer Datenanalyse zur Verfügung.

Abgerundet wurde die Datenerhebung durch eine Risikoanalyse (Prospective Hazard Analysis, PHA) mit dem Ziel der Prioritätensetzung im Sinne von Risikovermeidung. Mit Hilfe eines spezifischen PHA-Screenings konnten Risikofaktoren identifiziert werden. Dadurch war es möglich, Risiken bewusst zu machen und ein realistisches Risikomanagement einzuführen.

Forschungskonsortium

Das Forschungsprojekt wurde 2010 initiiert durch die gemeinsame Antragstellung von Prof. Dr. Sue Yeandle, University of Leeds, und Dr. Andreas Hoff, University of Oxford, an das Technology Strategy Board (TSB),[3] einer Sonderabteilung des britischen Wirtschaftsministeriums zur Förderung von Innovation in der Wirtschaft Großbritanniens, im Rahmen der Förderrichtlinie „Assistiertes Leben: Wirtschaftliche und Geschäftsmodelle, Sozial- und Verhaltenswissenschaftliche Studien". Die beiden Industriepartner waren die Tunstall Healthcare Ltd., nach eigenen Angaben britischer Marktführer bei Herstellung und Vertrieb von Telecare-Technologien, und das mittelständische Unternehmen Inventya Ltd., ein Marktforschungsinstitut, das sich auf assistive Gesundheitstechnologien spezialisiert hat.

Neben den genannten vier Kernpartnern aus Wissenschaft und Wirtschaft waren zehn weitere Partner aus Wissenschaft, Versorgungsstrukturen, Berufsverbänden und Zivilgesellschaft an AKTIVE beteiligt. Von zentraler Bedeutung für den Erfolg des Forschungsprojekts war dabei insbesondere die Mitwirkung der Industriedesigner vom Helen Hamlyn Centre an der ELA-Feldarbeit unter Leitung von Dr. Rama Gheerawo sowie die Erstellung der Risikoanalyse durch Mitarbeiter des Robens Institutes unter Leitung von Prof. Dr. Peter Buckle. Nicht

---

[3] An dieser Förderrichtlinie beteiligt waren zudem der Economic and Social Science Research Council (ESRC) und das National Institute for Health Research (NIHR).

zu unterschätzen für den Erfolg des Unternehmens war auch die medizinische Begleitung und Anleitung durch zwei ausgewiesene Oxforder Experten auf den Gebieten Demenz (Dr. Rupert McShane) und Sturzgefährdung (Dr. Adam Darowski), die beide sowohl führende Wissenschaftler als auch praktizierende Ärzte sind.

Bereits kurz erwähnt wurden die beiden kommunalen Pflegetechnikdienstleister (Care Commissioners) der Stadtverwaltung Leeds City Council und des Landkreises Oxfordshire County Council. In Großbritannien sind die Kommunen für Organisation und Finanzierung von Telecare-Dienstleistungen für die Bezieher von Pflegedienstleistungen zuständig, wobei es sich hierbei wie bereits eingangs erwähnt nur um Personen handelt, die sich die Anschaffung aufgrund eines sehr geringen Einkommens nicht leisten können. In jedem Fall sind diese kommunalen Care Commissioners die größten Einzelanbieter von Telecare-Dienstleistungen, die hunderte bis tausende von Haushalten versorgen.

Darüber hinaus erwies sich die Beratung durch Seniorenorganisationen wie Age UK (in etwa vergleichbar mit der Bundesarbeitsgemeinschaft von Seniorenorganisationen in Deutschland), vertreten durch Paul Cann, und zwei Berufsverbände professioneller Pflegekräfte – Carers UK, repräsentiert durch Madeleine Starr, und Skills for Care, vertreten durch Diane Buddery, als ausgesprochen hilfreich, um die Perspektive älterer Menschen einerseits und die professioneller Pflegekräfte andererseits effektiv zu berücksichtigen.

5 Erste Ergebnisse des AKTIVE-Projekts

Im Folgenden werden erste Ergebnisse der Studie in Bezug auf die folgenden Themenschwerpunkte präsentiert: der Einfluss von Telecare auf die Gestaltung von Unterstützungsnetzwerken und die Gestaltung von sozialen Beziehungen zu anderen Menschen, das Potential von Telecare zum Ausgleich von körperlichen Veränderungen und zur Ermöglichung eines selbstbestimmten Lebens, das Spannungsfeld zwischen Unabhängigkeit und Kontrolle durch den Einsatz von Telecare sowie den Einfluss bestimmter Persönlichkeitsmerkmale auf die Nutzung von Telecare.

Telecare und Unterstützungsnetzwerke

Unterstützung Pflegebedürftiger kann aus zwei grundverschiedenen Quellen kommen: aus formellen Quellen, d.h. durch bezahlte professionelle Dienste, oder aus informellen Quellen, d.h. durch Familienangehörige, Freunde oder Nachbarn, die für ihre Unterstützung keine Bezahlung erwarten (dürfen). Basierend auf der Auswertung der ELA-Daten identifiziert Yeandle (2014) drei typische Arten von Unterstützungsnetzwerken: a) „komplexe Pflegenetzwerke", b) „familienbasierte Pflegenetzwerke" und c) „privatisierte Pflegenetzwerke". Sie kommt zu dem Schluss, dass das größte Potential von Telecare-Lösungen in „komplexen Pflegenetzwerken" liegt. Diese bestehen aus einer Vielzahl von formellen und informellen Akteuren, die an der Versorgung der betreffenden Person beteiligt sind und durch eine Reihe von Telecare-Systemen unterstützt werden. Neben Familienangehörigen und Pflegedienstmitarbeiterinnen können Nachbarn, Freunde, Kirchgemeindemitglieder, ehrenamtliche Helfer, Gemeindeschwestern, Sozialarbeiter, Therapeuten usw. zum Netzwerk gehören. Typisch für „komplexe Pflegenetzwerke" ist des Weiteren, dass die betroffene Person entweder einen ausgesprochen starken Wunsch hat, so lange wie möglich unabhängig zu leben oder aber komplexe Pflegebedürfnisse hat, wie sie z.B. im Anschluss an längere Krankenhausaufenthalte auftreten.

Die Installation von Telecare konnte prinzipiell durch verschiedene Mitglieder des Netzwerks angeregt werden, einschließlich der Betroffenen selbst. Mitunter wurde Telecare auf Empfehlung des Krankenhauspersonals im Anschluss an eine längere stationäre Behandlung eingerichtet. Daneben spielten Familienangehörige und Nachbarn eine wichtige Rolle bei der Entscheidung für Telecare. In der Regel wurde die Installation damit begründet, dass sie den Betroffenen größere Sicherheit geben würde, insbesondere indem in Notfällen rasch Hilfe alarmiert werden konnte. Ein wichtiges Argument für die Betroffenen selbst war, dass sie so Anderen weniger zur Last fallen würden.

Die anderen beiden Netzwerktypen sind offenbar weniger gut geeignet für den Einsatz von Telecare. In „familienbasierten Pflegenetzwerken" übernehmen Familienangehörige die Versorgung Pflegebedürftiger, manchmal punktuell unterstützt aus anderen Quellen. Prinzipiell entscheidet die Familie, üblicherweise ein bestimmtes Familienmitglied – Ehefrau, seltener Ehemann oder (Schwieger-)Tochter – was gut für die pflegebedürftige Person ist und übt ein hohes Maß an Kontrolle aus. In solchen Netzwerken wurde Telecare nur dann eingeführt, wenn diese Person vom Nutzen der Technologie überzeugt war. Ein typischer Anlass war der Tod des Ehepartners bzw. der Ehepartnerin.

In „Privatisierten Pflegenetzwerken" müssen Pflegedienstleistungen und Haushaltshilfen privat bezahlt werden. Familienmitglieder oder professionelle Pflegekräfte spielen keine oder nur eine untergeordnete Rolle in diesen Netzwerken. Bedingt durch den zum Teil erheblichen Finanzbedarf für Pflegedienstleistungen sind in solchen Netzwerken die Mittel zur Anschaffung von Telecare begrenzt. In Leeds, wo Telecare kostenlos und ohne Bedürftigkeitsnachweis von der Kommune bereitgestellt wird, erfreute sich Telecare etwas größerer Beliebtheit in diesen Netzwerken – aber generell wurden assistive Technologien nur angeschafft, wenn dafür Geld übrig war.

In keinem der genannten drei Netzwerktypen übernahm Telecare die zentrale Rolle in der Pflege; vielmehr wurde Telecare als hilfreiche Ergänzung zu den bestehenden informellen und formellen Versorgungsstrukturen verstanden.

Telecare und soziale Beziehungen älterer Menschen

In diesem Abschnitt wird untersucht, welchen Einfluss Telecare auf soziale Beziehungen sturzgefährdeter und demenzkranker Pflegebedürftiger in der AKTIVE-Studie hatte. Basis ist auch hier wieder die Auswertung der ELA-Daten (Koivunen 2014). Auffallend ist, dass die große Mehrheit (68%) der 60 Untersuchungsteilnehmer/-innen allein lebte. Inwieweit diese Menschen noch in der Lage waren, soziale Beziehungen zu pflegen, hing natürlich vor allem davon ab, ob sie das Haus allein verlassen konnten. Immerhin 62% bejahten dies. Jene Menschen, die aufgrund von Mobilitätsproblemen ihr Haus nicht mehr allein verlassen konnten, litten unter Einsamkeit und sozialer Isolation. Koivunen kommt zu dem wenig ermutigenden Ergebnis, dass die Pflegebedürftigen in der Studie Telecare nicht als Instrument wahrnahmen, das Einsamkeit bekämpfen kann – wobei das sicherlich viel mit der verwendeten Telecare-Technologie zu tun hatte, die überwiegend aus Alarmsystemen bestand und somit nicht geeignet war, sozialer Isolation vorzubeugen.

Können soziale Beziehungen zu einer größeren Akzeptanz von Telecare beitragen? Prinzipiell schon – allerdings berichtet Koivunen (2014) von Defiziten in diesem Bereich. Offensichtlich fühlten sich viele Untersuchungsteilnehmer/-innen allein gelassen mit den Veränderungen ihres Alltags durch den Einsatz dieser Technologie. Eine Ursache dafür war, dass die sozialen Kontakte Pflegebedürftiger wie z.B. ihre Familienangehörigen nicht systematisch einbezogen wurden wenn Telecare installiert wurde, obwohl die Mehrheit Angehörige hatte, die bereit und in der Lage waren, diese Unterstützung zu leisten. In der Folge fühlten sich Angehörige nicht kompetent (genug), mit Telecare umzugehen. Besonders akut war der Bedarf nach (emotionaler) Unterstützung, wenn versehentlich ein falscher Alarm ausgelöst wurde. Dieser Mangel an Einbeziehung Angehöriger in den Installationsprozess ist insofern tragisch als dadurch positive Erfahrungen mit Telecare nicht generiert werden konnten. Wenn sich der Erstkontakt mit Telecare nicht positiv gestaltete, dann war in der Folge eine erfolgreiche Integration dieser Technologie in den Alltag der Betroffenen zum Scheitern verurteilt.

Telecare und Alltagsaktivitäten

Dieser Abschnitt beschäftigt sich mit dem vielleicht offensichtlichsten Unterstützungspotential von Telecare, dem Einsatz zum Ausgleich von körperlichen Einschränkungen im hohen Lebensalter. In der Regel wurde bei den Befragten Telecare installiert, um ihnen bei der Bewältigung einer Krise (Krankenhausaufenthalt oder Demenzdiagnose) zu helfen (Fry 2014). Die Verfügbarkeit von Telecare sollte ihnen und ihren Angehörigen vor allem ein Gefühl von Sicherheit geben. Da im Falle eines Sturzes schnell Hilfe herbeigerufen werden konnte, trauten sich einige Pflegebedürftige wieder zu, die Körperpflege selbst zu übernehmen, um die sich zwischenzeitlich ein Pflegedienst gekümmert hatte. Ähnliches galt für die Zubereitung von warmen Mahlzeiten, nachdem ein mit einer Notrufzentrale verbundener Rauchmelder installiert worden war. In einem Fall konnte ein älterer Mann wieder handwerkliche Tätigkeiten ausüben, da er im Falle eines Sturzes schnell Hilfe rufen konnte.

Allerdings gab es auch einige Personen, welche die vielfach verwendeten Notrufsysteme zum Umhängen hinderlich und unbequem fanden und sie dementsprechend nicht benutzten. Fehlalarme waren eine häufige Quelle von Frustrationen. Auch übertriebene Vorsicht bei der Benutzung von Telecare war mitunter problematisch, z.B. wenn das Notrufsystem nicht mit ins Bad genommen wurde, um ein Nasswerden zu vermeiden (obwohl diese Systeme in der Regel wasserdicht waren, Fry 2014).

Telecare als Bestandteil eines selbstbestimmten Lebens im höheren Lebensalter

Die entscheidende Frage zur Beurteilung des Nutzens von Telecare ist, ob diese Technologie zu einem stärker selbstbestimmten Leben im hohen Lebensalter beiträgt. Die Beantwortung dieser Frage hat viel mit der Identität älterer Menschen zu tun – mit ihrer Identität als Familienmitglied, als aktive und unabhängige Person oder als Mitglied der lokalen Gemeinschaft. Gerade Unabhängigkeit war ein Wert, der vielen Studienteilnehmer/-innen sehr viel bedeutete. Dies befand sich im Gegensatz zu dem Wandel ihrer Identität, den viele erlebt hatten als sie alt wurden. Je älter sie wurden, umso stärker wurden sie von ihrer sozialen Umwelt als abhängig wahrgenommen. Drei Prozesse hatten besonders starken Einfluss auf den Wandel ihrer Identität: der Verlust der Partner, Rollenveränderungen und Entfremdung von ihren Familien (Hamblin 2014).

Telecare konnte dabei helfen, wieder ein gewisses Maß an Unabhängigkeit zurück zu erlangen. Interessanterweise führte das dazu, dass der Einsatz von Telecare auch dann als unabhängigkeitsfördernd wahrgenommen wurde, wenn sie auch als freiheitseinschränkend hätte gesehen werden können. So interpretierten Personen, denen Unabhängigkeit besonders wichtig war, ein mobiles Notrufsystem nicht etwa als kontrollierenden Eingriff in ihre Autonomie, sondern als hilfreiches Instrument, das ihnen ein Stück Freiheit zurückgab.

Der Einfluss des Faktors Mensch auf die Effektivität von Telecare

Zum Abschluss der Ergebnisdiskussion gehen wir darauf ein, inwiefern der erfolgreiche Einsatz von Telecare von den Menschen abhängig ist, die sie bedienen. Im Gegensatz zu den vorherigen Abschnitten beruhen die hier präsentierten Ergebnisse nicht auf ELA, sondern auf der Risikoanalyse („Prospective Hazard Analysis', Buckle 2014). Im Verlauf von AKTIVE konnten eine ganze Reihe von Problemen beobachtet werden, die schlussendlich zu „menschlichem Versagen" führten, auch wenn es in vielen Fällen eher an der unzureichend durchdachten Technik als an ihren Nutzer/-innen lag. Oft mangelte es am Verständnis der Produzenten technischer Hilfsysteme für den lebensweltlichen Kontext der Produktnutzer/-innen. Das Design der Technik war nicht optimal an die individuellen Bedürfnisse der Nutzer/-innen angepasst, so dass zunächst Fehlanwendungen auftraten, die im Verlauf des zwölfmonatigen ergonomischen Anpassungsprozesses ausgemerzt oder zumindest verringert wurden. Zur Illustration seien einige Beispiele genannt:

Weil das dauerhafte Tragen eines Notrufsystems am Handgelenk zu Hautreizungen führte, legte es ein Nutzer ab, so dass es seine Funktion nicht mehr erfüllen konnte. Andere Personen konnten das tragbare Notrufsystem aufgrund von zittrigen Händen nicht selbst anlegen. Klassische Missverständnisse zwischen den Designern von Telecare und ihren Nutzer/-innen waren häufig: so vermieden es viele Pflegebedürftige peinlichst, (auch in Notfällen!) die roten Knöpfe zu drücken, aus Sorge, es könne etwas schiefgehen. Diese Sorge war nicht völlig unberechtigt, weil in einigen Fällen die Druckknöpfe so sensibel eingestellt waren, dass sie bei der kleinsten Berührung einen Alarm auslösten, manchmal sogar im Schlaf. Nicht immer war es möglich, einen Fehlalarm am Gerät zu unterbrechen. Ein zu komplexes Design von Telecare sorgte auch immer wieder für Frustration. Mitunter lag es auch am Fehlen eigentlich selbstverständlicher Serviceleistungen, wie eine fehlende Einweisung in die Technik oder keine Übergabe von Informationsmaterial zur Handhabung der Technologie. Zu einem besonders krassen Beispiel von Technikversagen kam es, als einige der batteriebetriebenen mobilen Notrufsysteme keine Warnsignale von sich gaben, wenn die Batterie (fast) entladen war. Und dann war da noch der Fall der tauben Frau, die weder die Alarmsignale, noch die Stimme der Notrufzentrale hören konnte, was bei der Installation des akustischen Notrufsystems offenbar niemandem aufgefallen war.

6 Ausblick: Das Potential des Einsatzes technischer Assistenzsysteme im ländlichen Raum

Wir denken, dass deutlich geworden ist, dass Telecare erhebliches Potential zur Unterstützung pflegebedürftiger Menschen hat, die allein in den eigenen vier Wänden leben. Telecare kann sowohl pflegebedürftigen Menschen als auch ihren Angehörigen ein Gefühl von Sicherheit vermitteln und auf beiden Seiten Stress (nicht zur Last fallen, weniger Sorgen machen) reduzieren. Dies wurde im AKTIVE-Forschungsprojekt für zwei Gruppen von Betroffenen nachgewiesen: für sturzgefährdete und für demenzkranke Menschen. Zugleich muss aber auch konstatiert werden, dass einige Voraussetzungen erfüllt sein müssen, damit Telecare zu einer echten Unterstützung im Alltag hochaltriger Menschen werden kann:

- Wenn die Technologie an den Bedürfnissen der Betroffenen und ihrer Familien orientiert eingerichtet wird und diese in die Bedienung angemessen und geduldig eingewiesen werden, dann kann Telecare eine selbständige Lebensführung auch bei starken gesundheitlichen Einschränkungen erhalten oder sogar bereits verlorene Autonomie wiederherstellen. Dazu gehört auch die Möglichkeit wiederholter, kostenloser Einweisungen in die Nutzung der Technik.
- Von entscheidender Bedeutung ist, dass sich Design und Verarbeitung an den Bedürfnissen der Betroffenen orientiert und nicht am technisch Machbaren. Es fehlt sicher nicht am guten Willen der Produktdesigner, wohl aber an der Vorstellungskraft, wie hochaltrige Menschen Telecare wahrnehmen und handhaben. Die Verbesserung der Mensch-Technik-Interaktion bleibt eine der größten Herausforderungen für Wissenschaft und Technik beim Einsatz von assistiven Technologien in der häuslichen Pflege.

Eine wichtige Erkenntnis ist zudem, dass assistive Technologien dann die gewünschten Ergebnisse im Hinblick auf Verbesserung der selbständigen Lebensführung und Steigerung der Lebensqualität entfalten können, wenn sie in soziale Unterstützungsnetzwerke eingebunden sind. Wird Telecare als bloßer Ersatz menschlicher Pflege und Hilfe eingesetzt, führt dies zu suboptimalen Ergebnissen.

Herausforderungen und Chancen des Technikeinsatzes in den Wohnungen älterer Menschen unterscheiden sich zunächst nicht grundsätzlich zwischen dem städtischen und ländlichen Raum. Der entscheidende Unterschied ergibt sich aus dem sozialen Umfeld und der (nicht) vorhandenen Infrastruktur. Webbasierte Technologien setzen den Zugang zum Internet voraus – eine Selbstverständlichkeit in den Städten, jedoch nicht im ländlichen Raum. In ländlichen Gebieten fernab größerer Städte müssen diese Voraussetzungen erst noch geschaffen werden. Im Zuge zunehmender Entvölkerung in diesen Regionen können die notwendigen Investitionen in die technische Infrastruktur nur durch den Staat vorgenommen bzw. finanziert werden – eine marktwirtschaftliche Lösung ist nicht tragfähig.

Eine weitere zentrale Herausforderung für pflegebedürftige Menschen ist die Frage nach der Finanzierung solcher Systeme. Für Personen, die Leistungen aus der Pflegeversicherung erhalten, ist es zwar möglich, von den Pflegekassen bis zu 4.000 Euro je anspruchsberechtigter Person für wohnumfeldverbessernde Maßnahmen zu beantragen. Diese Summe ist jedoch oft nicht ausreichend, zumal nicht immer der Maximalbetrag von 4.000 Euro gewährt wird. Hier bedarf es einer kostendeckenden Lösung für diejenigen, die sich die Anschaffung technischer Assistenzsysteme aufgrund von niedrigen Renten nicht leisten können. Bisher schieben sich Pflegekassen, Krankenkassen, Vermieter, Kommunen, Landkreise, Landesregierung und Bundesregierung mit Verweis auf die jeweilige Kassenlage und die Verantwortung anderer gesellschaftlicher Akteure gegenseitig den „Schwarzen Peter" zu. Es sei allen Entscheidungsträgern auf politischer Ebene wie in Versorgungsstrukturen nahegelegt, sich das gewaltige mittel- und langfristige Einsparpotential assistiver Technologien gegenüber einer stationären Versorgung Pflegebedürftiger vor Augen zu führen, die zudem für viele hochaltrige Menschen eine deutliche Verbesserung ihrer Lebensqualität bedeuten – wenn es richtig gemacht wird.

Literatur

Bayliss, James & Sly, Frances (2010): Ageing across the UK. In: Office for National Statistics Regional Trends, 42, 2–28.
Bickel, Horst / Deutsche Alzheimer Gesellschaft e.V. (2016): Die Häufigkeit von Demenzerkrankungen. Berlin: Deutsche Alzheimer Gesellschaft.
Buckle, Peter (2014): Human factors that influence the performance of the telecare system. University of Leeds, Leeds. AKTIVE Working Paper 7.
Bundesverband Geriatrie e.V. (2010): Weißbuch Geriatrie: Die Versorgung geriatrischer Patienten: Strukturen und Bedarf – Status Quo und Weiterentwicklung, 2. Aufl. Stuttgart: Kohlhammer.
Department for Communities and Local Government (2008): Lifetime Homes, Lifetime Neighbourhoods. A National Strategy for Housing in an Ageing Society. London: Department for Communities and Local Government.
Falk, Juliane (2009): Basiswissen Demenz. Juventa, Weinheim.
Fernandez, Jose-Luis; Snell, Tom & Wistow, Gerald (2013): Changes in the patterns of social care provision in England: 2005/6 to 2012/13. Personal Social Services Research Unit (PSSRU) Discussion Paper 2867.

Fry, Gary (2014): Coping with Change: frail bodies and daily activities in later life. Leeds: University of Leeds (AKTIVE Working Paper 4).
Hamblin, Kate (2014): Lifestyles in Later Life: identity, choice and stigma. Leeds: University of Leeds (AKTIVE Working Paper 5).
Hasegawa, Yukiharu; Suzuki, Sadao & Wingstrand, Hans (2007): Risk of mortality following hip fracture in Japan. Journal of Orthopaedic Science, 12: 113–117.
Hoff, Andreas (2015): Current and future challenges of family care in the UK. London: Government Office for Science.
Hoff, Andreas; Yeandle, Sue; Hamblin, Kate & Koivunen, Emma-Reetta (2015): ‚Das AKTIVE-Projekt – 'Telecare' für sturzgefährdete und demenzkranke Menschen'. In: Honekamp, Wilfried & Preißler, Joachim (Hrsg.): Assistenz für höhere Lebensqualität im Alter. Remscheid: Re Di Roma-Verlag, 27–44.
Kiziak, Tanja; Kreuter, Vera; Michalek, Friederike; Woellert, Franziska & Klingholz, Reiner (2014): Stadt für alle Lebensalter. Berlin: Berlin-Institut für Bevölkerung und Entwicklung.
Klingholz, Reiner (2016): Deutschlands demografische Herausforderungen. Berlin: Berlin-Institut für Bevölkerung und Entwicklung.
Koivunen, Emma-Reetta (2014): Telecare and older people's social relations. University of Leeds, Leeds. AKTIVE Working Paper 3.
Kruse, Andreas & Wahl, Hans-Werner (2010): Zukunft Altern. Individuelle und gesellschaftliche Weichenstellungen. Heidelberg: Spektrum.
Lanzieri, Giovanni (2011): The greying of the baby boomers. A century-long view of ageing in European populations. Eurostat statistics in focus, 23/2011.
Lanzieri, Giovanni (2013): Towards a ‚baby recession' in Europe? Differential fertility trends during the economic crisis. Eurostat statistics in focus, 13/2013.
Matthews, Fiona E.; Arthur, Anthony; Barnes, Linda E.; Bond, John; Jagger, Carol; Robinson, Louise & Brayne, Carol on behalf of the Medical Research Council Cognitive Function and Ageing Collaboration (2013): A two-decade comparison of prevalence of dementia in individuals aged 65 years and older from three geographical areas of England: results of the Cognitive Function and Ageing Study I and II. The Lancet 382: 1405–1412.
Milisen, Koen; Staelens, Nele; Schwendimann, René; De Paepe, Leen; Verhaeghe, Jeroen; Braes, Tom; Boonen, Steven; Pelemans, Walter; Kressig, Reto W. & Dejager, Eddy (2007): Fall predictions in inpatients by bedside nurses using the St. Thomas's Risk Assessment Tool in Falling Elderly Inpatients (STRATIFY) instrument: a multicenter study. Journal of the American Geriatrics Society, 55: 347–354.
Nakamura, Takashi; Meguro, Kenichi & Sasaki, Hidetada (1996): Relationship between falls and stride length variability in senile dementia of the Alzheimer type, Gerontology, 42: 108–113.
Office for National Statistics (ONS) (2012): Statistics for parliamentary constituencies in England, Wales and Scotland. London: ONS.
Office of National Statistics (ONS) (2015): Birth Summary Tables, England and Wales: 2014. London: ONS.
Osnes, E. K., Lofthus, C. M., Meyer, H. E., Falch, J. A., Nordsletten, L., Cappelen, I. & Kritiansen, I. S. (2004): Consequences of hip fracture on activities of daily life and residential needs. Osteoporosis International, 15: 567–574.

Pickard, Linda; Wittenberg, Raphael; Comas-Herrera, Adelina; King, Derek & Malley, Juliette (2007): Care by spouses, care by children: Projections of informal care for older people in England by 2031. Social Policy and Society, 6(3), 353–366.

Prince, Martin; Knapp, Martin; Guerchet, Maelenn; McCrone, Paul; Prina, Matthew; Comas-Herrera, Adelina; Wittenberg, Raphael; Adelaja, Bayo; Hu, Bo; King, Derek; Rehill, Amritpal & Salimkumar, Dhanya (2014): Dementia UK. Second Edition. London: Alzheimer's Society.

Przyborski, Aglaja & Wohlrab-Sahr, Monika (2014): Qualitative Sozialforschung. 4. Aufl. Oldenbourg Verlag, München.

Shaw, Fiona E. & Kenny, Rose A. (1998): Can falls in patients with dementia be prevented? Age and Ageing, 27: 7–9.

Statistische Ämter des Bundes und der Länder (2010): Demografischer Wandel in Deutschland. Auswirkungen auf Krankenhausbehandlungen und Pflegebedürftige im Bund und in den Ländern. Wiesbaden: Statistisches Bundesamt.

Statistisches Bundesamt (2016): Statistisches Jahrbuch. Wiesbaden: Statistisches Bundesamt.

Statistisches Bundesamt (2017): Pflegestatistik 2015. Wiesbaden: Statistisches Bundesamt.

Statistisches Landesamt Sachsen (2013): Demografiemonitor Sachsen. http://www.demografie.sachsen.de/monitor/flash/atlas.html (18.10.2014).

Stromberg, Lars, Lindgren, Urban, Nordin, Conny, Ohlen, Gunnar & Svensson, Olle (1997): The appearance and disappearance of cognitive impairment in elderly patients during treatment for hip fracture. Scandinavian Journal of Caring Sciences, 11: 167–175.

Suzuki, Mizue, Kurata, Sadami, Yamamoto, Emiko, Makino, Kumiko & Kanamori, Masao (2012): Impact of Fall-Related Behaviors as Risk Factors for Falls Among the Elderly Patients With Dementia in a Geriatric Facility in Japan. American Journal of Alzheimer's Disease & Other Dementias, 27: 439–446.

Telecare Services Association (TSA) (2014): What is telecare? http://www.telecare.org.uk/consumer-services/what-is-telecare (18.10.2014).

Thiele, Gisela (2001): Soziale Arbeit mit alten Menschen. Köln: Fortis.

Yeandle, Sue (2014): Frail Older People and their Networks of Support: how does telecare fit in? Leeds: University of Leeds (AKTIVE Working Paper 2).

Yeandle, Sue, Buckle, Peter, Fry, Gary, Hamblin, Kate, Koivunen, Emma-Reetta & McGinley, Chris (2014): The AKTIVE project's social, design and prospective hazard research: research methods. Leeds: University of Leeds.

Technische Assistenzsysteme zu Hause - warum nicht? Vergleichende Evaluation von 14 aktuellen Forschungs- und Anwendungsprojekten

Sibylle Meyer

1 Einleitung

Das Angebot an technischen Hilfsmitteln und Assistenzsystemen nimmt stetig zu. Einfache Notruffunktionen sind bundesweit verbreitet und werden zum Teil über die Pflegeversicherung finanziert. Komplexere Systeme für das häusliche Umfeld wurden in den letzten Jahren in einer Vielzahl von Förderprojekten erprobt. Diese Systeme beruhen auf der internen Vernetzung der Wohnung und der technischen Vernetzung mit externen Dienstleistern. Diese Lösungen sind inzwischen ebenfalls in der Praxis angekommen.

Folgender Bericht gibt einen Überblick über die Erfahrungen von Mietern in Wohnungen mit solchen technischen Assistenzsystemen. Erkenntnisleitende Frage der Untersuchung war, ob und wie technische Assistenzsysteme die Alltagsbewältigung älterer Menschen unterstützen, ihre Selbständigkeit fördern und zu ihrer Wohnzufriedenheit beitragen. Empirische Basis ist die sozialwissenschaftliche Evaluation von 14 Good-Practice-Projekten von Wohnungsunternehmen, die technische Assistenzsysteme und begleitende Dienstleistungen einsetzen (vgl. genauer Meyer et al. 2015). Datenbasis der Studie sind 90 Fallstudien mit Mietern aus diesen Wohnprojekten. Darüber hinaus wurden 60 Experteninterviews mit Geschäftsführer von Wohnungsunternehmen, mit Projektleitern, Kunden- und Objektbetreuern und mit den Herstellern der in den ausgewählten Fallstudien eingesetzten Technologien geführt.

Die Datenerhebung wurde in den Wohnungen der Mieter vor Ort vorgenommen und folgt einer einheitlichen methodischen Vorgehensweise, so dass diese Daten miteinander vergleichbar werden (genauer hierzu Abschnitt 3). Sie erlauben Aussagen zu den Bedürfnissen, Wünschen und Sehnsüchten der älteren Menschen und zu ihrer Zufriedenheit mit dem vernetzten und/oder assistiven Wohnen. Es werden differenzierte Rückschlüsse darauf möglich, welche technischen Assistenzsysteme die Mieter in ihrem Alltag nutzen und welche Bedeutung sie für den Alltag haben. Herausgearbeitet werden konnte ebenfalls, welche Technologien zwar als attraktiv bewertet aber dennoch nicht verwendet werden, welche Nutzungsbarrieren dafür verantwortlich sind und welche nicht-technischen Hemmnisse überwunden werden müssten.

2 25 Jahre Forschung „Technische Assistenz für Ältere"

Die Forschung in Deutschland zum Thema Technische Assistenzsysteme für ältere Menschen geht zurück bis in die 80er Jahre des letzten Jahrhunderts. Betrachtet wurden zunächst technische Artefakte und Systeme, die beeinträchtigten Menschen ein selbständiges Leben und eine Erwerbstätigkeit ermöglichen sollten. Die Begriffsdefinition verweist auf die anglo-amerikanische Diskussion und die Definition des amerikanischen "Technology-Related Assistance for Individuals with Disability Act" aus dem Jahre 1988: „Assistive technologies include any item, piece of equipment, or product system, whether acquired commercially off the shelf, modified or customized, that is used to increase, maintain or improve the functional capabilities of individuals with disabilities" (Verza et al. 2006).

In den 1990er Jahren verschob sich die Forschungsperspektive in Deutschland von „individuals with disabilities" auf „Technik im Alter" und wurde in der DFG Forschergruppe sentha 1997-2003[1] gebündelt (Friesdorf & Heine 2007; Meyer et al. 2007). sentha brachte Grundlagenforschung auf den Weg, u.a. die erste deutsche Repräsentativstudie zu den Bedürfnissen älterer Menschen, die durch technische Assistenz adressiert werden können sowie zu den Technikanforderungen und der Technikakzeptanz älterer Menschen. Erste Anwendungsprojekte entstanden nach der Jahrtausendwende, gefasst unter dem Begriff „Smart Home für ältere Menschen", unter anderem in Kaiserslautern, Gifhorn, Krefeld, Hattingen und Bamberg (Meyer & Schulze 2009).

Ab 2008 wurde das Themenfeld vom BMBF aufgegriffen und in ein breites Forschungsprogramm „Ambient Assistive Technologies" überführt: „AAL-Ambient Assistive Technology" steht für Entwicklungen von Assistenzsystemen, die ältere Nutzer und Nutzerinnen in ihren alltäglichen Handlungen so gut wie möglich und nahezu unmerklich unterstützen und ihnen Kontroll- und Steuerleistungen abnehmen. AAL beruht auf dem Einsatz von Informations- und Kommunikationstechnik in den Gegenständen des täglichen Lebens und in der unmittelbaren Wohnung und Wohnumwelt" (VDE 2009). Die zunächst vorgenommene Fokussierung auf ältere Menschen wurde 2010 durch die Empfehlung des damaligen AAL-Expertenrats des BMBF erweitert auf alle Altersgruppen und jegliche Einschränkung sowie auf technikgestützte Dienstleistungen: „Technische Assistenzsysteme und flankierende Dienstleistungen (sollten) darauf gerichtet sein, die Potenziale und Ressourcen *aller Menschen*, also gleichermaßen von jungen und alten, von gesunden und chronisch kranken Personen oder von Menschen mit

---

[1] Interdisziplinäre Forschergruppe bestehend aus Arbeitswissenschaften (TU-Berlin, Prof. Friesdorf), Design (UDK, Prof. Heine), Kommunikationswissenschaften (BTU Cottbus Prof Fellbaum), Biomedizinische Technik (TU Berlin Dr. Roßdeutscher), Konstruktionstechnik (TU Berlin Prof Beitz), Sozialwissenschaften (Dr. S. Meyer; Dr. H. Mollenkopf) sowie Technik und Gesellschaft (TU Berlin: Dr. Dienel).

Behinderungen zu nutzen, sie zu bestärken und ihr Erfahrungswissen in die Gesellschaft einzubinden" (AAL-Expertenrat 2011). Zwischen 2008 und 2012 wurden vom BMBF dazu vier Forschungsprogramme auf den Weg gebracht, die insgesamt 54 Konsortialprojekte förderten, parallel zu diesen Aktivitäten engagierten sich weitere Bundes- und Landesministerien.[2] Die deutsche Forschungsförderung wurde auf europäischer Ebene durch das „AAL Joint Programme" flankiert, das zwischen 2008 und 2017 fast 100 europäische Konsortialprojekte unterstützt. Tabelle 1 gibt einen Überblick zu den nationalen AAL-Förderprogrammen (BMBF Ausschreibungen).

Tabelle 1: Nationale AAL-Förderung durch das BMBF seit 2008

Bekanntmachung	Laufzeit	Anzahl der Konsortialprojekte
Altersgerechte Assistenzsysteme – für ein gesundes und unabhängiges Leben zuhause	2008-2012	18
Mobil bis ins hohe Alter – Nahtlose Mobilitätsketten zur Beseitigung, Umgehung und Überwindung von Barrieren	2011-2015	14
Assistierte Pflege von morgen – Technische Unterstützung und Vernetzung von Patienten, Angehörigen und Pflegekräften	2012-2016	12
Mensch-Technik-Kooperation: Assistenzsysteme zur Unterstützung körperlicher Funktionen	2013-2017	10
Gesamt		54

Die meisten der eingesetzten komplexeren technischen Assistenzsysteme waren in Bezug auf Schnittstellen und Interoperabilität fragmentiert, unkoordiniert und häufig proprietär (Eichelberg 2012). Konkurrierende Netzwerk-Topologien, Kommunikationsprotokolle und divergierende Ansätze für die Informationsverarbeitung und Datenhaltung prägten das Bild. Was lange fehlte war eine Einigung auf wenige Schnittstellenstandards, mit deren Hilfe die Mehrzahl der Anwendungen abgedeckt werden kann, die einen Datenaustausch zwischen unterschiedlichen Geräten und IT-Systemen erfordern. Erst in den letzten beiden Jahren zeichnet sich hier ein langsamer Wandel ab: zunehmend mehr Hersteller arbeiten mit offenen Schnittstellen und lassen zu, dass andere Anbieter auf ihre Systeme aufsetzen.

---

[2] Herauszuheben sind die Aktivitäten des Bundesministeriums für Familie, Senioren, Frauen und Jugend, Abteilung „Ältere Menschen".

Das erste Förderprogramm (2008 – 2012) richtete sich auf den Einsatz technischer Assistenzsysteme in der Häuslichkeit älterer Menschen und förderte die Entwicklung, aber auch explizit die Erprobung der entwickelten Systeme in der Praxis, d.h. die Projekte statteten Wohnungen von älteren Menschen mit assistiven Technologien aus und gaben den Mietern die Möglichkeit, die jeweiligen Systeme im Alltag zu erproben. Leider wurde das Förderprogramm nicht durch eine systematisch vergleichende sozialwissenschaftliche Evaluation der Erfahrungen der Nutzer begleitet. Das dadurch entstandene Wissensdefizit führte zu der hier vorgestellten vergleichenden Evaluationsstudie.

3 Stand der Praxis in der Wohnungswirtschaft

Die Identifikation und Klassifikation der untersuchten 14 Good Practice Projekte erfolgt durch ein mehrstufiges Verfahren:

a) Abfrage bei allen im GdW zusammengeschlossenen Wohnungsunternehmen nach relevanten Projekten in ihren Beständen (Erhebungszeitraum: 28.02.-18.03.2013) mit einem Rücklauf von n=121 aus dem gesamten Bundesgebiet.

b) Analyse des Rücklaufs und Identifikation von 59 Projekten, die technische Assistenzsysteme einsetzen.

Tabelle 2: Rücklauf der schriftlichen Erhebung

Beschreibung	Anzahl
Anfrage an alle Unternehmen, die im GdW zusammengeschlossen sind	121
Projekt mit technischer Assistenz	59
keine Projekte mit technischer Assistenz	47
Antworten nicht auswertbar	13

c) Die identifizierten 59 Projekte wurden anhand dieser Kriterien klassifiziert:
 – Sind die Wohnungen im Erhebungszeitraum tatsächlich bewohnt? (d.h. Musterwohnungen und Showrooms wurden aussortiert)
 – Welche Technik wurde eingebaut?
 – An welche Zielgruppen richtet sich das Projekt?
 – Werden öffentliche Mittel eigesetzt oder ist dies nicht der Fall?

Ergebnis dieser Analysen ist die Identifikation von 14 Good-Practice-Projekten, die diesen Analysekriterien gerecht wurden.

Technische Assistenzsysteme zu Hause - warum eigentlich nicht?

Tabelle 3: Identifizierte Good Practice Projekte und analysierte Fallstudien

Wohnungsunternehmen	Projektname	Anzahl der ausgestatteten Wohnungen
GEWOBAU Erlangen	Modellprojekt „Kurt-Schumacher-Straße"	60
Kreiswohnbau Hildesheim	Argentum am Ried	25
WBG Burgstädt e. G. –	Die mitalternde Wohnung"	11
Gemeinnützige Baugesellschaft AG Kaiserslautern	Wohnen mit Zukunft – Ambient Assisted Living	39
Gemeinnützige Baugenossenschaft Speyer	Assistenzsysteme im Quartier	10
DOGEWO21 Dortmunder Gesellschaft für Wohnen mbH	WohnFortschritt	3
Joseph-Stiftung Bamberg	Wohnen mit Assistenz – Wohnen mit SOPHIA und SOPHITAL	110 60
degewo Berlin	Sicherheit und Betreuung – SOPHIA Berlin	140
SWB Schönebeck	Selbstbestimmt und sicher zu Hause	255
WEWOBAU e. G. Zwickau –	Technische Assistenz zur Energieoptimierung	32
HWG Hennigsdorf	Mittendrin – Wohnen mit Service Cohnsches Viertel	60 12
Wohlfahrtswerk Baden-Württemberg	EasyCare	15
GEWOBA Potsdam mbH	Smart Senior	35
GWW Wiesbaden	WohnSelbst	15
Wohnungen insgesamt		882
Analysierte Fallstudien		90

Diese 14 Projekte wurden in den Jahren 2012 bis 2015 von der Projektgruppe aus sozialwissenschaftlicher (SIBIS Institut), technischer Perspektive (GdW) sowie ökonomischer Perspektive (InWIS Institut) untersucht (Meyer et al. 2015). Die Projekte unterscheiden sich hinsichtlich der adressierten Zielgruppen (Alter, Haushaltszusammensetzung, Bildungsniveau und Technikbiographie). Sie unterscheiden sich ebenfalls nach den technischen Vernetzungskonzepten sowie den verbauten Sensoren und Aktoren. Vergleichbar sind jedoch die in den Projekten

angebotenen Anwendungsfeldern der Technik. Auf diese Anwendungsfelder richtet sich die Analyse.

Tabelle 4: Ausgewählte Fallstudien nach technischen und sozialwissenschaftlichen Kriterien (n=14)

Kriterien	Ausprägung	Häufigkeit
Zielgruppen	Alle Bewohner	11
	Ältere Menschen / Senioren	7
	Menschen mit Handicaps	6
Wohnform	Bestand	11
	Neubau	8
Technische Kriterien	Kabelbasierte Netze	7
	Funkbasierte Netze	11
Anwendungsfelder	Sicherheitsanwendungen	12
	Komfort	9
	Kommunikation/ Information	9
	Gesundheit	9
	Energie	5

Die sozialwissenschaftliche Studie stützt sich auf 90 Fallstudien mit Mietern aus diesen 14 Projekten. Die Befunde wurden ergänzt durch Befragungsergebnisse, die einzelne Projekte selbst durchgeführt haben (Balasch et al. 2014; Gövercin et al. 2016; Schelisch 2014; Spellerberg & Schelisch, 2012, Meyer & Fricke 2012, 2014, Meyer 2010, VSWG 2012). Hinzu kommen die Ergebnisse von 60 Interviews mit den Geschäftsleitungen der Wohnungsunternehmen, den jeweiligen Projektleitern, Kunden- und Objektbetreuern sowie mit den Herstellern der eingesetzten Technologien. Pro Projekt wurden zusätzlich zu den Mieterbefragungen durchschnittlich 4 ausführliche teilstandardisierte Interviews durchgeführt.

Die Mieter-Evaluationen folgten einem standardisierten methodischen Verfahren: die Datenerhebung wurde durchgeführt in der Wohnung der Probanden jeweils durch den gleichen Wissenschaftler. Durchgeführt wurde jeweils eine teilnehmende Beobachtung, ein teilstandardisiertes Interview, ein Usability Tests sowie die Erhebung eines Fragebogens. Die technikbezogenen Daten wurden kontextualisiert durch narrative Interviews zu den Technikerfahrungen der Mieter, zu ihrem Alltagsleben, ihrer Wohnsituation sowie zu ihren Bedürfnissen, Wünschen und Sehnsüchten. Dies erlaubt Rückschluss darauf, welche technischen Assistenzsysteme die Mieter in ihrem Alltag nutzen und welche Bedeutung sie für den Alltag haben. Herausgearbeitet werden konnte ebenfalls, welche Technologien zwar als attraktiv bewertet aber dennoch nicht verwendet werden, welche Nutzungsbarrieren dafür verantwortlich sind und welche nicht-technischen Hemmnisse überwunden werden müssten.

Abbildung 1: Stichprobe der evaluierten Fallstudien nach dem Alter der Mieter

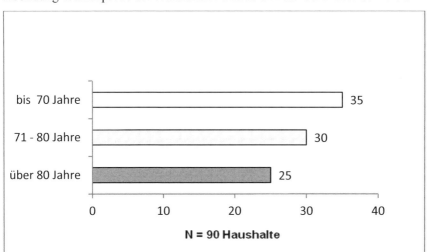

Die durchgeführte Untersuchung erbringt eine Vielzahl von Ergebnissen zur Attraktivität der gebotenen Assistenzsysteme sowie zu der Nutzungsbereitschaft und zu den Nutzungsgewohnheiten der Mieter. Sie zeigen, wie unterschiedlich die technischen Systeme bewertet werden – in Abhängigkeit von der Lebenssituation der Betroffenen, ihrem aktuellen Unterstützungsbedürfnis, ihrer Technikaffinität und nicht zuletzt dem Vorhandensein alternativer, nicht-technischer Ressourcen (Familie, Freunde, Nachbarschaft).

Wichtiges Ergebnis ist, dass die Zweckmäßigkeit technischer Assistenzsysteme, also ihr Nutzen für den Mieter, eine wichtige, aber nicht hinreichende Voraussetzung ihrer Akzeptanz ist; hinzu kommen muss eine benutzerfreundliche Bedienung, Robustheit und geringe Fehleranfälligkeit der Technik, attraktive Dienstleistungen sowie die Gewährleistung einer Vielzahl von Faktoren, die weder Technik noch das Dienstleistungsangebot adressieren, sondern als nicht-technische Einflussfaktoren gekennzeichnet werden können.

4 Attrakivität der angebotenen technischen Lösungen

Die Studienergebnisse zeigen deutlich, dass die subjektive Bewertung der Attraktivität des jeweiligen technischen Assistenzsystems ihr Nutzen für die *aktuellen* Bedürfnisse und die *gegenwärtige* Lebenssituation ist. Ältere Menschen sind nur selten bereit, sich technisch präventiv aufzurüsten, etwa in Vorausschau einer zukünftig wahrscheinlichen Mobilitätseinschränkung oder kognitiven Beeinträchtigung. Die Anschaffung von *aktuell* noch nicht benötigter technischer Assistenz – auch wenn diese in Zukunft durchaus zur Selbständigkeit im höheren Alter beitragen könnte - würde eine aktive Auseinandersetzung mit dem Älterwerden, einer möglichen gesundheitlichen Einschränkung oder Gebrechlichkeit bedeuten. Diese Aspekte werden jedoch zumeist aus dem Tagesbewußtsein ausgeblendet und stehen deshalb nicht zur aktuellen Entscheidungsfindung zur Verfügung.

4.1 Sicherheit

Technische Systeme zur Erhöhung der Sicherheit stehen im persönlichen Ranking der befragten Bewohner weit oben; gleichzeitig sind Sicherheitssysteme in den Praxisprojekten am weitesten verbreitet.

Rauch-, und Wassermelder:

Der Nutzen von Rauch- sowie Leckagemeldern und der dadurch mögliche Schutz der Wohnung sowie letztlich des eigenen Lebens sind den befragten Mieter durchgängig einleuchtend. Dies gilt insbesondere für Melder, deren Signal aus der Wohnung an Nachbarn (um sie zu warnen) oder direkt an einen angeschlossenen Sicherheitsdienst weitergeleitet wird. Der Einsatz solcher Systeme wird nicht durch mangelnde technische Lösungen behindert, sondern vielmehr durch Kosten und haftungsrechtliche Fragen bei Fehlalarmen.

Sicherheit an der Wohnungstür:

Die Befragung zeigt, wie wichtig für die befragten Meter eine einbruchsichere Wohnungstür sowie die Sicherheit *vor* der Wohnungs- und der Eingangstür des Gebäudes sind.[3] Als ambivalent hingegen werden Displays bewertet, die dem Nutzer anzeigen, wenn der vergessen hat, Eingangs- oder Terrassentür bzw. Fenster zu schließen (z.B. SmartSenior, Kaiserslautern, Burgstädt). Die Fenster

---

[3] Gewünscht werden vor allem einbruchsichere Türen und einbruchsichere Schlösser.

vor dem Weggehen zu schließen ist für ältere Menschen ein lebenslang konditioniertes Muster. Dass man gar vergisst, die Eingangstür zu schließen, ist für viele der Befragten schwer einzugestehen.

Für die Bewertung des jeweiligen Systems ist es wesentlich, wo in der Wohnung die Erinnerung erfolgt: Festinstallierte Displays an der Eingangstür (z.B. Burgstädt) erweisen sich aus Mietersicht als praktisch. Eine Meldung auf ein portables Tablet (ARGENTUM, Kaiserslautern, Speyer) sind weniger überzeugend: Die Mieter berichten, dass sie vergessen, in der Eile des Aufbruchs das Tablet einzusehen oder es dann einfach nicht so schnell finden.

Meldungen auf ein Smartphone wurden im Untersuchungszeitraum (2012-2015) noch kaum gefunden (die Verbreitung der Smartphones in der untersuchten Altersgruppe steigt erst in den letzten Jahren erheblich), werden jedoch inzwischen von älteren Smartphone Usern insbesondere dann präferiert, wenn er/sie sich daran gewöhnt hat, das Handy immer mitzunehmen.

Türen durch Dritte öffnen:

Die Absicht, die Wohnungstür technisch so auszurüsten, dass sie ohne Schaden im Notfall von Dritten geöffnet werden könnte, geht weniger von den Mietern sondern eher von den Wohnungsunternehmen oder den ambulanten Pflegediensten aus. Die Einstellung der dazu befragten Mieter ist zwar prinzipiell positiv, doch wäre eine Nachrüstung der Eingangstür auf eigene Kosten keine Option. Wäre diese Funktion allerdings standardmäßig in der Wohnungstür eingebaut, würde dies als Mehrwert angesehen.

Video-Sicherung der Haus-Eingangstür:

Alle befragten älteren Mieter haben Sorge, dass sich Fremde in das Gebäude eindringen und sie an der Wohnungstüre überraschen könnten. Entsprechend geschätzt wird die Video-Sicherung des Hauseingangs oder des Laubenganges. Die in einzelnen Projekten eingesetzten Video-Anrufbeantworter werden ebenfalls als vorteilhaft bewertet. Die Video-Überwachung der Hauseingangstür ist verhältnismäßig aufwändig und wurde nur in wenigen Neubauprojekten gefunden.

Automatisches Abschalten von Geräten bei Abwesenheit

Eine „Alles-aus-Taste" an der Wohnungstür wird von allen Befragten, die dies zur Verfügung hatten, prinzipiell als sehr nützlich eingeschätzt. So einleuchtend die Funktion für die Mieter ist, so schwierig ist eine komfortable technische Umsetzung: Wird der „Alles-Aus" Schalter gedrückt, wird der Stromkreis für bestimmter Steckdosen (z.B. HiFi-Anlage, TV) und vielfach auch für den Elektroherd unterbrochen. Das automatische Abstellen dieser Gefahrenquelle ist zwar sinnvoll, doch in der Praxis in allen untersuchten Projekten lästig, da dann ja die Stromzufuhr für die eingebauten Digitaluhren in den Herd ebenfalls unterbrochen wird.[4] Nach jeder Rückkehr in die Wohnung muss der Mieter seine Digitaluhr neu einstellen, dies ist lästiger als die eigentlich als attraktiv bewertete Funktion. Dies zeigt die Grenzen der Akzeptanz: eine nützliche Lösung muss gleichfalls alltagspraktisch sein, wenn sie nicht in Gefahr laufen will durchzufallen.

Anwesenheitssimulation

Die Anwesenheitssimulation bei Abwesenheit, realisiert zumeist durch Lichtszenarien in der Wohnung, soll dem älteren Mieter ein Gefühl von Sicherheit geben, wenn er nicht zu Hause ist. Diese Anwendung wurde in früheren Forschungsprojekten häufig erprobt (z.b. Meyer, Schulze 2009), in den 2013/14 identifizierten Praxisprojekten aber kaum noch umgesetzt. In den wenigen Projekten, die die Anwesenheitssimulation mit dem „Alles-Aus-Schalter" koppeln (z.b. Argentum), berichten die Mieter eher von Irritationen als von Entlastung oder einer Unterstützung des subjektiven Sicherheitsgefühls. Die Ergebnisse der Evaluation legen nahe, dass die Anwesenheitssimulation für Mieter im Geschosswohnungsbau weniger attraktiv ist für Bewohner von freistehenden Einfamilienhäusern.

Stolperschutz - intelligentes Nachtlicht

Ein automatisches Nachtlicht soll die Sturzgefahr in der Nacht reduzieren (Beispiele: Erlangen, SmartSenior, Hennigsdorf, Burgstädt). Die Bewertung dieser Funktion durch die Mieter ist ebenfalls ambivalent: obwohl der Nutzen allen Befragten abstrakt einleuchtet, wird sie nicht in jedem Kontext gewünscht. Die durchgeführten Evaluationen zeigen, dass die Attraktivität auch hier wieder an der Alltagstauglichkeit messen lassen muss: ist das Nachtlicht im Schlafzimmer angebracht und wird es durch Bewegungssensor gestartet, können heftigere Bewegungen im Bett bereits zur Beleuchtung führen oder beim Verlassen des Bettes den Partner stören (z.B. Erlangen). Dies gilt auch, wenn eine Flurlampe mit dem Bewegungsmelder verbunden und das automatische Nachtlicht zu hell ist (z.B. SmartSenior oder Cohnsches Viertel).
  In mehreren der untersuchten Fallbeispiele wurde das automatische Nachtlicht von den Mietern abgestellt oder, wenn dies nicht möglich war, die Bewegungsmelder überklebt.

---

[4] Nach Auskunft der Projektbetreiber gibt es aktuell auf dem deutschen Markt keine Elektroherde ohne eingebaute Digitaluhren.

Technische Assistenzsysteme zu Hause - warum eigentlich nicht?

Automatischer (Haus-)Notruf plus Betreuung

Das immer noch meistverbreitete Hausnotrufkonzept fordert den Nutzer auf, täglich durch einen Tastendruck dem Hausnotrufanbieter mitzuteilen, dass alles in Ordnung ist. Nur ein Teil der Projekte kann dem Mieter einen verbesserten Service bieten. Zu nennen sind das SOPHIA-Konzept mit der VIVAGO-Armbanduhr, das Vitaldaten an die Zentrale überträgt und die Aktivitätskontrolle des PAUL-Systems (siehe unten). Andere Projekte verwenden das traditionelle Konzept als Rückfallposition zu den innovativeren Lösungen (ARGENTUM, EasyCare; Schönebeck, etc.), um Ausfälle der Systeme abzufangen.

Die Mieter finden es erleichternd, wenn das tägliche Drücken der Tagestaste wegfällt und durch eine automatische Meldung aus der Wohnung ersetzt wird. Die Hausvernetzung ermöglicht beispielsweise, das Einschalten des Wasserkochers oder des Fernsehgeräts als Signal an die Hausnotrufzentrale weiter zu geben. Sehr positive Erfahrungen mit dieser Lösung liegen im Projekt ARGENTUM vor.

Besonders attraktiv aus Nutzersicht ist die Koppelung des Sicherheitssystems mit der zugehenden Betreuung durch ehrenamtliche Mitarbeiter des Sicherheitsservices (z.B. SOPHIA oder die TeleZentrale in Schönebeck). Ein regelmäßiger zugehender Anruf der Mitarbeiter gewährleistet, dass auch schleichende Verschlechterungen des Gesundheitszustandes frühzeitig erkannt werden und darauf mit der Benachrichtigung von Verwandten, Einschalten von Beratungsstellen oder Anbieten von haushaltsnahen Diensten oder ambulanter Pflege reagiert werden kann. Dies wertet die Attraktivität des Low-Tech-Hausnotrufs bei den Mietern deutlich auf; ein besonders gutes Beispiel hierfür ist das Projekt „Sicher zu Hause" der SWB Schönebeck.

(Haus-)Notruf plus Videokontakt

Eine weitere Anwendung zur Erhöhung der Sicherheit sind videobasierte Systeme. Drückt der Mieter einen Notfallknopf kann er einen direkten Blickkontakt zu einem Mitarbeiter des angeschlossenen Callcenters herstellen, so dass dieser den Mieter sehen und evtl. auch die Wohnung des Klienten mit Hilfe der Kamera überblicken kann. Insbesondere die Evaluation des SmartSenior-Projektes hat gezeigt, dass der Video-Kontakt mit einem involvierten Sicherheitsdienstleister (dort die Johanniter Unfall-Hilfe) ausschlaggebend für den Erfolg des gesamten Feldversuchs war. Für die interviewten Mieter war der Video-Kontakt zu den Mitarbeitern des Callcenters einer der beiden attraktivsten erprobten Anwendungen (Gövercin et al. 2016; Meyer & Fricke 2012).

(In-)Aktivitätskontrolle

Systeme zur (In)-Aktivitätskontrolle sind bei den Befragten umstritten: der durchaus überzeugende Nutzen ist häufig gekoppelt mit dem unguten Gefühl, in der eigenen Wohnung überwacht zu werden. Insbesondere hier werden Konzepte und Lösungen benötigt, die die Daten des einzelnen und dessen Privatsphäre glaubhaft schützen. Für den Einzelnen ist es schwierig, den antizipierten Zugewinn an Sicherheit gegen die befürchtete Gefährdung der eigenen Privatheit abzuwägen. Sind die Einschränkungen der persönlichen Gesundheit und Mobilität sehr gravierend und damit der antizipierte Zugewinn an persönlicher Sicherheitsgefühl sehr hoch, werden mögliche Datenschutzprobleme und die befürchtete Gefährdung der eigenen Privatheit eher hingenommen. Mobile Personen sehen einen geringeren Nutzen und gewichten Datenschutzprobleme entsprechend höher.

Erste Projekte, die Systeme der Inaktivitätskontrolle bereits länger einsetzen (z.B. Wohlfahrtswerk, Kaiserslautern) weisen darauf hin, dass die anfänglichen Bedenken der Mieter im Laufe der Zeit nachlassen, insbesondere dann, wenn sie ein vertrauensvolles Verhältnis zum Vermieter haben und dieser die datenschutzrechtlichen Lösungen schlüssig vermitteln kann (z.B. Schelisch 2014).

4.2 Alltagsunterstützung/Komfort

Technische Assistenzsysteme, die die Alltagsverrichtungen der Mieter effektiv unterstützen, sind in den Good Practive Projekten noch selten. In den identifizierten Beispielen geht es eher um die Erhöhung des Wohnkomforts wie z.B. die Steuerung von Beleuchtung, Temperatur und Jalousien. Zur Alltagsunterstützung werden haushaltsnahe Dienstleistungen sowie ehrenamtliche Unterstützung angeboten, die von den Mietern insbesondere dann sehr positiv bewertet werden, wenn sie niederschwellig und kostengünstig sind.

Lichtsteuerung

In den Praxisprojekten wurden steuerbare Schalter und häufig auch eine zentrale Steuerung der Wohnungsbeleuchtung über Tablet oder Smart Phone angboten sowie die Einrichtungen von Lichtszenarien zu unterschiedlichen Anlässen (gedimmtes TV-Licht, bestimmte Beleuchtung beim Eintritt in die Wohnung, etc.). Weiterhin findet sich die Möglichkeit, die gesamte Wohnungsbeleuchtung mit einem Knopfdruck vom Bett aus oder beim Verlassen der Wohnung abzuschalten. Die Attraktivität dieser Lichtsteuerungen wird von den befragten Mietern sehr unterschiedlich bewertet. Jüngere Mieter bewerten sie als attraktives modernes Komfortmerkmal ihrer Wohnung. Die älteste Gruppe (über 80 Jahre) findet diese Angebote häufig zunächst überflüssig, gewöhnt sich nur langsam an diese Komfortmerkmale, aber möchten sie nach einiger Zeit nicht mehr missen (Kaiserslautern, Wohlfahrtswerk).

Die durchgeführten Evaluationen zeigen durchgängig, dass parallel zu einer automatisch steuerbaren Beleuchtung eine händische Schaltung erhalten bleiben sollte, um Unzufriedenheiten zu vermeiden (z.b. Erlangen, Hennigsdorf). Auch sollte es dem Mieter ermöglicht werden, die für ihn eingerichteten Tablet-gesteuerten Szenarien individuell zu verändern; ist er dazu technisch nicht in der Lage, müsste ein entsprechender technischer Support gewährt werden.

Temperatursteuerung

In einigen der identifizierten Fallbeispiele werden elektronische Heizungsthermostate eingesetzt, die eine Einzelraumsteuerung der Temperatur ermöglichen. Dieser Komfort wurde von allen interviewten Probanden geschätzt. Dies gilt vor allem für Reduktion der Temperatur bei längerer täglicher Abwesenheit (relevant vor allem für Personen, die im regelmäßigen Rhythmus außer Haus sind) sowie das Anwärmen des Bads kurz vor dem Aufstehen.

Doch auch hier steckt der Teufel im Detail: die durchgeführten Hausbesuche zeigen, dass nicht alle Mieter mit den Steuerelementen zurechtkommen: die Zimmertemperatur nicht mehr direkt am Heizkörper einzustellen, ist ungewohnt, die Usability der eingesetzten Steuerelemente ist nicht hinreichend, da sich die verwendeten Symbole nicht von selbst erklären und die Symbole und Zahlen für kurzsichtige Nutzer zu klein und die Kontraste zu schwach sind.

Jalousiesteuerung

Automatische Jalousiesteuerungen sind in den untersuchten Praxisprojekten wenig vertreten. Szenario-Steuerungen, die die Jalousie in Abhängigkeit von der Sonneneinstrahlung steuern oder gar mit einer Absenkung der jeweiligen Heizkörper koppeln, wurden nicht gefunden.

Jüngere Mieter schätzen automatische Steuerungen durchaus als attraktives modernes Komfortmerkmal ihrer Wohnung; ältere Mieter finden diese Angebote anfangs überflüssig, gewöhnen sich - ähnlich wie bei der Temperatursteuerung - jedoch in der alltäglichen Praxis schnell an dieses Komfortmerkmal (Kaiserslautern, Wohlfahrtswerk). Einige Mieter (z.B. im Betreuten Wohnen im Projekt ARGENTUM) argumentierten, dass ihnen eine motorgetriebene Jalousie mit Schalter an der Wand ausreichen würde („dann bewege ich mich wenigstens etwas").

Haushaltsnahe Dienstleistungen

In den meisten Projekten werden haushaltsnahe Dienstleistungen für die Mieter angeboten oder ehrenamtliche Hilfe vermittelt. Die Vermittlung dieser Services wird unterschiedlich gelöst. Ein Teil der untersuchten Praxisbeispiele vermittelt Dienstleistungen technisch unterstützt, d.h. Dienstleistungsanbieter in der Umgebung und deren Dienste sind auf einem Tablet in der Wohnung abrufbar. Andere Unternehmen, wie z.b. die ProPotsdam bieten ein breites Spektrum von Dienstleistungen an, die via Telefon angefordert werden können.

Die Erfahrungen mit der Vermittlung von marktgängigen Dienstleistungen über Tablets waren im Beobachtungszeitraum wenig erfolgversprechend: Für jüngere technikaffine Mieter ist das Ordern von Dienstleistungen vertrauter, sie sind jedoch in der Lage, ihre Wünsche im Internet selbst zu organisieren. Für ältere wenig technikaffine Mieter kommen zwei Barrieren zusammen: sie sind es nicht gewohnt, Dienstleistungen in größerem Maße in Anspruch zu nehmen und die Nutzung der Tablets ist ungewöhnlich. Vertraut ist die Vermittlung durch persönliche Empfehlung im Familien- und Bekanntenkreis. Am ehesten gewünscht wird die Lieferung schwerer Getränke, kleine Handwerkerarbeiten etc.

Gut bewertet wird die Vermittlung niederschwelliger ehrenamtlicher Dienste. Deutliche Erfolge haben hier die Joseph Stiftung oder die degewo aufzuweisen (SOPHIA). Sie vermitteln für einmalige Unterstützung im Haushalt ehrenamtliche Mitarbeiter oder kostengünstige Lösungen für regelmäßige Unterstützung wie kleine Reparaturen, Fensterputzen, Gardinen abnehmen oder Einkäufe. Im Betreuten Wohnen ist das Angebot von kleinen Handreichungen und Handwerkerdienste ebenfalls selbstverständlich (ARGENTUM, Wohlfahrtswerk, Kaiserslautern). Das Wohlfahrtswerk hat zur Erledigung kleiner Handwerksarbeiten sowie der notwendigen Wartungen der technischen Assistenzsysteme die Funktion des „Service-Helfers" geschaffen, andere Projekte vermitteln Haushaltshilfe über Partner aus ihrem Netzwerk (Schönebeck).

Direkter Draht zum Vermieter

In einigen Forschungsprojekten wurde erprobt, wie die Kommunikation zwischen Mieter und Wohnungsunternehmen optimiert werden könnte. Dies verfolgt einen doppelten Zweck: dem Mieter soll mehr Komfort geboten und die Kundenbetreuung der Wohnungsbaugesellschaften soll effektiviert werden. Eine Möglichkeit dabei ist, dass sich der Mieter via Video-Kommunikation an seinen Kundenberater bei der wohnungsbaugesellschaft wendet, etwa um Nachfragen zu seiner Miete zu stellen oder Schadensmeldungen zu platzieren. Bei den Mietern aus dem SmartSenior-Projekt bestand hierfür durchaus Interesse.

Ebenfalls erprobt wurde die Möglichkeit, Informationen des Vermieters bzw. Trägers des Betreuen Wohnens via Tablet an die Mieter zu verteilen. Dies

Technische Assistenzsysteme zu Hause - warum eigentlich nicht? 161

können Hausinformationen sein, die bislang nur im Hausflur als Aushang angebracht waren oder Informationen über Veranstaltungen oder Angebote des Betreuten Wohnens (ARGENTUM, Kaiserslautern).

4.3 Kommunikation und soziale Einbindung:

Außerhäusliche Aktivitäten werden mit zunehmender körperlicher Einschränkung beschwerlicher, soziale Kontakte bleiben aber sehr wichtig. Die Mehrzahl der für diese Untersuchung befragten Mieter hat Interesse an sozialen Beziehungen und an gemeinsamen Unternehmungen. Die Mehrzahl der identifizierten Projekte zielt auch auf die Stärkung der Kommunikation und letztlich auf die Verhinderung von Vereinsamung. Die hierfür eingesetzten technischen Assistenzsysteme sind unterschiedlich.

Videokommunikation mit Verwandten und Freunden

In verschiedenen untersuchten Praxisprojekten wurde den Mietern Videokommunikation mit einer besonders bedienfreundlichen Oberflächen angeboten. Diese Form der Kommunikation wurde von allen interviewten Mietern, die dazu Kontakt hatten, geschätzt. Einige der befragten jüngeren Mieter (60-70 Jahre) hatten vorher „Skype-Erfahrung" oder entsprechend Software auf ihrem Smart Phone oder Laptop. Für ältere nicht technikaffine Mieter (>70 Jahre) hingegen war die Bildkommunikation neu, „skypen" gehörte für sie nicht zum Alltagsrepertoire.

Die durchgeführten Usability-Tests zeigen, dass gerade diese älteren Mieter einfache Oberflächen brauchen, um die attraktiv bewerteten Funktion auch zu nutzen; Skype-Oberflächen sind für diese Mietergruppe nicht hinreichend. Hinreichend benutzerfreundliche Angebote werden in Kaiserslautern eingesetzt (PAUL) und wurden auch im Forschungsprojekt SmartSenior mit Erfolg erprobt (TELEKOM). Die Befragungen der Unternehmen zeigen, dass durchaus Interesse bestünde, ihren Mietern entsprechende Angebote zu machen; marktgängige benutzerfreundliche und kostengünstige Angebote sind noch rar.

Neue Freunde finden per Videokommunikation

In einzelnen Forschungsprojekten wurde erprobt, wie es gelingen kann durch video-basierte „Partner-Finder" neue Kontakte mit Gleichgesinnten zu knüpfen. Hier geht es um Web-basierte Community-Lösungen, die Personen und ihre Interesse vorstellen und es anderen ermöglichen, durch wenige Klicks Kontakt aufzunehmen.

Die Erfahrungen in Forschungsprojekten mit einem solchen Angebot sind positiv, die überwiegende Mehrheit der Mieter, die diese Möglichkeit hatten, fand diese Funktion attraktiv, insbesondere dann, wenn die zu findenden Gleichgesinnten aus der Nachbarschaft oder dem gleichen Quartier stammen. Allerdings ist ein solches Angebot noch nicht technisch ausgereift genug, als dass es in den evaluierten Praxisprojekten eingesetzt werden wurde.

„Schwarzes Brett" zur Aktivierung der Nachbarschaft

Zur Aktivierung nachbarschaftlicher Aktivitäten – sei es innerhalb eines Gebäudes (ARGENTUM, Kaiserslautern) oder innerhalb des Quartiers (Speyer, SmartSenior) wurde in den identifizierten Projekten die sog. „Schwarzes Brett-Funktion" eingesetzt. Die Idee hierbei ist, dass ein Mieter für alle anderen Mieter Informationen, Ideen oder Vorschläge zur Verfügung stellen kann. Auch eine Betreuungskraft im Betreuten Wohnen oder der Kundenberater des Unternehmens kann hier Informationen für alle Mieter platziert. Technische Plattform sind Tablet-PCs verbunden mit einer Webapplikation.

Die Befragung der Mieter, die solche Möglichkeiten haben, zeigt die Attraktivität der Lösungen. Informationen über Angebote im Haus (Betreutes Wohnen) oder über Aktivitätsmöglichkeiten mit anderen Mietern zu bekommen, ist attraktiv. Positive Befunde stammen aus dem ARGENTUM, dem Smart Senior Projekt oder von Mietern aus Kaiserslautern und Speyer vor, die das PAUL-System nutzen können.

4.4 Gesundheit und Betreuung

Assistenzsysteme, die sich auf die gesundheitliche Versorgung, Prävention oder Rehabilitation zu Hause beziehen, sind in den evaluierten Projekten selten. In dem Untesuchungszeitraum der Studie waren sie im Alltagskontext älterer Menchen noch wenig angekommen, sondern wurden erst in Forschungsprojekten erprobt (u.a. SmartSenior, WohnSelbst). Der Einsatz technischer Assistenzsysteme zur Gesundheit scheitert an der noch nicht adäquaten Kooperationsstrukturen zwischen den medizinischen Versorgungspartnern, telemedizinischen Zentren sowie an der nicht geregelten Abrechnungsmöglichkeiten technikbasierter Dienste. (z.B. Ortner et al. 2013)

Monitoring von Vitalwerten, wie Gewicht oder Blutdruck

Das Monitoring von Vitalwerten wird in den Angeboten von SOPHIA/ SOPHITAL umgesetzt durch die Vivago-Pulsuhr. Das SOPHIA-Monitoring ist nicht hinterlegt verbunden mit medizinischen Versorgungszentren, die ein qualifiziertes medizinisches Feedback geben könnten. Vielmehr werden die Werte benutzt, um ein (In-)Aktivitätsmonitoring durchzuführen.

Die Befragung zeigt jedoch die prinzipiell hohe Attraktivität telemedizinischer Anwendungen, insbesondere bei chronisch Kranken (Diabetes, oder Adipositas) oder multimorbiden Klienten. Die Attraktivität, die eigenen Vitalwerte regelmäßig zu messen und an ein medizinisches Versorgungszentrum übertragen zu lassen, steht und fällt jedoch mit dem erwarteten qualifizierten medizinischen Feedback. Gewünscht werden konkrete Handlungsanweisungen oder die Empfehlung, einen Arzt aufzusuchen, wenn die Vitalwerte Unregelmäßigkeiten aufweisen. Am attraktivsten aus der Sicht der Befragten wäre ein Monitoring durch den eigenen Hausarzt.

Großer Bedarf für gesundheitsbezogene technische Assistenzsysteme besteht vor allem in ländlichen Regionen, wo das Gesundheitsnetz zunehmend erodiert. Nur durch den Ausbau des Gesundheitsstandortes „Wohnung" auf Basis technischer Assistenz wird es möglich sein, den Wegzug der Ärzte vom Land, den Rückbau medizinischer Versorgungszentren und die zunehmenden Schwächen der Verkehrsinfrastruktur zu kompensieren. Die Praxisbeispiele in ländlichen Regionen, wie beispielsweise die WBG Burgstädt haben dies erkannt und werden sich, gemeinsam mit den sächsischen Wohnungsbau-genossenschaften, in entsprechenden Nachfolgeprojekten engagieren (z.B. Projekt „Chemnitz+).

Kognitive Anregungen, Silver Gaming

In den untersuchten Praxisprojekten wurden kaum explizite Anwendungen zur kognitiven Anregung gefunden. Allerdings wird von den befragten Mietern die tabletbasierte Bereitstellung von Informationen durchaus als kognitive Anregung interpretiert. Auch die Beschäftigung mit der ungewohnten Technologie, das Erlernen der neuen Befehle und Funktionen wird von den Jüngeren als Anregung gesehen. Etwas zu erlernen, das man vorher nicht konnte, mithalten zu können, den Kindern oder Enkeln etwas beweisen zu können, gehört mit Sicherheit zu den nicht intendierten Technikfolgen des Einsatzes technischer Assistenzsysteme. Sie betrifft jedoch nur eine Teilgruppe der Interessierteren, Aktiveren und kognitiv aufnahmefähigeren Mieter; für andere ist die Beschäftigung mit ungewohnten Bedienprozeduren demotivierend.

Nur in wenigen Projekten wurde damit experimentiert, den Mietern Spiele auf dem Tablet zur Verfügung zu stellen (z.B. ARGENTUM). Erwartet wird damit einerseits, kognitive Anregung für die Mieter zur Verfügung zu stellen, und andererseits die wenig technikaffinen Mieter an das Tablet heranzuführen und ihnen die Scheu zu nehmen. Dies gelingt dann besonders gut, wenn das bereitgestellte Spiel die Interessen der jeweiligen Mieter trifft.

5 Warum nicht? Akzeptanzhemmende Faktoren

Die Mieterbefragungen zeigen, dass viele der erprobten und zur Verfügung gestellten technischen Assistenzfunktionen von den Mietern als attraktiv bewertet werden. Dies gilt für Sicherheitsfunktionen ebenso wie für Komfortfunktionen. Trotz dieser Attraktivität werden die bereitgestellten Funktionen häufig nicht in dem Maße genutzt, wie dies zu erwarten wäre. Wie ist dies zu erklären? In den untersuchten Praxisbeispielen wurde eine Reihe von Faktoren gefunden, die die tatsächliche Nutzung[5] und damit letztlich auch die Akzeptanz[6] behindern. Dies bedeutet im Umkehrschluss, dass aus der mangelnden regelmäßigen Nutzung nicht darauf geschlossen werden kann, dass die entsprechenden Funktionen unattraktiv wären. Vielmehr kommen nutzungshemmenden Faktoren zum Tragen, die sowohl auf die Technologie als auch mit kontextuellen Faktoren referieren.

5.1 Mangelnde Information – unbekanntes Angebot

Das Spektrum der in den Praxisbeispielen gefundenen Assistenzsysteme ist hinsichtlich vollvernetzter Lösungen sowie Anbindung der Wohnungen an externe Dienstleister begrenzt. Zwar geht die Forschung hier in großen Schritten voran, doch der Schritt zu marktfertigen Anwendungen ist nicht ausreichend vollzogen. Die in den Praxisprojekten vertretenen Unternehmen, die vernetzte Lösungen anbieten, sind an einer Hand abzuzählen: CIBEK/Mein Paul, SOPHIA Living Network/SOPHITAL, MSC/ViciOne, LOCATE SOLUTION/MySens.

Von daher verwundert es auch nicht, dass die befragten Mieter die angebotenen technischen Assistenzsysteme nicht kannten, bevor sie in entsprechend ausgestattete Wohnungen zogen bzw. bevor ihre Wohnungen mit entsprechenden Systemen ausgestattet wurden. Infolgedessen erschließen sich die Systeme für den Nutzer erst in der alltäglichen Praxis. Dies erklärt, warum anfangs ablehnende Mieter den Nutzen der Systeme nach einiger Zeit zu schätzen beginnen (vgl. Meyer & Fricke 2014 oder Schelisch 2014). Ebenfalls wenig überraschend ist es, dass Mieter auf die Frage, welche Systeme sie denn gerne in der Wohnung haben wollten, nicht antworten können. Und es verwundert nicht, dass Mieter nicht bereit sind, eigenes Geld in die Hand zu nehmen, wenn sie sich gar nicht vorstel-

---

[5] Die Nutzungshäufigkeit wurde in den evaluierten Fallbeispielen einheitlich anhand einer Skala erfasst: mehrmals täglich, täglich, zweimal pro Woche, einmal pro Woche, einmal im Monat, selten, nie.
[6] Wir gehen von einem Akzeptanzbegriff aus, sich aus Einstellungsvariablen, der tatsächlichen Nutzung der Systeme sowie der Anschaffungs- oder Ausgabenbereitschaft zusammensetzt (vgl. Meyer & Mollenkopf 2010).

len können, welchen Nutzen ihnen das angebotene Equipment bieten kann. Eine Nachfrage von Kunden ist erst zu erwarten, wenn sie wissen, „was man wollen kann" „welchen Nutzen man davon erwarten kann" und „wie sich die Systeme in der Praxis bewähren".

Dieser geringe Informationsstand der Verbraucher erklärt, warum es so schwierig ist, für neue technisch innovativ ausgestattete Neubauobjekte erfolgreich zu werben und die damit verbundenen Miet-Mehrkosten zu erklären. Der Wohnungssuchende versteht die Argumente der Anbieter nur sehr begrenzt und wenn, dann interpretiert er sie eher als einen Komfortfaktor (Sarstedt, Kaiserslautern) als eine Erhöhung der Selbständigkeit im Alter. Den geringen Kenntnisstand der Mieter zu verbessern, müsste Sache der Hersteller der Technologien sowie der Wohnungsunternehmen sein, die diese Systeme in ihre Objekte einbauen wollen. Hier liegt auch die Bedeutung von Showrooms und Musterwohnungen, breitenwirksamen Veröffentlichungen oder Artikeln in Fach- und Tageszeitungen etc.

5.2 Mangelnde Anpassung an individuelle Anforderungen

Ältere Menschen sind keine homogene Gruppe, sondern unterscheiden sich grundlegend nach Lebensalter und gesundheitlicher Verfassung, nach Beziehungsformen und familiärem Netzwerk, nach Bildungsniveau und beruflichen Erfahrungen (vgl. z.B. Künemund & Tanschus 2013; Fachinger et al. 2012Meyer & Mollenkopf 2010). Dieser Heterogenität der Zielgruppe kann man nur durch modulare Lösungen gerecht werden, die auf offene Schnittstellen und einen Katalog von Standards abstellen, sodass sie nicht nur untereinander kompatibel sind, sondern im Zusammenspiel mit weiteren Produkten, Systemen und Dienstleistungen eine zufriedenstellende Systemergonomie aufweisen. Hier sind die deutschen Gremien der Standardisierung und Normierung (VDE, DKE, DIN Institut) gefragt, die seit einigen Jahre entsprechende Initiativen unterhalten (VDE 2009, VDI/VDE 2014).

Altern ist gleichzeitig ein dynamischer Prozess permanenter Veränderung. Das bedeutet für technische Assistenzsysteme, dass sie sich diesem Alterungsprozess anpassen müssen. Es kann kein System für alle Lebensabschnitte geben, sondern die Systeme müssen sich aus verschiedenen Modulen zusammenstellen lassen, dass sie für das jeweilige Alltagssetting und die Bedürfnisstruktur passen, also mitaltern können. Es muss möglich sein, bei entsprechend zunehmenden körperlichen Einschränkungen Module dazu zu kaufen oder technikgestützte Dienstleistungen dazu zu buchen. Dadurch wird es möglich, dass technischen Assistenzsysteme den Alterungsprozess kontinuierlich begleiten. Aus Nutzersicht werden selbstlernende Systeme benötigt, die dem Nutzer aus der Beobachtung seiner Verfassung bzw. seiner Alltagskompetenzen Vorschlagen machen, welche Zusatzmodule auf seine inzwischen veränderte Situation reagieren und ihn in der Zukunft nun unterstützen können. Solche selbstlernenden Systeme, die den geübten Blick der Schwiegertochter oder des ambulanten Helfers ersetzen, gibt es noch nicht, hier besteht weiterhin Forschungsbedarf.

Altersbedingte Einschränkungen haben ebenfalls Auswirkungen auf die Bedienschnittstellen, auch sie müssen sich an altersbedingte Einschränkungen – und die sukzessive Veränderung dieser Einschränkungen – anpassen, so dass diese kompensiert werden können. Die Schnittstelle zwischen technischer Assistenz und Gerontotechnologie ist hier fließend. Je älter und je eingeschränkter die Nutzer, desto individueller müssen technischen Lösungen anpassbar sein. Was es zu kompensieren bzw. zu bedenken gilt:

- Fingerfertigkeit:
  Arthrose verhindert Greifen, zunehmende Trockenheit der Haut erschwert Touch-Benutzung, eingeschränktes Tastempfinden erschwert die Bedienung.
- Sehen:
  Einschränkungen der Sehkraft und Gesichtsfeldveränderungen erfordern anpassbare Schriftgrößen, verändertes Farbensehen erfordert Anpassung der Farbgestaltung von Oberflächen.
- Hören:
  zunehmende Schwerhörigkeit (auch schon in jüngeren Jahrgängen) erfordert multimodale Signalausgabe (Hören und Sehen).
- Kognitive Einschränkungen:
  Erinnerungsschwierigkeiten, Kurzzeitgedächtnis besonders betroffen.

5.3 Mangelnde Abstimmung auf Lebensstil und Alltagsgewohnheiten

Wesentlich für die Nutzungsbereitschaft im Alltag ist es, wie sich technische Assistenzsysteme in den häuslichen Kontext einpassen. Die private Häuslichkeit, die Gestaltung des persönlichen Alltags, der Schutz von Individualität und Persönlichkeiten sind für die Akzeptanz technischer Assistenzsysteme wichtige Voraussetzungen. Die Technik muss sich dem Menschen anpassen, nicht umgekehrt.

Technische Assistenzsysteme sollten nicht in den bewährten Lebensstil der Mieter eingreifen oder ihre Vorlieben konterkarieren. Dies klingt banal, wird jedoch in den untersuchten Forschungsprojekten zur relevanten Akzeptanzbarriere. Wenn ein gesundheitliches Monitoring erfordert, die Körperwaage nicht mehr wie gewohnt im Bad, sondern direkt vor dem Fernseher zu benutzen, weil nur dort die Connectivität der Waage gelingt, oder wenn Bewegungsmelder, die automatisch das Licht an und ausknipsen, nicht den eigenen Lebensgewohnheiten angepasst oder abgestellt werden können, muss man sich über eine mangelnde Nutzungsbereitschaft nicht wundern, auch wenn der abstrakte Nutzen der Anwendung einleuchtend ist.

Technische Assistenzsysteme werden häufig in Laborsettings getestet, der Transfer in belebte, individuell gestaltete Wohnumgebungen gelingt von dort nur schwer. Er erfordert von Entwicklern intime Kenntnisse der häuslichen Gewohnheiten ihrer Zielgruppen – dies wiederum wird durch interdisziplinäre Kooperation mit soziologischen und psychologischen Disziplinen erleichtert. Wenn die festeingebaute Bedienelemente der Technik dort platziert wurden, wo eigentlich der beste Platz für das Sofa wäre, wenn die schaltbare Steckdose nicht zum Standort der Lieblingsstehlampe passt oder die jahrzehntelang routinierten Kochprozesse durch Herdabsicherungssysteme gestört werden, sind Ressentiments der Mieter die Folge. Auch dies klingt banal, ist es aber in der praktischen Anwendung technischer Assistenzsysteme relevant: Wie viele junge IT-Spezialisten und Software-Programmierer haben eine intime Kenntnis der Wohnvorlieben der heute 80jährigen? Was wissen sie über die Alltagsroutinen einer Generation, mit der sie im Alltag kaum etwas zu tun haben? Hier sind Studien wie diese, die die Erfahrungen der Mieter in den aktuellen Praxisprojekten ganz genau ansehen, hilfreich.

Technische Assistenzsysteme müssen sich ebenfalls an die kulturellen Muster ihrer Nutzer anpassen. Dies wird in den aktuellen AAL-Forschungs- und Anwendungsprojekten noch viel zu wenig berücksichtigt. In den evaluierten Praxisprojekten waren fast ausschließlich deutsche Mieter vertreten; die spezifischen Belange älterer Immigranten werden kaum bedacht. Gerade diese Nutzergruppe wird jedoch in den nächsten Jahren kontinuierlich wachsen, wenn Arbeitsmigranten ins Rentenalter kommen und ihren Lebensabend in Deutschland verbringen. Ambulante Pflegedienste beginnen, sich auf die spezifischen Bedürfnisse dieser Gruppen einzustellen, technische Assistenzsysteme müssen dies ebenfalls.

AAL zielt darauf ab, älteren Menschen die gesellschaftliche Teilhabe zu ermöglichen, ungeachtet ihrer individueller Fähigkeiten, ihres Alters, ihres Geschlechts oder ihres kulturellen Hintergrunds. Dies bedeutet, technische Assistenzsysteme auch unter dem Blickwinkel der Cultural Diversity zu betrachten. Dies wiederum hat Auswirkungen auf die Gestaltung von Bedienelementen, auf Mehrsprachigkeit oder die Anpassung an kulturelle Vorlieben.

5.4 Usability

Voraussetzung jeder Nutzung ist, dass die Bedienung der Systeme einfach und unkompliziert ist. Das bedeutet, dass Geräteoberflächen und Bedienprozeduren für technikaffine und technikabstinente, technikkompetente und -inkompetente

Nutzer gleichermaßen angemessen sein müssten. Die meisten der eingesetzten Bedienschnittstellen sind jedoch noch nicht nutzerfreundlich genug, die Bedienprozeduren sind zu komplex und damit die Einstiegshürde insbesondere für wenig technikaffine Nutzer für eine intuitive Nutzung zu hoch.

Die bisherige Forschung und auch die für dieses Projekt durchgeführten Usabilty Tests zeigen, wie schwer es ist, ein Universal Design für die Bedienung technischer Assistenzsysteme zu entwickeln.

Die Mehrheit der untersuchten Praxisprojekte setzen Tablet-PCs als Bedienschnittstelle ein (ARGENTUM, Kaiserslautern, Speyer, Burgstädt, DOGEWO, Joseph Stiftung). Die Software und die Oberflächen sind unterschiedlich gelöst und lassen dem Mieter unterschiedlich viele Eingriffsmöglichkeiten. Am einfachsten für nicht-technikaffine ältere Mieter scheint das PAUL-System zu sein. Es ist reduziert auf die Auswahl von einfachen Touch-Flächen und benutzt keine komplizierten Menüstrukturen. Die durch das SIBIS Institut und die Kollegen der Universität Kaiserslautern durchgeführten Usability Tests attestieren ein einfaches Handling, das selbst älteren nicht technikaffinen Mietern eine Nutzung auch ohne langwierige Schulung erlaubt. Allerdings kritisieren jüngere technikaffinere Nutzer das bisherige Design und die auf die technikabstinenten Nutzer abgestimmten Bedienung.

Ästhetisch gut gelungen, jedoch etwas komplizierter ist die von Qivicon entwickelte Tablet-Oberfläche, die im Projekt ARGENTUM im Einsatz ist. Sie erlaubt für den Nutzer etwas kompliziertere Eingriffe in die Wohnungssteuerung bis hin zum Einrichten individueller Szenarien. Die Usability Tests zeigen, dass hier die technikabstinenten Mieter Bedienschwierigkeiten hatten, die nur durch Schulung und wiederholte Assistenz durch das Betreuungspersonal der Johanniter gelöst werden konnte.

5.5 Einführung und Wartung

Solange keine modularen Bedienprozeduren entwickelt und solange sich die Bedienung technischer Assistenzsysteme nicht für alle Mietergruppen intuitiv erschließt, ist es erforderlich, den Mietern ausführliche Bedienanleitungen und eine qualifizierte persönliche Einführung bzw. Schulung zur Verfügung zu stellen. Dies gilt unabhängig davon, welches Equipment mit welchen Bedienschnittstellen angeboten wurde. Der Umfang des Informations- und Einführungsbedarfs variiert durchaus mit der Technikkompetenz der Nutzer, jedoch wird von allen eine entsprechende Einführung benötigt. In keinem der untersuchten Praxisprojekte gelang es, die ältesten, häufig technikabstinenten Nutzer durch eine einmalige Einführung „fit" zu machen. Die meisten Systeme erforderten auch noch nach der erfolgten persönlichen Einführung Nachschulung.

Schwierig ist es, den richtigen Zeitpunkt für die Schulungen festzulegen. Einerseits ist es notwendig, die Mieter unmittelbar nach ihrem Einzug (bzw. der technischen Ausstattung der Wohnung) zu schulen, so dass der Mieter seine Wohnung adäquat bedienen kann. Andererseits ist gerade dieser Zeitpunkt für die Mieter schwierig: die Mieter sind durch den Umzug und die neue Situation häufig so überfordert, dass sie der Einführung nicht folgen können. Dieses Dilemma wird am ehesten noch im Betreuten Wohnen gelöst, wo vor-Ort-Betreuungskräfte ad hoc reagieren können. Der Unterstützungsbedarf der Mieter reicht von kleineren Fragen zur Bedienung („Wie war das doch gleich?), über alltägliche Irritationen („Warum sieht mein Tablet jetzt anders aus?) bis hin zu Systemabstürzen („Bei mir geht gar nichts mehr"). Insbesondere der Nachschulungsbedarf ist schwierig zu organisieren und kostenintensiv. In aktuellen Forschungsprojekten wird erprobt, ob solche Schulungen auch online bzw. durch Videokommunikation gelöst werden kann.

Aus Nutzersicht ist nicht nur entscheidend, dass technische Assistenzsysteme sich leicht installiert lassen und sich selbständig in bestehende Wohnungsnetzwerke integrieren. Plug and play ist von bisherigen technischen Geräten im Haushalt vertraut und wird auch von technischen Assistenzsystemen voraus gesetzt. Noch ist es nicht möglich, sich das passende System aus bereits vorhandenen Systemkomponenten zusammenzustellen und miteinander zum „Spielen" zu bringen. Weiterhin ist relevant, wie wartungsintensiv die Systeme sind, wie häufig der Mieter Fachleute hinzuziehen muss. Für den Mieter ist entscheidend, dass er auf bei technischen Problemen aller Art möglichst umgehende Unterstützung erhält. Dies gilt z.B. für den regelmäßigen Batteriewechsel von Sensoren, die der Mieter nicht selbst vornehmen kann oder nicht sollte, wenn dazu Leitern zu besteigen sind (Deckensensor). Dies ist ein Faktor, der beim Einbau der Melder berücksichtigt werden muss.

5.6 Privacy, Datenschutz und Haftungsfragen

Die Datensicherheit und der Datenschutz ist für die meisten Befragten ein wichtiges Thema. Kritisch gesehen wird die Frage, ob Daten 1:1 aus der Wohnung übertragen werden sollten, wenn ein Notfall eintrifft oder nur „Informationen in Form einer „Notfall-Ampel". Die Nutzer sind sensibel dafür, dass die Grenze zwischen Häuslichkeit und Öffentlichkeit zunehmend verschwimmt. Sie betonen, dass ihre Daten nur an Personen weiter gegeben werden sollen, denen sie vertrauen.

Grundsätzlich besteht hier ein Konflikt zwischen der Datensicherheit und der einfachen Bedienbarkeit. Dies lässt sich am Beispiel der Eingabe von PINs diskutieren. Beispielsweise wurde im Projekt SmartSenior auf Empfehlung der Ethikkommission die Einsicht in die eigene persönliche Gesundheitsakte mit einem komplizierten PIN gesichert. Die Prozedur, jedes Mal einen komplizierten Pin einzugeben, erschwerte gerade der ältesten Nutzergruppe den Zugang zu ihren Daten – dieser wäre aber gerade für diese Gruppe besonders nützlich. Dem individuellen Bedienkomfort steht die Gefahr der unerlaubten Dateneinsicht gegenüber – eine schwierig abzuwägende Entscheidung, die in jedem AAL-System spezifisch beantwortet werden muss.

Vernetzte Systeme, die Daten aus dem privaten Lebensumfeld (Verbrauchsdaten der Wohnung, Aufenthaltsorte, Bewegungsmuster, Gesundheitsdaten etc.) mit denen von Dienstleistern verbinden, müssen sicher sein. Das Vertrauen der Mieter, dass ihre Privatsphäre geschützt bleibt, ist eine weitere Voraussetzung der individuellen Nutzungsbereitschaft. Der Gesetzgeber hat hierfür den rechtlichen Rahmen zu schaffen und vor allem deren Umsetzung sicherzustellen. Die hohen Anforderungen an die Telematik-Infrastruktur, die IT-Systeme aus Arztpraxen, Apotheken, Krankenhäusern und Krankenkassen miteinander verbinden und so einen systemübergreifenden Austausch von Informationen ermöglichen soll, müssen für technische Assistenzlösungen, insbesondere wenn personenbezogene sowie Gesundheitsdaten übertragen werden, als selbstverständlich gelten.

Hinzu kommt die Frage der gesetzlichen Haftung insbesondere bei gesundheitlichen Anwendungen. Da bei Monitoringsystemen mehr Personengruppen involviert sind als bei herkömmlichen Verfahren, sind klare Regelungen notwendig, wer in welchem Fall die Verantwortung übernimmt, wer für welchen Aspekt des Monitorings zuständig ist und wie die Schnittstellen der Kooperation der beteiligten Personengruppen definiert sind. Es stellen sich andere Fragen der medizinischen Haftung als in traditionellen Versorgungskonzepten: durch die Technologien des Monitorings wird eine De-Institutionalisierung der Versorgung möglich, die es den Betroffenen ermöglicht, in ihrem gewohnten Zuhause und in ihrer Nachbarschaft zu bleiben.

Ein wichtiger Aspekt, der die Gespräche mit den Mietern aus den Praxis- und Forschungsprojekten prägte, ist die Frage, ob sie die Kontrolle über ihr Alltagsleben und die dort implementierte Assistenztechnologie behalten. Die Technologie darf nicht Entscheidungen für die Älteren treffen, in die der Nutzer nicht mehr eingreifen kann. Hier sind die Betroffenen sehr sensibel. Die befragten Mieter bestehen darauf, dass sie die angebotenen Geräte und Systeme NICHT verwenden müssen bzw. die Möglichkeit haben wollen, sie jederzeit abzuschalten. Diese Forderung ist natürlich in Grenzbereichen schwer einzulösen, insbesondere wenn das Urteilsvermögen der Betroffenen schwindet, wie zum Beispiel bei zunehmender Demenz. Hier ist die Abwägung zwischen den Bedürfnissen der Betroffenen nach Sicherheit und gleichzeitiger Freiheit, über das technische System zu entscheiden in jedem spezifischen Fall schwierig. Dies gilt umso mehr, als der kognitive Zustand der Betroffenen sich im Verlauf des Alterungsprozesses verändert: Die geforderte Interessensabwägung müsste also im Verlauf des Alterungsprozesses immer wieder neu abgewogen werden. Hierzu gibt es bisher kaum Praxisbeispiele.

Der Übergang zwischen Kontrolle und Sicherheit ist fließend: Einerseits ermöglichen die hier untersuchten Technologien ein unerwünschtes Eindringen in die Privatsphäre und die Kontrolle von außen, andererseits bieten sie die Gelegenheit zum Empowerment, d.h. zur Befähigung älterer Menschen, möglichst lange selbständig zu wohnen und zu leben.

6. Das Unvorstellbare vorstellbar machen — aber wie?

Wie wir gezeigt haben, hängt der Erfolg technischer Assistenzsysteme stark davon ab, ob die Bedürfnisse, Wünsche und Anforderungen der potenziellen Nutzer(innen) berücksichtigt werden. Doch was wollen die Mieter? Die Befragungen sprechen eine eindeutige Sprache: sie wollen *mehr* Sicherheit, *länger* selbständig sein, *mehr* Komfort, *mehr* soziale Bezüge, *leichteren* Kontakt zu ihren Angehörigen, *mehr* Unterstützung im Alltag. Aber wie soll das gehen? Die Studie zeigt, dass die meisten Befragten die eigenen Wünschen, Bedürfnissen und Sehnsüchten nicht mit technischen Assistenzsystemen in Verbindung bringen können. Dies erinnert an die Erfindung und Einführung von Eisenbahn, PKW oder Flugzeug, die grundlegend andere Formen der Mobilität und Fortbewegung erlauben, wofür der Nutzer keinerlei Vorstellung hatte.

Nutzen plausibilisieren

Die Beobachtung der letzten Jahre zeigt, dass das Interesse der relevanten Gruppen an technischen Assistenzsystemen wächst. Jedoch fehlt die Übersetzung der technischen Bestandteile (Sensoren, Aktoren, Tablets, Gateways) in die damit verbundenen Möglichkeiten und insbesondere fehlt der Zusammenhang zwischen technischer Assistenz und den eigenen Wünschen und Sehnsüchten. Auch fehlen Anlaufpunkte, an denen Interessenten sich über die Möglichkeiten innovativer Assistenzsysteme informieren können. Gebraucht werden Informationsanlaufstellen, Musterwohnungen und „Showrooms". Sie sollten integriert werden in bestehende Institutionen wie Wohnraumanpassungsberatungsstellen, Pflegestützpunkte, Familienberatungsstellen oder Mehrgenerationenhäuser.

Was aber gänzlich fehlt sind nach wie vor attraktive „Points of Sale": Wohin soll der potenzielle Nutzer gehen, wenn er die Systeme oder einzelnen Komponenten selbst kaufen möchte? Wo findet er ein qualifiziertes Beratungsangebot? Ist sein Vermieter hier eine qualifizierte Adresse?

Wirkung nachweisen

Doch selbst wenn der Zusammenhang zwischen eigenen Wünschen und technischen Lösungen plausibel gemacht würde, wer beweist dem Kunden, dass es sich nicht um profitorientierte Versprechungen handelt, sondern der versprochene Nutzen auch tatsächlich eintritt? Dass die technischen Assistenzsysteme Nutzen stiften und positive Wirkungen für die Mieter haben, wird von Experten gesehen und ist vielerlei Studien und Stellungnahmen niedergelegt. Jedoch kann auf Grundlage der bisherigen sozialwissenschaftlichen Datenbasis diese Wirkung nicht schlüssig nachgewiesen werden

Es ist davon auszugehen, dass objektiv die Sicherheit vor Bränden, Wasserschäden und Einbruch durch die Technik erhöht wird. Auch das Risiko, nach einem Sturz längere Zeit nicht gefunden zu werden, dürfte durch die Notruf-Meldefunktionen minimiert werden. Doch wird die Selbständigkeit tatsächlich gefördert oder ermöglicht die Technik, länger in den eigenen vier Wänden zu wohnen? Die von uns durchgeführte empirische Studie kann hierfür auf qualitativer Ebene eine Vielzahl von Argumenten zusammentragen. Jedoch kann auch diese Studie keinen systematischen empirischen Beweis der nachhaltigen Wirkung der Systeme liefern. Hierzu benötigt die Forschung größere Stichproben sowie Projekte, die lange genug sozialwissenschaftlich begleitet werden können, um entsprechende Wirkungsnachweise erbringen zu können.

Stigmatisierung vermeiden

Technische Assistenzsysteme dürfen nicht als alters- oder behindertengerechte Lösungen präsentiert werden – selbst wenn sie de facto gerade für diese Gruppen hilfreich wären. Senioren möchten nicht als „alt" adressiert werden, in ihrer Mobilität eingeschränkte Personen nicht als „behindert" und Angehörige, die mit der Unterstützung und Pflege älterer Menschen betraut sind, nicht als „pflegende Angehörige". Versuche, Zielgruppen als „Problemfälle" anzusprechen, für die man geeignete Lösungen bereithält, sind nachdrücklich fehlgeschlagen.

Von daher gilt es, geeignete Begriffe zu entwickeln, die es potenziellen Nutzer(innen) erlauben, sich mit den technischen Systemen positiv zu identifizieren. Weiterhin sind Ansprachefomate nötig, die den Nutzen technischer Assistenzsysteme auch für jüngere Adressatenkreise vermitteln. Zielführend könnten Begriffe wie „Sorglos leben", „Assistenz für alle Lebenslagen" oder „Lust auf langes Leben" sein, die Assoziationen zu „Behinderung", „Pflegestufe" oder „Heimeinweisung" vermeiden. Die Erarbeitung adäquater Begriffe wird wesentlich zum Erfolg der Systeme beitragen.

Technische Assistenzsysteme zu Hause - warum eigentlich nicht?

Kosten für den Nutzer überschaubar halten – Zuzahlung durch Dritte

Wir haben gesehen, dass aus ganz unterschiedlichen Gründen Baukastenlösungen benötigt werden. Dies kann auch zu kleinen Lösungen führen, die für niedrigere Einkommensgruppen erschwinglich sind. Hilfreich wären weiterhin flankierende kostengünstige Dienstleistungskonzepte, die – etwa durch die Einbindung von ehrenamtlichen Mitarbeitern in Nachbarschaftsstrukturen oder kirchliche Kontexte – auch niedrigere Einkommensgruppen einbeziehen. Wichtig ist ebenfalls, die Leistungserbringer und Kommunen zu einer Co-Finanzierung zu bewegen.

Im Auftrag des Bundesministeriums für Gesundheit wude 2014 eine Studie vorgelegt, die darauf zielt, technische Assistenzsysteme zu benennen, die sich für eine Übernahme in den Leistungskatalog der Sozialen Pflegeversicherung (SGB XI) eignen (BMG 2014). In einer aufwändigen Untersuchung wurden nach mehrmaligen Analysen und Bewertungsprozeduren durch Fachleute zwölf technischen Lösungen vorgeschlagen, die geeignet sein dürften, die häusliche Pflege und einen längeren Verbleib in der eigenen Häuslichkeit zu unterstützen.[7]

Tabelle 5: Technische Systeme mit positiver Wirkung für Pflegebedürftige

Kategorie	Endauswahl
Sicherheit und Haushalt	Erfassung der Aktivitäten des täglichen Lebens
	Sturzvermeidung
	Haushaltsunterstützung
	Ortungs- und Lokalisierungssysteme/Gegenstandsortung
Kommunikation und kognitive Aktivierung	Quartiersvernetzung
Mobilität	Stationäre und ambulante Aufstehhilfe
Pflegerische Versorgung	Plattform zur Vernetzung der (pflegerischen) Versorger
	Toilette mit Intimpflege
	Sensorische Raumüberwachung
	Intelligenter Fußboden
	Tragbare Sensoren
	Erinnerungsfunktion

---

[7] Zugrunde gelegt wurde hier folgende Definition technischer Assistenzsysteme: „technische Hilfsmittel, insbesondere auf Basis von Informations- und Kommunikationstechnologien (IKT), die zur Unterstützung Pflegebedürftiger (einschließlich "Pflegestufe 0") im häuslichen Umfeld dienen. Basistechnologien der IKT sind Elektronik und Mikrosystemtechnik, Softwaretechnik und Daten- bzw. Wissensverarbeitung sowie Kommunikationstechnologien und Netze. Auch weitere elektronische Hilfsmittel (nicht IKT-basiert) wurden in die Untersuchung einbezogen" (BMG 2014: 6).

Die Studie empfiehlt dem BMG, diese Systeme in den Leistungskatalog mit aufzunehmen, was zu einer (Teil-)Kostenübernahme durch die Versorgungsträger führen könnte. Es ist davon auszugehen, dass damit ein wichtiger Meilenstein zur Marktentwicklung getan wäre.

Kosten für Dritte sparen – indirekte Folgen nachweisen

Da in die Betreuung und Pflege Älterer viele Akteure eingebunden sind, ist neben der direkten Wirkung von Assistenzsystemen beim Anwender ein indirekter Nutzen bei Dritten relevant. Dies können Kosteneinsparungen bei Versicherungsträgern durch vermiedene Krankenhausaufenthalte oder Arztbesuche oder das Vermeiden eines notwendigen Umzugs ins Pflegeheim sein. Doch auch für diese indirekten Wirkungen ist bisher noch kein Nutzennachweis in der Praxis erbracht. Nicht zuletzt deshalb mangelt es u.a. noch an der Bereitschaft von Leistungsträgern oder Kommunen, sich an der Finanzierung, der meist für den Anwender teuren, technischen Lösungen zu beteiligen.

Notwendig ist eine „Wirksamkeitsforschung" für einen evidenzbasierten Nachweis des Nutzens von alltagsunterstützenden Assistenzlösungen, die gleichermaßen sozialen und ethischen sowie ökonomische Wirkungen zum Thema macht. Die Datenbasis der aktuellen Praxisbeispiele ist für einen solchen Nachweis noch zu klein, die gefundenen Wohnungen zu heterogen ausgestattet. Allerdings erlaubt die hier durchgeführte Studie Aussagen darüber, was getan werden muss, um die Akzeptanz und Nutzungsbereitschaft der Mieter zu fördern.

Literatur

AAL-Expertenrat (2011): Gothe, Holger, Grunwald, Armin, Hackler, Ernst, Meyer, Sibylle, Mollenkopf, Heidrun, Niederlag, Wolfgang, Rienhoff, Otto, Steinhagen-Thiessen, Elisabeth, Szymkowiak, Christof, Technische Assistenzsysteme für den demografischen Wandel – eine generationenübergreifende Innovationsstrategie (Loccumer Memorandum). Bonn: BMBF.
Balasch, Michael C., Marlene Gerneth, Vivien Helmut, Harald Klaus, Kevin Pfaffner, Daniela Schwaiger & Stefan Zeidler (2014): Das Projekt SmartSenior (2014): Erkenntnisse aus dem Projekt und Erfahrungen aus dem Praxiseinsatz im Feldtest. In: In: VDE (Hrsg.): Wohnen - Pflege - Teilhabe „Besser leben durch Technik". 7. Deutscher AAL-Kongress mit Ausstellung – Tagungsbeiträge. Berlin: VDE-Verlag (CD-ROM), paper S23.5.
Bundesministerium für Gesundheit (BMG) (2014): Unterstützung Pflegebedürftiger durch technische Assistenzsysteme. Berlin: BMG.

Eichelberg, Marco (Hrsg.) (2012): Interoperabilität von AAL Systemkomponenten. Frankfurt: VDE Verlag.

Fachinger, Uwe, Harald Künemund & Franz-Josef Neyer (2012): Alter und Technikeinsatz. Zu Unterschieden von Technikaffinität und deren Bedeutung in einer alternden Gesellschaft. In: Jörg Hagenah & Heiner Meulemann (Hrsg.): Mediatisierung der Gesellschaft? Münster: Lit-Verlag, 239–256.

Friesdorf, Wolfgang & Achim Heine (Hrsg.) (2007): sentha. Seniorengerechte Technik im häuslichen Alltag. Ein Forschungsbericht mit integriertem Roman. Berlin: Springer.

Gövercin, Mehmet, Sibylle Meyer, Michael Schellenbach, Benjamin Weiss, Elisabeth Steinhagen-Thießen & Marten Haesner (2016): SmartSenior@home: Acceptance of an integrated ambient assisted living system. Results from a clinical field trial in 35 households. In: Informatics for Health and Social Care, 41(4), 430–447.

Künemund, Harald & Nele Marie Tanschus (2013): Gero-technology: Old age in the electronic jungle. In: Kathrin Komp & Marja Aartsen (eds.): Old Age In Europe: A Textbook of Gerontology. New York: Springer, 97–112.

Meyer, Sibylle, (2010): Sozialwissenschaftliche Evaluation des Cohnschen Viertels in Hennigsdorf. Ergebnisse aus 12 Fallstudien. Berlin: SIBIS Institut.

Meyer, Sibylle, Michael Neitzel, Manuel Sudau & Claus Wedemeier (2015): Technische Assistenzsysteme für ältere Menschen – eine Zukunftsstrategie für die Bau- und Wohnungswirtschaft. Berlin: GdW Bundesverband deutscher Wohnungs- und Immobilienunternehmen e.V. (GdW Information 148).

Meyer, Sibylle & Christa Fricke (2012): Sozialwissenschaftliche Evaluation des Feldversuchs SmartSenior@home. Anforderungen und Akzeptanz der 35 Testhaushalte in Potsdam. Berlin: SIBIS Institut.

Meyer, Sibylle & Christa Fricke (2014): Sozialwissenschaftliche Evaluation der Mietererfahrungen im Projekt Argentum am Ried in Sarstedt. Ergebnisse aus 20 Fallstudien. Berlin: SIBIS Institut.

Meyer, Sibylle & Heidrun Mollenkopf (2010): (Hrsg.), AAL in der alternden Gesellschaft. Anforderungen, Akzeptanz und Perspektiven. Berlin: VDE-Verlag.

Meyer, Sibylle & Eva Schulze (2009): Smart Home für ältere Menschen. Handbuch für die Praxis. Stuttgart: Fraunhofer IRB Verlag.

Meyer, Sibylle, Mollenkopf, Heidrun, Schulze, Eva (2007), in: Friesdorf, Wolfgang & Achim Heine (Hrsg.): sentha. Seniorengerechte Technik im häuslichen Alltag. Ein Forschungsbericht mit integriertem Roman. Berlin: Springer, 23–91.

Schelisch, Lynn (2014): Wer nutzt eigentlich PAUL? Erfahrungen aus dem Praxiseinsatz In: VDE (Hrsg.): Wohnen - Pflege - Teilhabe "Besser leben durch Technik". 7. Deutscher AAL-Kongress. Berlin: VDE-Verlag (CD-ROM), paper S11.3.

Spellerberg, Annette & Lynn Schelisch (2012): Zwei Schritte vor und einer zurück? Zur Akzeptanz und Nutzung von AAL-Technik in Haushalten (2012): in: VDE (Hrsg.): Technik für ein selbstbestimmtes Leben. 5. Deutscher AAL-Kongress mit Ausstellung. Berlin: VDE-Verlag (CD-ROM), paper 16.4.

Ortner, Tina, Katharina Schachinger, Markus Lehner & Johannes Kriegel (2013): Einbeziehung der Nutzeranforderungen zur Erhöhung von Akzeptanz und Usability bei Telemonitoring-Systemen. In: Elske Ammenwerth, Alexander Hörbst, Dieter Hayn & Günter Schreier (Hrsg.): eHealth2013 – von der Wissenschaft zur Anwendung und zurück. Wien: Oesterreichische Computer Gesellschaft, 179–184.

Verband Sächsischer Wohngsbaugenossenschaften (VSWG) (Hrsg.) (2012): AlterLeben. Die „mitalternde Wohnung". Projektbericht. Dresden: VSWG.

VDE (2009): VDE-Positionspapier „Intelligente Assistenz-Systeme im Dienst für eine reife Gesellschaft. Frankfurt: VDE.

VDE (2014): Die deutsche Normungsroadmap AAL (Ambient Assisted Living). Status, Trends und Perspektiven der Normung im AAL-Umfeld. Frankfurt: VDE.

VDI/VDE (2014): Richtlinie 6008, Blatt 3, Barrierefreie Lebensräume. Möglichkeiten der Elektrotechnik und Gebäudeinstallation. Frankfurt: VDE.

Verza, Riccardo, Maria L. Lopes de Carvalho, Mario A. Battaglia, & Michelle Messmer Uccelli (2006): An interdisciplinary approach to evaluation the need for assistance technologyreduces equipment abandonment. In: Multiple Sclerosis Journal, 12(1), 88.

Partizipation und Moderne: Nutzerorientierte Technikentwicklung als missverstandene Herausforderung

Diego Compagna

1 Einleitung

Der demographische Wandel gilt als eine der größten Herausforderungen spätmoderner Gesellschaften (Drucker 2002; Kohlbacher & Herstatt 2011).[1] Die zunehmende Zahl älterer Menschen gilt einerseits als Risiko für etwaige Sicherungssysteme, Firmen, Institutionen und die Wirtschaft im Allgemeinen sowie andererseits als neue Chance in verschiedener Hinsicht. Als Risiken werden die abnehmende Zahl der Erwerbsfähigen, ein allgemeiner Wissensverlust, eine sinkende Kaufkraft sowie hohe Kosten der medizinischen und pflegerischen Versorgung genannt. Gleichzeitig aber erschließt der demographische Wandel insbesondere der Wirtschaft neue Marktsegmente, die bereits als „Silbermarkt" (Kohlbacher 2011) bezeichnet werden, das zugleich das Potenzial für innovative technische Lösungen verspricht (Drucker 1985). Auch Langer (1984) hat darauf hingewiesen, dass der Demografische Wandel als Katalysator für die Erforschung und Herstellung neuer Produktideen fungieren kann. Nach Peine und Hermann (2012) können die Probleme, die durch die alternde Bevölkerung für die Sozial- und Gesundheitssysteme entstehen, durch die Erforschung neuer, technikbasierter Lösungen gemindert werden. Außerdem – und damit einhergehend – eröffnet der demographische Wandel wissensintensiven Wirtschaftszweigen neue Absatzmärkte, insofern sie sich rechtzeitig auf das veränderte Konsumverhalten einstellen (Kohlbacher et al. 2011; Peine & Rollwagen 2009).

Die Integration der Nutzer hat sich in kaum einem anderen innovativen Marktsegment als notwendige Erfolgsbedingung so nachhaltig durchgesetzt wie in diesem Feld. Hierfür gibt es mit Sicherheit viele gute Gründe, die keinesfalls in Abrede gestellt werden sollen. Dennoch möchte der vorliegende Aufsatz vor allem das Misslingen partizipativer Technikentwicklungsvorhaben, die sich explizit auf die Herausforderungen des Demografischen Wandels beziehen (in

---

[1] Einer der ersten Aufsätze, die sich dem Zusammenhang von demografischem Wandel und Technikentwicklung gewidmet haben, wurde bereits vor rund 35 Jahren in der renommierten Zeitschrift „Technological Forecasting and Social Change" und zwar im Zeichen des damals in diesem Zusammenhang gebräuchlichen Stichwortes „Langlebigkeit" veröffentlicht (Ebel et al. 1979).

© Springer Fachmedien Wiesbaden GmbH, ein Teil von Springer Nature 2018
H. Künemund und U. Fachinger (Hrsg.), *Alter und Technik*, Vechtaer Beiträge zur Gerontologie, https://doi.org/10.1007/978-3-658-21054-0_10

der EU hat sich als Bezeichnung solcher Forschungskontexte der Begriff „Ambient Assisted Living" (AAL) etabliert), thematisieren. Zu diesem Zweck werden die empirischen Forschungsergebnisse, die während eines dreijährigen Forschungsprojektes zur Inklusion von Pflegekräften und pflegebedürftigen älteren Menschen in die Weiterentwicklung von Service Robotern gesammelt wurden, herangezogen und im Lichte einiger Theorien ausgewertet. Es soll zur Diskussion gestellt werden, inwiefern die Ansätze partizipativer Technikentwicklung (pTD)[2] insbesondere im Bereich von AAL grundsätzliche Probleme aufweisen. Die Erörterung dieser Probleme erfolgt auf zwei Ebenen: Einer theoretischen und einer empirischen, die sich auf die konkreten Ergebnisse des bereits erwähnten dreijährigen Forschungsprojektes stützt, das eine pTD in einem typischen AAL-Rahmen untersuchte. Abschließend werden aus diesen Befunden zwei Strategien abgeleitet und vorgestellt, mit denen die identifizierten Probleme vermutlich teilweise umgangen werden können.

Der nachfolgend entfalteten Argumentation liegen drei Annahmen zugrunde, wobei die ersten zwei der Empirie abgeleitet worden sind und die dritte den theoretischen Erwägungen:

1. Eine zentrale Beobachtung der hier diskutierten Empirie ist, dass in klassischen AAL-Forschungs- und Entwicklungsprojekten in Bezug auf die relevanten Techniksysteme eine Entwicklungslinie meist 10 Jahre oder mehr zurückreicht. Das führt zu typischen Pfadabhängigkeitseffekten insofern, als auch neueren Entwicklungen noch die alten Orientierungen zugrunde liegen, die zumeist nicht mit den teils sehr spezifischen Anforderungen an AAL-Kontexten übereinstimmen.
2. Zudem zeigt sich, dass ältere Nutzer (insbesondere pflegebedürftige und zuweilen sehr alte Nutzer) für die Technikentwicklung als defizitäre und letztlich irrelevante Benutzergruppe wahrgenommen werden: Sie werden als eine reine ‚Versuchsgruppe' angesehen, deren Zweck sich zu großen Teilen darin erschöpft, die Beschaffung finanzieller Ressourcen entsprechender Förderprogramme zu legitimieren bzw. ermöglichen. Damit zusammenhängend kommt zum Vorschein, dass die involvierten Ingenieure bezüglich der Technikentwicklung eher auf jüngere, in deren Wahrnehmung „echte", Nutzergruppen fixiert sind.
3. Das theoretische Rahmenwerk mit dem bislang pTD diskutiert worden ist, sollte mit einigen grundlegenden Annahmen der funktional-strukturellen Sozialtheorie ergänzt werden, um eine vernachlässigte, aber tiefgreifende Ambivalenz zu identifizieren, die meiner Ansicht nach die Zielsetzung von pTD ei-

---

[2] In der sich diesem Themenkreis widmenden internationalen Fachcommunity haben sich die Abkürzungen pTA und pTD für die (jeweils ursprünglich im englischsprachigen Raum entstandenen) Forschungszweige etabliert: Participatory Technology Assessment und Participatory Technology Development.

Partizipation und Moderne 179

nerseits erfordert andererseits kompliziert: Verallgemeinernd setzen Prozesse von pTD (explizit oder implizit) auf die Schaffung einer deliberativen Situation, wobei hier häufig auf Habermas rekurriert wird (vgl. Wehling 2012; Fung 2006; Chilvers 2008; Eijndhoven & Est 2002; Joss & Bellucci 2002). Diese grundsätzlichen Annahmen sind allerdings fragwürdig, da nach Habermas die Orientierung an Rationalität (d.h. Entsprachlichung) in manchen Systemen (Politik und Wirtschaft und damit mutatis mutandis Technikentwicklung, Forschungsförderung und praxisorientierte Grundlagenforschung) nützlich bzw. unabkömmlich ist für die kommunikative Verständigung (d.h. Versprachlichung) in anderen gesellschaftlichen Kontexten, die lebensweltlich geprägt sind (besonders Bildung, Familie und Privat-, Intimsphäre und Pflegekontexte, vgl. Berger 2002; Habermas 2006a). In der pTD (ebenso in der der pTD gewidmeten Wissenschafts- und Technikforschung jedoch werden diese grundlegenden Annahmen zur Funktionsweise moderner, funktional ausdifferenzierter Gesellschaften nicht thematisiert.

Vor dem Hintergrund dieser Erörterungen werden im Fazit zwei Strategien vorgeschlagen, um die Kompatibilität von pTD mit den gegenwärtigen gesellschaftlichen Rahmenbedingungen zu erhöhen:

1. Es sollte eine Verschiebung der Schwerpunktsetzung der Forschungstätigkeit technikbasierter Assistenzsysteme auf alle Personengruppen und gesellschaftliche Bereiche, bei gleichzeitiger Vernachlässigung einer expliziten Fokussierung der Zielgruppe der (pflegebedürftigen) Älteren und sehr Alten, forciert werden.
2. In den ersten Etappen des Innovationsprozesses sollten die partizipativen Bemühungen auf ein Minimum reduziert werden, auf eine Erfassung der spezifischen Kontextbedingungen des geplanten Einsatzgebietes der zu entwickelnden Technik. Dahingegen sollte im fortgeschrittenen Entwicklungsprozess eine drastische Erhöhung der Usability-Tests kombiniert mit dem Einsatz generativer Fertigungsverfahren (hierbei insbesondere das Rapid-Prototyping) angestrebt werden.

2 Demographischer Wandel, Technikentwicklung und die Forderung nach Partizipation

Wie bereits angedeutet, fungiert der demographische Wandel als ein Katalysator für spezifische Methoden der Technikentwicklung. Besonders nachgefragt sind partizipative Methoden und solche zur Durchführung sog. ‚Integrierter Forschung'. Diese Ausrichtung ist sicherlich ein Ergebnis sowohl national wie auch europaweit initiierter, staatlich finanzierter Forschungsprogramme und darauf reagierender -projekte. Die Forderung nach mehr Teilhabe liegt aber auch in der Wahrnehmung und dem Image des Gegenstandes selbst begründet, insofern ältere Menschen und Pflegekräfte als technikferne Personengruppen angesehen werden. Aus einer dergestalt orientierten Forschung resultiert freilich immer auch die Zementierung eben jener Stereotypisierung, die zu der Forderung nach besonders ausgeprägter Partizipation und der Anwendung von pTD bezogenen Methoden geführt hat. Außerdem gilt das Feld der Pflege als besonders sensibler und von menschlicher Zuneigung geprägter Kontext (vgl. Pols & Moser 2009). Für diesen Beitrag ist außerdem von Interesse, dass die Analyse (sowohl in konstruktiver, methodenbildender Hinsicht als auch in rekonstruktiver, kritischer Absicht) von pTD üblicher Weise auf der Mikro- oder Mesoebene von statten geht (Peine & Herrmann 2012).

Der demographische Wandel gilt als ein Trend vieler (hochindustrialisierter) Gesellschaften, der große Herausforderungen sowohl für die Wirtschaft als auch Gesellschaft nach sich zieht (Drucker 2002; Magnus 2009; Powell 2010). Ein wichtiges Merkmal dieser Altersverschiebung in der Bevölkerung ist die Herausbildung eines sog. „Silbermarkts" (d.h. der Absatzmarkt von Produkten mit der Zielgruppe 50+). Dieser Trend zeigt sich sowohl auf dem B2C- wie auch auf dem B2B-Markt, da auch die Belegschaft der Unternehmen altert. Daraus ergibt sich, dass auch die Maschinen und Werkzeuge an die Bedürfnisse einer alternden Arbeitnehmerschaft angepasst werden müssen.

Wie bereits erwähnt, gilt der demographische Wandel, so argumentieren z.B. Drucker (1985) und Langer (1984), als ein wichtiger Treiber von Innovation und als entscheidende Kraft hinter der Entwicklung neuer Produktideen. Obwohl der demographische Wandel neue Technologiebereiche, wie die Gerontechnologie, befördert, ist dies nur die Spitze des Eisbergs, wenn die zukünftigen Bedürfnisse der älteren Konsumenten in Augenschein genommen werden (Kohlbacher & Herstatt 2009). Denn auch wenn das Thema seitens der Wissenschaft, der Politik und der Wirtschaft zunehmend mehr Aufmerksamkeit erhält (Czaja & Schulz 2006), fehlt es nach wie vor an einer übergeordneten konzeptuellen wie auch konkreten empirischen Forschung auf diesem Gebiet (Kohlbacher & Hang 2011).

Eine fundierte, wissenschaftliche Behandlung des Themas in der Produktentwicklungs- und Innovationsmanagementliteratur ist immer noch ein Desiderat, obgleich es einige Ausnahmen gibt (z.B. Kohlbacher & Hang 2011; Kohlbacher & Herstatt 2011). Erste Ideen kann man aus den Arbeiten zu den Themen ‚Generationenübergreifendes Design' (Pirkl 2011), ‚Universal Design' (Gassmann & Reepmeyer 2011), ‚Inclusive Design' (Clarkson et al. 2003) und dem ‚Human-factors-Ansatz' (Fisk et al. 2009) erhalten. Diese Publikationen richten sich jedoch an ein konstruktiv orientiertes Fachpublikum mit vielen praktischen

Hinweisen. Der vorliegende Aufsatz möchte einen konzeptionell-theoretischen Beitrag hinsichtlich der gesellschaftlich bedingten Schwierigkeiten leisten, die eine erfolgreiche Durchführung von pTD in institutionalisierten Forschungssettings vereiteln.[3]

3 Empirische Grundlage und typische Analysebeispiele

Die Fallstudie soll als ein Best-Practice-Szenario von pTD im Pflegedienstleistungssektor vorgestellt werden. In diesem Abschnitt werden die Studie präsentiert (3.3) und die Methoden vorgestellt – sowohl die Partizipationsmethode des ausgewerteten Falls (3.2) als auch die Methode, die zur Datenerhebung für die vorliegende Auswertung angewendet wurde (3.1). Des Weiteren wird anhand der Fallstudie beispielhaft gezeigt, wie üblicherweise pTD analysiert wird (3.4), um vor dieser Folie eine weitere Perspektive auf die Fallstudie zu eröffnen und in Ergänzung zu den üblicherweise angewendeten Theorien eine alternative Deutung vorzustellen. Der hier vorgeschlagene theoretische Ansatz schlägt das Hinzuziehen von Makrotheorien vor, die die bisherigen Vorgehensweisen der Analyse von pTD ergänzen und die daraus gewonnen Ergebnisse deutlich erweitern können. Durch die Kombination von Mikro- und Mesotheorien mit Makrotheorien ist es möglich, ein vollständigeres Bild von pTD zu zeichnen, das andere Schlussfolgerungen nahelegt, als die Ergebnisse einer Analyse, die sich lediglich auf die (konkreten) Prozesse auf der Interaktions- und/oder Organisationsebene konzentriert.

3.1 Darstellung der Methode

In der Fallstudie[4] wurde untersucht, inwiefern sich das „Szenariobasierte Design" (SBD) als ein Verfahren für pTD eignet. Ziel war es, eine optimale Balance bezüglich der Weiterentwicklung von Servicerobotik für den Einsatz im Pflegebereich zwischen dem sozial erwünschten und dem technisch möglichen zu verwirklichen. Dieser Ansatz implementiert systematisch Szenarien als ein zentrales Abstimmungsinstrument, um benutzerorientierte, partizipative Technikent-

---

[3] Dem gegenüber stehen hochinteressante Erwägungen die nicht-institutionalisierten Wege und Möglichkeiten von Partizipation stärker zu berücksichtigen und zu den institutionalisierten ins Verhältnis zu setzen (Wehling 2012). Diese bislang kaum beachtete Seite von pTA steht in gewisser Weise quer zu den hier formulierten Schlussfolgerungen und sollte in künftigen Reflexionen zu pTA und pTD berücksichtigt werden.
[4] Es handelt sich hierbei um ein Forschungsprojekt mit einer Laufzeit von drei Jahren, das vom Bundesministerium für Bildung und Forschung (BMBF) gefördert worden ist.

wicklung zu realisieren (Rosson & Carroll 2003). Das primäre Ziel des Projektes war die erfolgreiche Inklusion relevanter Nutzergruppen in den Entwicklungsprozess von zwei Servicerobotern. Die Studie befasste sich mit der Entwicklung und dem Einsatz von Pflegerobotern in einer stationären Pflegeeinrichtung. Dabei gilt es zu bedenken, dass die Studie faktisch zwar auf der Mikro- und Mesoebene stattfand, aber zugleich deutliche Implikationen zur Makroebene aufweist. Dazu äußert sich bspw. Schuitmaker (2012: 1025): In the case of health care, the basic challenge is to maintain quality of care against already high costs that appear to rise uncontrollably". Eine zentrale Streitfrage hinsichtlich des Einsatzes von Servicerobotern in Pflegekontexten besteht in der Wahrnehmung der Pflege durch den Menschen als ‚warmer Pflege', die in starkem Kontrast zum Einsatz von ‚kalter Technik' liegt. Hier haben jedoch Pols und Moser (2009) unlängst gezeigt, dass diese beiden Konzepte nicht grundsätzlich entgegengesetzt sein müssen.

In der Fallstudie gab es drei Nutzergruppen – die Bewohner (i.d.R. pflegebedürftige Senioren) der Pflegeeinrichtung, die Pflegekräfte und das Management der Einrichtung – sowie vier Gruppen, die für die Entwicklung zuständig waren. Diese umfasste forschungsorientierte und profitorientierte Robotikingenieure, Designer, die für die grafische Umsetzung der Szenarien und die Evaluation der Usability verantwortlich waren, und Sozialwissenschaftler, die Bedarfsanalysen mit dem Ziel durchführten, die Bedürfnisse der Benutzer zu identifizieren und daraus potenziell nützliche Szenarien zu formulieren. Methodisch relevant ist an dieser Stelle der Hinweis, dass die Sozialwissenschaftler, nachdem sie die Bedarfsanalysen erstellt und die Einstellungen sowie Bewertungen der Nutzergruppen hinsichtlich der Einführung von Pflegerobotern in der Einrichtung ermittelt hatten, vor allem dafür zuständig waren, den Wissenstransfer zwischen allen beteiligten Gruppen (Entwickler- und Nutzergruppen) während der Dauer der Fallstudie zu untersuchen. D.h. der Großteil des ‚konstruktiven' Inputs ist im ersten Jahr des Projekts geleistet worden. Diese Tatsache erlaubte es den Sozialwissenschaftlern, sich in den zwei weiteren Jahren der Projektlaufzeit gänzlich auf die Analyse und Forschungsarbeit zum Wissenstransfer zu konzentrieren, der für die pTD notwendig war. Nichtsdestotrotz sollte die sich aus dieser Doppelrolle ergebende Tendenz zur Befangenheit bei der Auswertung der Ergebnisse bedacht werden, zumal der Autor dieses Beitrags zum Team der Sozialwissenschaftler zählte (vgl. zu dieser Problematik Burawoy 1982; Strauss & Corbin 1996).

Die maßgeblich zur Anwendung gekommene Methode ist die teilnehmende Beobachtung gewesen, wobei sich die Forscher vergleichsweise aktiv in das Feld eingebracht haben (vgl. Callén et al. 2009). Die Daten wurden nach den Richtlinien der Grounded Theory erhoben und fortlaufend ausgewertet (Glaser & Strauss 1998; Strauss & Corbin 1996); neben der Nutzung von Memos als konzeptionelle und eher selektive Feldinstrumente orientierte sich die Erfassung der

Daten häufig an den Grundlagen der ethnographischen Methode (vgl. Glaser & Strauss 1998: 44f). Die gesammelten Daten unterscheiden sich je nach Zusammenhang: Das Spektrum umfasst kurze, handgeschriebene Notizen, Audiodateien (Ad Hoc-, Intensiv- und Gruppeninterviews), Fotos und Videoaufzeichnungen.

3.2 Szenariobasiertes Design als beispielhaftes Verfahren für pTD

Bei der Entwicklung und dem Design von innovativen Technologien für ältere Nutzergruppen stellt die Ermittlung der tatsächlichen Bedürfnisse älterer Menschen und der nutzerfreundlichsten Handhabung eine große Herausforderung dar (Östlund 2011; Peine & Neven 2011). Dies hat dazu geführt, dass die Integration älterer Menschen (als potenzielle Nutzer) in den Prozess der Produktentwicklung und damit Verfahren partizipativer Technikentwicklung verstärkt in den Fokus der Aufmerksamkeit rücken (Callén et al. 2009; Dienel et al. 2004; Schmidt-Ruhland & Knigge 2011; Torrington 2009). Eine besonders vielversprechende Herangehensweise für pTD ist das SBD, das ursprünglich im Bereich der Softwareentwicklung zum Einsatz kam (Carroll 1995b), sich aber zügig als eine zentrale Methode etabliert hat, um potenzielle Nutzer möglichst frühzeitig in den Entwicklungsprozess innovativer Technologien einzubeziehen (Rosson & Carroll 2003).

Das SBD ist eine nutzerzentrierte Methode (Rosson & Carroll 2003; Carroll 1995a; Brul et al. 2010), wobei Szenarien allgemein als besonders zielführend für pTD gelten: Sie stellen einfach zu deutende, grafisch aufbereitete narrative Darstellungen der geplanten Implementierung, der zu entwickelnden Artefakte innerhalb des jeweiligen sozialen Kontextes dar (Smedt 2013; Konrad 2004; Wright et al. 2013). Die Verwendung von Szenarien hat sich auch im Bereich der Technikentwicklung für den demografischen Wandel als besonders hilfreich erwiesen (Jouvenel 2000; MacKay & Tambeau 2013), genauso stellt eine nutzerzentrierte Entwicklung in diesem Feld eine wichtige und gemeinhin als viel versprechend wahrgenommene Vorgehensweise dar (Dienel et al. 2004; Schmidt-Ruhland & Knigge 2011; Neveryd et al. 2002; Taipale 2002).

Szenarien sind Geschichten, die aus mindestens einer Person bestehen, die sich durch einen sozialen, motivationalen und emotionalen Hintergrund auszeichnet und persönliche Ziele besitzt. Üblicherweise wird die Person als „Persona" bezeichnet; mit diesem Ausdruck wird eine spezifische Person bezeichnet, die einen typischen Endnutzer des zu entwickelnden Systems darstellen soll. Hierzu werden demographische Angaben und Informationen zu Bedürfnisdispositionen und typische Biographieverläufen sowie ein Foto bereitgestellt (Cooper 1999). Normalerweise werden in den frühen Phasen des Designs mehrere Persona entwickelt, die repräsentativ für das ganze Spektrum der Zielnutzergruppe stehen. Mit der Entwicklung solcher Persona möchte man vermeiden, dass das Design nur den Durchschnittsnutzer im Blick hat, der so eigentlich gar nicht existiert. Man möchte stattdessen, dass das System einen bestimmten (quasi-realen) Zielnutzer in den Blick nimmt (Pruitt & Adlin 2005).

Persona sind aber nur ein vorbereitender Teil eines Szenario; der andere Teil ist eine Beschreibung wie die Persona mit dem entworfenen System (vermutlich) interagieren würde. Ein Szenario beschreibt eine Abfolge von Handlungen und Ereignissen, die letztendlich zu einem Ergebnis führen. Dabei wird die Detailgenauigkeit der Szenarien immer weiter sukzessive angepasst, so dass sie die Grundlage des benutzerorientierten Designprozesses werden – von der Analyse über die Implementierung bis hin zur Evaluation (Erickson 1995). Der narrative Aufbau der Szenarien hilft den einzelnen Teammitgliedern, sich mit ihrer Nutzergruppe, repräsentiert durch die Persona, zu identifizieren. Szenarien stiften Konsens hinsichtlich der vorhandenen Probleme und schaffen die Grundlage für eine effiziente Kommunikation während des Designprozesses (Carroll 1995b). Obwohl Szenarien relativ konkret sind, sind sie zugleich nie vollständig ausformuliert und bis ins letzte Detail ausbuchstabiert und behalten daher stets einen gewissen Grad an Flexibilität bei (Mack 1995). Auf diese Weise kann eine vor- und ggf. frühzeitige, auf ein vorbestimmtes Endergebnis ausgerichtete Lösung vermieden werden.

Auch die Literatur weist darauf hin, dass das SBD ein wichtiges Instrument für pTD sei und erhebliches Potenzial bietet, zukünftige Nutzer schon früh in den Entwicklungsprozess einzubinden (vgl. Carroll 1995a; Rosson & Carroll 2003). Dabei werden vor allem zwei Vorteile herausgestellt: Die Überschaubarkeit der Szenarien, die ihre Präsentation erleichtert und zugleich die Diskussion innerhalb der Entwickler- und Nutzergruppen befördert und der ständige Anpassungsprozess zwischen diesen auf der Grundlage der Szenarien (Erickson 1995). Die detaillierte Beschreibung der geplanten Szenarien führt zu dem positiven Ergebnis, dass alle involvierten Personengruppen in der Lage sind, ein fundiertes Feedback zu geben. Aufgrund der sehr anschaulichen, narrativen Darstellungsweise, können auch Menschen, die noch nie mit der in Frage stehenden Technik interagiert haben, sich die geplante Implementierung vorstellen und ein Urteil dazu abgeben. Auch das Durchführen von Pilotanwendungen auf der Grundlage der Szenarien wird in der diesbezüglichen Literatur als wichtige Maßnahme zur Optimierung der geplanten Anwendungen genannt (Erickson 1995; Mack 1995). Das Zusammenspiel dieser auf die Szenarienentwicklung und -orientierung beruhenden Vorgehensweisen soll das bestmögliche Maß an sozial erwünschter und zugleich technisch machbarer Innovation herbeiführen.

3.3. Die Einführung von Service-Robotern in einer Pflegeeinrichtungen

In der Fallstudie kann der durchgeführte SBD-Prozess in zwei distinkte Abschnitte unterteilt werden: Der erste Abschnitt (siehe helle Pfeile in Abbildung 1) widmete sich der Entwicklung der Szenarien als rein symbolische, epistemische Objekte (vgl. Heintz 2000: 110ff; Latour 1997; Rheinberger 1997). Der zweite Abschnitt (siehe dunkle Pfeile in Abbildung 1) bestand im Kern aus den Pilottests, also die Implementierung und testweise Anwendung der Artefakte durch die Nutzer in einem ‚realen', sozialen Kontext. Beide Abschnitte zeichnen sich dadurch aus, dass die notwendigen Anpassungen in mehreren Iterationen erfolgen. Daher kann hier von Wissenstransferschleifen die Rede sein, insofern als der Prozess auf eine iterativ-zirkuläre Anreicherung von Wissen abzielt und nicht linear-sequentiell aufgebaut ist (für eine genauere Darstellung der Vorgehensweise vgl. Compagna 2012).

Abbildung 1: Zwei Phasen der Wissenstransferschleife auf der Grundlage der Nutzung des SBD

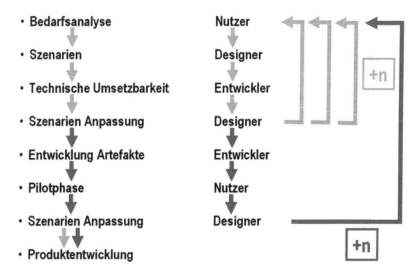

Quelle: Eigene Darstellung; vgl. Compagna et al. (2011: 3).

Die empirische Grundlage der Szenarien beruhte auf die Ergebnisse einer Bedarfsanalyse, die in einer Pflegeeinrichtung für pflegebedürftige (zumeist) Senioren über einen Zeitraum von mehreren Monaten hinweg gesammelt wurden. Die Bedarfsanalyse gestaltete sich als vielschichtiger Prozess, der bildlich gesprochen einer sich verdichtenden Spirale glich. Zunächst wurden so viele Daten wie möglich erhoben (Orientierung an ethnografischen Ansätzen); in einem nächsten Schritt wurde die Datenmenge anhand von Kriterien, die als wesentlich für die Fragestellung – ob und wie Service-Roboter in eine Pflegeeinrichtung einzuführen bzw. zu integrieren sind – identifiziert worden waren, immer weiter reduziert. In der ersten Phase wurden die Daten mittels mehrtägiger Beobachtung erhoben. Diese Beobachtungsergebnisse wurden ergänzt durch Ad hoc- und problemzentrierten Interviews sowie Fokusgruppeninterviews (Orientierung an der Grounded Theory). In der nächsten Phase dominierten leitfadengestützte Interviews und die Videoaufnahmen typischer Situationen. Alles in allem folgte die Erhebung, Identifikation und Analyse der Bedürfnisse in der Pflegeeinrichtung der klassischen Variante der Grounded Theory, wie sie von Glaser und Strauss (1998; vgl. auch Compagna et al. 2009; Compagna & Derpmann 2009) vertreten wird, d.h. ohne eine Bevorzugung oder gar Festlegung auf eine bestimmte Theorie oder theoretischen Annahmen. Dies hatte zur Folge, dass einige Phasen (insbesondere die frühen) sich durch eine relativ selektionslose Sammlung von Daten in Anlehnung an die ethnografische Vorgehensweise auszeichnen, obschon die Grounded Theory als bevorzugte Erhebungs- und Auswertungsmethode gesetzt war.

Auf der Grundlage der Bedarfsanalyse, die in der Pflegeeinrichtung durchgeführt worden ist, wurden die ersten Szenarien entworfen. Nachdem die Szenarien mit den Entwicklern durchgesprochen und hinsichtlich ihrer technischen Realisierbarkeit angepasst worden sind, wurden sie erneut in der Pflegeeinrichtung den relevanten Nutzergruppen präsentiert. Die Reaktionen auf die Szenarien, die die Bedürfnisse und die Anforderungen der potenziellen Benutzer widergeben sollten, führten zu neuen Anpassungen. Diese Prozedur wurde so lange wiederholt, bis alle mit den geplanten Szenarien zufrieden waren. Die Auswahl der Szenarien orientiert sich in dieser Phase an zwei Faktoren: An den Ergebnisse der Bedarfsanalyse und an der technischen Realisierbarkeit. Auch die daran anschließende Konkretisierung der ausgewählten Szenarien fußt auf zwei weiteren Faktoren: Den Bedürfnissen und Einstellungen der Nutzergruppe und den Ressourcen, die den Entwicklern zur Verfügung stehen, um die technische Umsetzung zu bewerkstelligen. Diese beiden Phasen überschneiden sich freilich an vielen Stellen, dennoch können sie als zwei aufeinanderfolgende Schritte in der ersten Wissenstransferphase (siehe helle Pfeile in Abbildung 1) gelten.

Nachdem die Bedarfsanalyse, die von den Sozialwissenschaftlern durchgeführt worden ist, zwölf mögliche Szenarien aufgezeigt hat, mussten nach Einschätzung der Robotikentwickler sechs wegen mangelnder Umsetzbarkeit aufgegeben werden. Bei den sechs übrigen Szenarien mussten Anpassungen vorgenommen werden, die sich aus den Ressourcenvorgaben der involvierten Entwicklerorganisationen ergaben. Die sechs übrigen und angepassten Szenarien wurden daraufhin den Benutzergruppen präsentiert. Dies führte dazu, dass zwei weitere Szenarien von den Benutzern aussortiert wurden, da sie nach den durch die Entwickler vorgenommenen Anpassungen nicht mehr mit den Benutzerbedürfnissen übereinstimmten. Die vier verbleibenden Szenarien wurden nach einem Feedback der Benutzer noch einmal angepasst und dann erneut mit den Ingenieuren besprochen. Dieser Prozess wurde so lange wiederholt, bis alle Teilnehmer zufrieden waren.

Es folgt ein Überblick über die vier Szenarien, die das Ergebnis der ersten Abstimmungsschleife (siehe helle Pfeile in Abbildung 1) darstellen und zugleich die Grundlage für die weitere Entwicklung und Programmierung der Roboter für die zweite Phase, der Pilotierung, darstellen:

- *Das Transport-Szenario:* In diesem Szenario werden die in Pflegeeinrichtungen routinemäßig anfallenden, logistischen Aufgaben, wie z.B. der Transport von Essenstabletten, Medizin, Wäsche, Abfall und Post von einem Roboter übernommen. Der automatisierte Transport dieser Güter soll die Mitarbeiter der Einrichtung entlasten, zumal sie häufig zeitaufwendig sind und nicht zum eigentlichen Tätigkeitsbereich der Pflegekräfte gehören.
- *Das Nachtdienst-Notfall-Szenario:* In diesem Szenario soll den Pflegekräften, die Nachtdienst leisten, geholfen werden. Zielsetzung ist es, durch den Einsatz des Roboters die Anzahl der nächtlichen Rundgänge zu erhöhen, die Reaktionszeit in Notfallsituationen zu verkürzen, kontextbezogene Informationen in Notfallsituationen bereitzustellen, als erste Hilfe-Station und als bidirektionale Kommunikationsstation den Pflegekräften zur Verfügung zu stehen.
- *Das Getränkeausgabe-Szenario:* In diesem Szenario sollen die Bewohner der Einrichtung mit Getränken versorgt werden. Der Roboter soll in der Lage sein, selbstständig die Getränke an die Bewohner in den Gemeinschaftsräumen zu verteilen. Gleichzeitig soll der Roboter die Anzahl und Menge der dargereichten Getränke dokumentieren.
- *Das Aktivitäts-Szenario:* Zielsetzung dieses Szenarios ist die Unterstützung bei der Beschäftigungstherapie. Dazu beherrscht der Roboter eine ausreichend große Menge an Spielen, Liedern, Gedichten etc. Die täglichen, pflegerischen Aufgaben lassen den Pflegekräften nur wenig Zeit, sich mit den Bewohnern zu beschäftigen oder sie dazu zu ermutigen, mit den anderen Bewohnern über gewöhnliche Alltagssituationen hinaus zu interagieren.

3.4 Theoriefolien zur Analyse von pTD

Im folgenden Abschnitt werden drei Theorien vorgestellt, mittels derer einige Problempunkte der Fallstudie beschrieben und analysiert werden können: Social Constructivism of Technology (SCOT), das Konzept der ‚Grenzobjekte' aus der Theorietradition des ‚Symbolischen Interaktionismus' (SI) und die Akteur-Netzwerk-Theorie (ANT). Diese Theorien sind sehr geläufig in Wissenschafts- und Technikforschung und werden häufig herangezogen, um soziale Faktoren im Rahmen von Technikgenese und Innovationsforschung zu untersuchen. Sie verbindet, dass sie die Mikroebene und die Mikrostruktur des Verhältnisses zwischen Gesellschaft und Technik betonen. Auch die Art und Weise, wie ANT üblicherweise angewendet wird, offenbart die Tendenz, insbesondere die Handlungsebene oder die Organisationsebene hervorzuheben.[5]

Der Prozess, der zur Konsolidierung eines bestimmten Szenarios führt, bietet eine gute empirische Grundlage, um die Verstrickung der Szenarien (als epistemische Objekte) mit den involvierten sozialen Gruppen zu diskutieren. Wie sich aus der Beschreibung der einzelnen Szenarien (s.o.) erkennen lässt, stützt sich der Entwicklungsprozess hauptsächlich auf zwei Gruppen: die Ingenieure und die Nutzer. Eine weitere Gruppe fungiert als Vermittler, indem sie Benutzerbedürfnisse im Einklang mit potenziellen Szenarien transformiert und nach Absprache mit den Entwicklern realisierbare Anpassungen an den Szenarien vornimmt. Jede dieser insgesamt drei Gruppen, die entsprechend ihrer jeweiligen Funktion im Verbund gebildet worden sind, besteht aus folgenden Untergruppen:

- *3 Benutzeruntergruppen:* Bewohner der Einrichtung (ältere, pflegebedürftige Menschen), Pflegekräfte der Einrichtung, Einrichtungsmanagement.
- *2 Vermittleruntergruppen:* Sozialwissenschaftler (verantwortlich für die Durchführung der Bedarfsanalyse mit dem Ziel, Benutzerbedürfnisse zu identifizieren und daraus potenziell nützliche Szenarien zu entwerfen), Designer (verantwortlich für die konkrete Konzeptualisierung der Szenarien und der Usability der Nutzerschnittstellen).
- *2 Entwickleruntergruppen:* Ingenieure (forschungsorientiert, aufgrund des organisatorischen Hintergrundes), Ingenieure (profitorientiert, aufgrund des organisatorischen Hintergrundes).

Einerseits sind die Szenarien das Produkt der vermittelnden Gruppen, andererseits stellen sie aber auch das Ergebnis der Aushandlungsprozesse aller involvierten Gruppen dar und fördern als vermittelndes Moment die Kommunikation unter ihnen. Obwohl die Szenarien den Anschein erwecken, reine Instrumente

---

[5] Vgl. Compagna (2012) für eine umfassendere Diskussion dieser Argumentationslinie und einer ausführlicheren Behandlung der hier nur kursorisch verwendeten drei Theorieansätze.

ohne eigene Handlungsträgerschaft zu sein, beeinflussen sie die Aushandlungssituation beträchtlich. Die vier ausgewählten Szenarien beinhalteten ein ‚Aktivitäts-Szenario' (siehe Kurzbeschreibung unter 3.3), das von Anfang an aus verschiedenen Gründen problematisch war. Obwohl die Bedarfsanalyse ein leichtes, einseitiges Interesse offenlegte, fehlte eine notwendige Bedingung: Einige Pflegekräfte konnten sich zwar vorstellen, dass es sinnvoll sein könnte, dieses Szenario auszuprobieren, aber die große Mehrheit einer der zentralen Nutzergruppen, nämlich die Bewohner der Einrichtung, lehnten eine intensive Interaktion mit den Robotern ab.

Die Kompromisse, die zwischen den einzelnen Gruppen – besonders aus der Perspektive der Entwickler und der vermittelnden Untergruppen – gemacht worden sind, sind wichtig, um zu verstehen, wieso das Szenario den Aushandlungsprozess überstanden hat und in einer Pilotphase getestet worden ist. Die Gruppen, die bezüglich dieses Szenarios am intensivsten an dem Verhandlungsprozess beteiligt gewesen sind, waren die Sozialwissenschaftler, die die Bedarfsanalyse durchgeführt haben, die Designer, die die Szenarien grafisch entworfen und als grafische Narration umgesetzt haben und die Ingenieure des Service-Roboters, der in einer Forschungseinrichtung für Assistenzrobotik entwickelt worden ist. Diese letzte Gruppe war sehr daran interessiert, ihren Roboter in einem solchen Szenario einzusetzen, da er ursprünglich vor allem für Unterhaltungsanwendungen entworfen worden ist. Es lag also ein typischer Fall von Pfadabhängigkeit vor: Die Ingenieure des Roboters waren offensichtlich daran interessiert, die Unterhaltungsfähigkeiten des Artefakts weiter zu entwickeln und sie in einem realen, alltäglichen Umfeld zu testen. Die diesbezügliche Haltung der Designer war mehr oder weniger neutral, obschon sie von der Herausforderung fasziniert waren, für eine solche Anwendung eine passende Benutzeroberfläche zu kreieren. Im Gegensatz dazu standen die Sozialwissenschaftler dem Szenario sehr kritisch gegenüber und tendierten dazu, das Szenario gänzlich zu streichen, da es (zumindest auf dem Papier, als narrativ grafisch umgesetztes Szenario) von den älteren Benutzern nur zögerlich und teilweise gar nicht angenommen wurde.

Die Ingenieure brachten jedoch ein sehr überzeugendes Argument vor, das für die Beibehaltung des Aktivitäts-Szenarios sprach: Sie wiesen darauf hin, dass die älteren Bewohner das Szenario aus bloßer Unwissenheit heraus ablehnten, da sie sich nicht vorstellen könnten, wie sie mit einem Roboter umzugehen hätten. Daher wäre das Aktivitäts-Szenario ein nützlicher Test, um herauszufinden wie relevant die fehlende Erfahrung hinsichtlich der Nutzung einer Technologie deren Einschätzung beeinflusst. Die Sozialwissenschaftler bauten das Argument weiter aus und integrierten es in ihr eigenes Referenzsystem und in ihr wissenschaftstheoretisches Konzept: Indem sie auf Poppers Falsifikationstheorem verwiesen, behaupteten sie nun, dass es wichtig wäre, ein Szenario im Forschungsprojekt beizubehalten, das eben nicht dem Bedürfniskriterium entspricht. Denn nur so könnte auf wissenschaftlich-fundierter Basiseine Aussage darüber getroffen werden, ob bedarfsorientierte Forschung und Entwicklung (also pTD im Allgemeinen) funktioniere bzw. wirklich relevant sei (vgl. Popper 2005; Wellmer 1967). Wenn sich nämlich herausstellen sollte, dass das Aktivitätsszenario von den Bewohnern positiv bewertet wird, würde das die Relevanz von pTD relativieren.

3.4.1 Szenarien als Mittel zur Problem-Redefinition: Die Perspektive des Social Constructivism of Technology (SCOT)

Entsprechend der grundlegenden Prinzipien von SCOT könnte der geschilderte Prozess der Angleichung zwischen Robotikentwickler und Sozialwissenschaftler als Problem-Redefinition beschrieben werden, mit dem Ziel, sowohl hinsichtlich der Entwicklung als auch hinsichtlich der in dem Prozess involvierten, relevanten sozialen Gruppen zu einer erfolgreichen ‚Schließung' zu gelangen. Das Konzept der Redefinition vermag es letztlich nicht, die Dynamik des beschriebenen Verhandlungsprozesses adäquat zu erfassen. Die Autoren Pinch und Bijker (1999) haben das Konzept der Problem-Redefinition vorgestellt und darauf hingewiesen, dass dieses Phänomen einen wesentlichen Beitrag dazu leistet, Aushandlungsprozesse in heterogenen sozialen Gruppen mit unterschiedlichen – und üblicherweise widersprüchlichen – Interessen und Orientierungen zu einem konstruktiven Abschluss zu bringen. Eine spezifische Variante der neuen, innovativen Technologie, die eine Lösung für typische Probleme von einigen der involvierten Gruppen darstellt, könnte sich gegenüber konkurrierenden Varianten durchsetzen, sofern auch andere relevante soziale Gruppen erkennen, dass das neue Artefakt in eben dieser Form eine Lösung auch hinsichtlich ihrer Interessen und Orientierungen sein kann (Pinch & Bilker 1999: 44ff). Bei genauerer Betrachtung des von ihnen vorgeschlagenen Beispiels – die Erfindung des Fahrrades – zeigt sich jedoch, dass nicht das Problem redefiniert wird, sondern vielmehr der Weg, der zur Lösung führt. Daher sollte eher von einer Lösungs-Redefinition als von einer Problem-Redefinition die Rede sein: Das, wovon man annahm, dass es die Lösung für ein Problems darstellen könnte, wird redefiniert, indem eine neue (bis dahin nicht vorgesehene) Lösung für das gleiche Problem wahrgenommen wird. Somit wird für das gleichbleibende, gruppenspezifische Problem ein neuer Lösungsweg gefunden, der bis dato noch gar nicht in Betracht gekommen ist (Pinch & Bilker 1999: 44ff). Das Ziel der einzelnen sozialen Gruppe und die mit ihr verbundenen je spezifischen Probleme bleiben gleich. Einzig die Art und Weise, wie eine bestimmte soziale Gruppe in der Lage ist, sich eine neue Lösung für das Problem vorzustellen, kann sich ändern.

Durch die geschickte Verteidigung des Aktivitäts-Szenarios nötigten die Ingenieure die Sozialwissenschaftler, auf das Szenario als epistemisches Objekt zu reagieren. Dazu mussten die Sozialwissenschaftler ein völlig neues Ziel und

Partizipation und Moderne 191

damit verbundene Probleme entwerfen, für die das Aktivitäts-Szenario eine Lösung sein kann. Diese Situation unterscheidet sich von den Vorgaben des ‚klassischen' SCOT, insofern das Problem, für welches das Aktivitäts-Szenario die Lösung bereitstellt, vorher für die Gruppe der Sozialwissenschaftler gar nicht existierte. Motiviert wurden die Sozialwissenschaftler durch die Notwendigkeit, eine belastbare positive Haltung zu diesem Szenario aufzubauen, da das Szenario im Begriff war zu einem relevanten Bestandteil des pTD-Netzwerks zu werden.

3.4.2 Szenarien als Grenzobjekte: Die Perspektive des Symbolischen Interaktionismus

In den späten 80er Jahren stellten Star und Griesemer (1989) das Konzept der Grenzobjekte vor und schufen damit ein vielseitiges Werkzeug, um die Zusammenarbeit zwischen heterogenen sozialen Gruppen zu beschreiben. Ihr Konzept war eine kritische Reaktion auf die an Bedeutung gewinnende ANT (Strübing 1997: 374f). Daher arbeiteten sie pointiert heraus, dass die Bedeutung eines Grenzobjekts für jede teilnehmende soziale Gruppe verschieden ist und es auch über den gesamten Kooperationsprozess bleibt. Dennoch, so Star und Griesemer, kann die Kooperation auch in einem heterogenen Netzwerk sehr erfolgreich sein.

"Boundary objects are objects which are both plastic enough to adapt to local needs and the constraints of the several parties employing them, yet robust enough to maintain a common identity across sites. They are weakly structured in common use and become strongly structured in individual site use. These objects may be abstract or concrete. They have different meanings in different social worlds but their structure is common enough to more than one world to make them recognizable, a means of translation. The creation and management of boundary objects is a key process in developing and maintaining coherence across intersecting social worlds" (Star & Griesemer 1989: 393).

Obwohl die Prämisse der statischen Bedeutung über die Dauer des ganzen Prozesses hinweg in den folgenden Publikationen von Star (ohne Griesemer) abgeschwächt worden ist, blieb die ausschlaggebende Annahme, dass die Bedeutung der Grenzobjekte von jeder sozialen Gruppe anders definiert wird, im Grunde bestehen (Bowker & Star 1999: 254, 296ff). Was hier bezogen auf das Fallbeispiel unberücksichtigt bleibt, ist die Dynamik des Szenarios als epistemisches Objekt, das die Bedeutungszuweisungen für einzelne soziale Gruppen des heterogenen Netzwerkes erst in Gang setzen kann. Diese Perspektive ist insofern kaum geeignet, um die Dynamik zu beschreiben, als sie davon ausgeht, dass die kooperierenden Personengruppen ihre Ziele und Referenzen bezüglich des Grenzobjektes (im Fallbeispiel: die Szenarien) aufgrund und während der gesamten Zusammenarbeit nicht ändern. Die Besonderheit eines Grenzobjektes besteht im Gegenteil, gerade darin, dass jede Personengruppe sehr unterschiedliche Bedeutungen haben kann, die völlig unabhängig von denen der anderen sein und bleiben können. Im beschriebenen Fallbeispiel hat sich jedoch deutlich gezeigt, dass es zu Verschiebungen der Bedeutung der einzelenen Szenarien kommen kann, und zwar aufgrund der (wennauch teilweise unbeabsichtigten) Einflussnahme einzelner Gruppen.

3.4.3 Szenarien als obligatorische Passagenpunkte: Die Perspektive der Akteur-Netzwerk-Theorie (ANT)

Im Gegensatz zu der soeben knapp skizzierten Perspektive des Symbolischen Interaktionismus und der Klassifizierung von Szenarien als Grenzobjekte, geht die ANT davon aus, dass erfolgreiche Zusammenarbeit nur möglich ist, wenn im Zuge der Zusammenarbeit ein Netzwerk entsteht, indem jeder Teilnehmer bzw. Aktant (d.h. soziale Gruppen, Individuen und Objekte) sich an den anderen Aktanten im Netzwerk ‚anpasst'. Insbesondere an diejenigen Aktanten, die an zentralen Positionen (bzw. Knoten) des Netzwerks stehen, müssen alle übrigen Aktanten sich in einer für alle ähnliche Ausrichtung daran orientieren. Sollte es notwendig sein, dass sich alle anderen Aktanten des Netzwerkes an diese anpassen, so erhalten sie die Bezeichnung ‚obligatorische Passagenpunkte' (Callon 1986; Law 1999). Anders ausgedrückt, aber noch im Rahmen der ANT: Die Elemente eines etablierten und stabilen Netzwerk, die als obligatorische Passagenpunkte identifiziert werden konnten, haben ‚Skript'-Qualitäten. Dahingegen werden die Elemente, die sich an die obligatorischen Passagenpunkte anpassen müssen, von diesen ‚inskribiert' (Akrich 1992; Latour 1992). Das Aktivitäts-Szenario hat dadurch, dass die daran teilnehmenden sozialen Gruppen ihre Zustimmung gegeben haben und es als konstitutiven Bestandteil des Netzwerks bzw. der Zusammenarbeit ansehen, Handlungsträgerschaft entfaltet und entspricht folglich ohne Zweifel der ANT-spezifischen Definition eines Aktanten – und zwar eines besonders hervorgehobenen, nämlich eines obligatorischen Passagenpunktes. Aufgrund dieser Merkmale ist es aber auch als Grenzobjekt beschreibbar, obgleich seine fordernd-aktive Qualität, die als objektbezogene Handlungsträgerschaft beschrieben werden kann, für Grenzobjekte untypisch ist. Daher liegt mit der ANT eine aussagekräftige Perspektive für eine angemessene Beurteilung der Situation vor, insofern die ANT herausstellt, dass sowohl Menschen wie auch Objekte die Etablierung eines stabilen sozio-technischen Systems (d.h. ein Netzwerk oder eine Kooperation, die, neben Menschen als sozialen Akteuren, sowohl Objekte als auch Technik beinhaltet) in gleichem Maße beeinflussen.

Mit der ANT können die hier exemplarisch dargestellten Verhältnisse besonders gut beschrieben werden. Die Szenarien sind das zentrale Element des Verhandlungsprozesses in der ersten Wissenstransferschleife des gesamten SBD-Prozesses, wie in den Abschnitten 3.2 und 3.3 ausgeführt worden ist. Im Rahmen der pTD sind diese sogar strategische und obligatorische Passagenpunkte: Jede soziale Gruppe musste sich an die ausgewählten Szenarien anpassen bzw. an-

Partizipation und Moderne 193

gleichen. Gleichzeitig zeichneten sich die Szenarien vor allem durch ihre Flexibilität, ihre Offenheit und ihre Modifizierbarkeit aus. Im Aushandlungsprozess spielte aber vor allem die allgemeine Ausrichtung der Szenarien eine Rolle. Die Frage die sich im Prozess gestellt hat war, ob das Aktivitäts-Szenario beibehalten werden sollte oder nicht. Fällt die Entscheidung positiv aus, so muss jedes Element herausfinden, wie es sich zu dem Szenario ins Verhältnis setzen bzw. an das Szenario anpassen kann. Somit können die Szenarien in ihrer Eigenschaft als Knotenpunkte des Netzwerks als obligatorische Passagenpunkte beschrieben werden. Der Nutzen der ANT-Perspektive für die Beschreibung solcher dynamischer Prozesse heterogener Innovationsnetzwerke, die für pTD typisch sind, wird anhand solcher Fallbeispiele offensichtlich. Grund dafür ist, dass die darin involvierten sozialen Gruppen viele, zuweilen auch widersprüchliche Orientierungen und Interessen haben und sich auch hinsichtlich grundsätzlicher Fragen nach dem, was z.B. ethisch, funktional oder nützlich ist, unterscheiden. Szenarien als epistemische Objekte funktionieren als Übersetzungsinstrumente wie Scharniere, die allerdings nur solange ‚alles in Bewegung zusammenhalten', als auch alle relevanten Elemente des pTD-Netzwerks in der Lage sind eine hohe Anschlussfähigkeit zu ihnen zu gewährleisten und über den gesamten Prozess hinweg aufrechtzuerhalten.

4 Diskussion und weitere Analyse

Wie bereits in Abschnitt 3.3 dargelegt, können Szenarien als symbolische, epistemische Objekte beschrieben werden: Sie sind sowohl imaginär als auch greifbar; durch den Prozess der Anpassung werden sie mehr und mehr zu Produkten eines spezifischen Wissens, das sich aus den verschiedenen, involvierten sozialen Bereichen speist (Compagna 2012). Die Nutzerbeteiligung ist in der ersten Wissenstransferschleife von großer, in der zweiten aber nur noch von relativ geringer Bedeutung. In der Pilotphase sind alle wichtigen Entscheidungen getroffen, so dass der Einfluss der Nutzer sich darauf beschränkt, Feedback zur Funktionalität konkreter Entwicklungen zu geben. Die interpretative Flexibilität der Artefakte, welche Gestalt sie haben und wie sie in die jeweiligen sozialen Kontexte integriert werden sollen, ist in der ersten Aushandlungsschleife ungleich größer als in der zweiten (Bijker 1997: 73ff). Innerhalb dieser ersten Phase kann das Verhältnis zwischen den sozialen Gruppen und den Szenarien als musterhaftes Beispiel für ein typisches Anpassungsdilemma von pTD-Prozessen gelten, das von der Übersetzung zwischen heterogenen und teilweise inkommensurablen Wissensbereichen geprägt ist (vgl. Schreuer et al. 2010: 740f). Als epistemische Objekte sind Szenarien von entscheidender Bedeutung, da sie die

Übersetzung zwischen äußerst heterogenen Wissensbereichen ermöglichen sollen.

4.1 Szenarien als Instrument der Übersetzung: Die Perspektive der Sozialsysteme

Die Relevanz der Partizipation von potenziellen Nutzern am Entwicklungsprozess innovativer Technologien, entsteht dergestalt nur in funktional ausdifferenzierten Gesellschaften. In Gesellschaften, in denen es viele hochspezialisierte Bereiche gibt (sog. Sub-Systeme), die wiederum in einem ko-konstitutiven Verhältnis zueinander stehen und je idiosynkratisches Wissen ausbilden, entsteht die Situation, dass aufgrund des unterschiedlichen Referenzrahmens keines der Sub-Systeme fähig ist, die Probleme des anderen adäquat zu verstehen. So wird eine Firma ein Problem immer aus der Perspektive der Rentabilität und Profitmaximierung beurteilen, auch wenn das Problem ursprünglich aus einem anderen gesellschaftlichen Bereich hervorgegangen ist. Die idiosynkratischen Wissensgrundlagen, die sich aus der jeweiligen Funktion eines Sub-Systems ergeben, sind inkompatibel mit denen der anderen Sub-Systeme. Pointiert könnte gesagt werden, dass der für den Wissensaufbau zur Anwendung kommende Referenzrahmen so unterschiedlich ist, dass die Bewertungsmaßstäbe zunehmend inkommensurabel geworden sind. In einer so gearteten gesellschaftlichen Realität wissen die Mitglieder eines Sub-Systems nicht mehr, womit sich die Mitglieder eines anderen beschäftigen, was sie entwickeln oder was sie brauchen und wollen.[6]

Husserls Terminus der „Technisierung" (1992), den zuerst Luhmann (2003) in den frühen 70ern unter Berufung auf eine Neuauslegung des Begriffes durch Blumenberg (1981) in die Soziologie einführte, basiert auf derselben Grundlage und kann daher herangezogen werden, um den Nexus von Technologie und Moderne zu veranschaulichen. Der Begriff der Technisierung meint die Umwandlung einer zielführenden Handlung in einen Prozess, der auch ohne das Wissen darum, wie dieser Prozess funktioniert, – häufig in mechanischer Weise – wiederholt werden kann (Rammert 1998). Anders ausgedrückt, Technisierung bedeutet, dass sich die Menschen einer modernen Gesellschaft mit dem (exponentiell wachsenden) Mangel an Wissen abfinden müssen, um von dem technischen Fortschritt profitieren zu können (vgl. Weber 1994): „Technisiert sind Handlungen und Kommunikationsabläufe, die nach einer Regel oder einem Algorithmus beliebig wiederholt und automatisiert, d.h. von der expliziten Aufnahme und Formulierung des erforderlichen intuitiven Wissens entlastet werden

---

[6] Die Argumentation ist maßgeblich auf Systemtheorie Parsonsscher Prägung (Strukturfunktionalismus) gemünzt und vernachlässigt die voraussetzungsvollere Perspektive der neueren (funktional-strukturellen) Systemtheorie nach Luhmann.

können" (Habermas 2006b: 241, Fn 44). Dieser Fortschritt ist auf moderne Gesellschaften und ihre Fähigkeiten angewiesen, eine wachsende Anzahl spezialisierter Wissensbereiche, die sich auf einen sehr engen Problembereich und die damit verbundenen Lösungs- und Entwicklungsansätze beschränken, zu integrieren. Folglich zielen die im Rahmen moderner, funktional ausdifferenzierter Gesellschaften entstandenen Fachbegriffe der „Technisierung" (nach Husserl) und „Moral" (nach Durkheim) auf Ähnliches ab, da sie beide einen typischen Mangel moderner Gesellschaften veranschaulichen: Entweder hinsichtlich einer fehlenden unmittelbaren Übereinstimmung der Gesinnung, allgemeiner Orientierung und eines geteilten Wertekonsens' zwischen unterschiedlichen Mitgliedern einer Gesellschaft (Begriff der „Moral" nach Durkheim 1999; vgl. Luhmann 1999) oder hinsichtlich einer fehlenden Einsicht in die Funktionsweise dieser (Begriff der „Technisierung" nach Husserl 1992; vgl. Weber 1994). Parsons (und später leicht abgewandelt unter den Begriff der „symbolisch generalisierten Kommunikationsmedien" auch Luhmann) hat eine sozio-evolutionäre Lösung des Problems vorgeschlagen, indem er mit dem Theorem der „symbolisch generalisierter Interaktionsmedien" ein Konzept eingeführt hat, das den erfolgreichen Austausch (Interaktion) zwischen den verschiedenen Sub-Systemen garantieren sollte (Parsons 1975; 1976; 1991).

Die nachfolgende Argumentation soll aufzeigen, dass die Anforderungen und die Probleme von pTD in ein umfassenderes Bild einzuordnen sind. Im weitesten Sinne, so die hier vertretene Überzeugung, kann jede Methode, die dazu dienen soll, pTD zu realisieren, als ein Übersetzungs-Instrument gelten (vgl. Compagna 2012), das in einem übertragenen Sinn eine ganz ähnliche Funktion erfüllen soll, wie bspw. Geld (als eines der symbolisch generalisierten Interaktionsmedien) den Erfolg einer Interaktion (als Transaktion) sicherstellt. Die meisten Methoden der pTD haben den gleichen Ausgangspunkt, sie gehen davon aus, dass es das Hauptziel einer pTD-Methode sei, deliberative Situationen hinsichtlich technischer Entwicklung zu realisieren (vgl. Wehling 2012; Fung 2006; Chilvers 2008; Eijndhoven & Est 2002; Joss & Bellucci 2002). Die Situation wird dabei (implizit oder explizit) mit dem Konzept ‚herrschaftsfreier Kommunikation' von Habermas (2006) erläutert. Die Nutzer der neuen Technologie sollen in den deliberativen Prozess integriert werden; ihr Urteil soll die rein technische Perspektive der Realisierbarkeit ergänzen (vgl. Wehling 2012). Tatsächlich aber mangelt es vielen Ansätzen an einem tieferen soziologischen Wissen und damit einer realistischen Abschätzung der Verwirklichung eines solchen Unterfangens insbesondere hinsichtlich eines deliberativen Prozesses

Die Herstellung einer tatsächlich deliberativen Situation ist eine sehr schwierige und voraussetzungsreiche Herausforderung. In Bezug auf pTD stellt vor allem die erforderliche Kompetenz im Umgang mit der relevanten Technologie eine große Herausforderung dar. Letztendlich hängt der Erfolg einer deliberativen Situation davon ab, ob den Nutzern ausreichende Ressourcen zur Verfügung gestellt wurden, um die Nützlichkeit und Richtigkeit der Einführung einer Technikinnovation in ein bestimmtes gesellschaftliches Umfeld zu beurteilen. Die Nutzer müssten, um dies im Sinne einer idealen deliberativen Situation bewerkstelligen zu können, selbst zu Experten werden, was pTD ad absurdum führen würde. Da diese Tendenz jedoch tatsächlich oft beobachtet werden kann, wurde sie bereits von einigen Technik- und Wissenschaftsforschern zurecht kritisiert (Felt & Fochler 2010; Braun & Schultz 2010). Wie bereits in der Einleitung erwähnt, geht auch für Habermas die zunehmende ‚Versprachlichung' einiger Sub-Systeme in modernen, funktional ausdifferenzierten Gesellschaften unweigerlich mit der notwendigen ‚Entsprachlichung' anderer Sub-Systeme einher. Sub-Systeme, die von der zunehmenden ‚Entsprachlichung' profitieren, sind insbesondere die Politik und die Wirtschaft – hier gilt es zu beachten, dass marktnahe technische Entwicklung dem Wirtschaftssystem zugeschlagen werden müssen (Berger 2002; Habermas 2006a). Dahingegen profitieren Bereiche, wie z.B. Privatsphäre, Familie, Bildung und letztendlich auch Pflegekontexte von der ‚Versprachlichung', die auf der makro-soziologischen Ebene durch den zunehmenden Output der anderen Systeme ermöglicht wird, die wiederum von der ‚Entsprachlichung' abhängig sind (Berger 2002). Es drängt sich die Frage auf, wie die ‚Entsprachlichung' einiger Sozialsysteme von der ‚Versprachlichung' der Lebenswelt profitieren kann, wenn es zwischen beiden eine positive Korrelation gibt (vgl. Compagna 2011)?

4.2 Erneute Analyse der Fallstudie und Zusammenfassung aus einer makrosoziologischen Sicht

Ganz allgemein gilt, dass jede Methode, die zur Verwirklichung von pTD herangezogen wird, ein Übersetzungs-Instrument darstellt. Sie verfolgt das Ziel, spezifisches Wissen von einem sozialen Bereich in einem anderen erfolgreich zu überführen. Vor diesem Hintergrund entsteht der Bedarf nach Partizipationsmethoden zuallererst in funktional ausdifferenzierten Gesellschaften. Hochspezialisierte, soziale Bereiche und das ihnen immanente spezifische Wissen (z.B. unterschiedliche Felder der Technikentwicklung) müssen in alltägliches Anwenderwissen übersetzt werden und umgekehrt (Fung 2006). Besonders auf dem Gebiet der Technikfolgenabschätzung kann das asymmetrische Verhältnis zwischen dem hochspezialisierten Wissen der Entwickler und dem unspezifischen, alltäglichen Wissen der potenziellen Nutzer beobachtet werden (Chilvers 2008; Eijndhoven & Est 2002). Diese Wissensdisparität führt dazu, dass der Nutzer diesen Mangel dadurch beheben muss, dass er sich ausreichend viel Wissen aneignet, und somit zu einem Laienexperten wird (Felt & Fochler 2010; Braun & Schultz 2010).

Die Analyse der Fallstudie auf der Mikro- und Mesoebene zeigt, dass SBD im Prinzip erhebliches Potenzial besitzt, zukünftige Nutzer bereits frühzeitig in pTD-Vorhaben einzubeziehen. SBD hätte einen fruchtbaren Austausch zwischen den Nutzern – das waren sowohl die Pflegekräfte als auch die Bewohner der Pflegeeinrichtung – und den Entwicklern der Service-Roboter ermöglichen können. In der Fallstudie jedoch führten die technischen Einschränkungen (Machbarkeit) und der hohe Innovationsgrad dazu, dass während der Aushandlungsphase der Szenarien die Interessen der Entwickler im Vordergrund standen, wohingegen die Pilotapplikationen eher von den Bewertungen und Einschätzungen der Nutzer dominiert wurden (worauf in der Fallanalyse weiter oben nicht eingegangen worden ist, da der vorhergehende Prozess die Entwicklung wesentlich stärker beeinflusst hat). Die unterschiedlichen Orientierungen und Ziele der involvierten sozialen Gruppen während des Entwicklungsprozesses der Service-Roboter können mit der Konzeptualisierung der Szenarien als ‚Aktanten' (Law 1999) sehr gut illustriert werden; die Szenarien sind ihrer Funktion nach ‚Übersetzungsinstanzen' (Latour 1999) bzw. ‚obligatorische Passagenpunkte' (Callon 1991).

Die Analyse der Fallstudie (3.4) hat gezeigt, dass die ANT geeignet ist, den Prozess der pTD wie auchund die Dynamiken, die zu suboptimalen Ergebnissen hinsichtlich der angestrebten Nutzerinklusion führten, darzustellen. Trotz der auf dem ersten Blick einleuchtenden Entscheidung theoretische Ansätze zu wählen, die die Mikro- und Mesoebene fokussieren (pTD findet auf irgendeine Weise immer auf der Mikroebene statt, auch alle Instrumente, die eingesetzt werden, um eine nutzerorientierte Entwicklung zu realisieren, basieren letztlich auf Interaktionsmodellen), möchte ich die Relevanz einer ganz anderen, auf der Makroebene angesiedelten Argumentationslinie vorschlagen. Im Ansatz ist diese Vorgehensweise geradezu altmodisch, insofern sie die Situation aus der Perspektive der Sozialsysteme in den Blick nimmt. Dieser Ansatz vermag es allerdings einige der Schwächen, die auf der Mikroebene nicht ausreichend in den Blick genommen werden können zu erklären. Die Fallstudie wurde mit drei typischen, theoretischen Perspektiven der Wissenschafts- und Technikforschung analysiert (vgl. 3.4 und Compagna 2012): ANT, Symbolischer Interaktionismus und SCOT. Beim Öffnen der ‚Black Box' (Latour 1991) mittels der ANT können einige wesentliche Probleme innerhalb des Partizipationsprozesses identifiziert werden. Welchen heuristischen Mehrwert bietet also die soziologische Makroperspektive auf pTD im Vergleich zur Analyse mittels der ANT? Die ANT konnte die Konflikte zwischen dem Programm (Aktivitäts-Szenario) und dem Anti-Programm (Ergebnisse der Bedarfsanalyse) und der damit einhergehenden Überschreibung der Bedürfnisse und Einstellungen der älteren Nutzer sowie der Inskription der weiteren Entwicklung durch besagtes Szenario erkenntnisreich nachzeichnen.

Neven (2010) kommt im Rahmen der Analyse eines ganz ähnlichen Fallbeispiels, indem er auf die Relevanz der Darstellungsweise der ‚alten Nutzer' in den Szenarien hinweist, zu einem ähnlichen Ergebnis (Hyysalo 2006). In seiner Analyse, die auf dem ANT-Theorem des Skriptes basiert, sind ältere Menschen und ihr Lebensumfeld inskribiert worden von der zeitgenössischen, gesellschaftlichen Darstellung von Alter und Altern. Auch wenn diese ANT-basierten Untersuchungen zur Entwicklung von Service-Robotern für ältere Menschen und dem Pflegekontext völlig einsichtig sind, können die Ergebnisse mittels Hinzuziehung einer Makroperspektive moderner, ausdifferenzierter Gesellschaften weiter abgesichert und hinsichtlich ihrer Folgerungen nachjustiert werden. Nevens (2010) Ergebnisse würden nämlich andernfalls zu einem gesteigerten Bemühen führen, die Partizipationsstrategien durch die Förderung der Inklusion der Hauptzielgruppe (ältere Menschen) zu optimieren.

Die hier vorgeschlagene Interpretation führt jedoch in die entgegengesetzte Richtung: Sie beginnt mit der Beobachtung, dass eine Gesellschaft davon profitiert, wenn sie bestimmte Bereiche einrichtet, die ganz auf Rationalität ausgerichtet sind und darin den kommunikativen Austausch weitestgehend einschränkt bzw. relativ rigoros reguliert. Auf diese Weise können in einer solchen Gesellschaft bestimmte andere Bereiche entstehen, in denen der kommunikative Austausch und darauf zurückführbare Konsensfindung zunehmen und sogar zum Hauptreferenzrahmen werden. Diese Beziehung kann als positive Korrelation zwischen der Zunahme von Bereichen, die ganz auf Rationalität ausgerichtet sind, und solchen, in denen kommunikative Beziehungen und Offenheit hinsichtlich des Ausgangs menschlicher Interaktionen und darauf aufbauender Ausgestaltung sozialer Kontexte vorherrschen, beschrieben werden. Der Erfolg von pTD hängt maßgeblich davon ab, inwiefern es gelingt, diese Bereiche zueinander zu führen ohne sie gegeneinander auszuspielen. Von einer Makroperspektive aus betrachtet müsste nüchtern eingeräumt werden, dass der Pflegekontext und auch die älteren Menschen als potenzielle Nutzer lediglich als ein Mittel dienen, um Szenarien als Innovations-Katalysator für die Arbeit der Ingenieure zu nutzen.

Wie bereits in der Einleitung erwähnt, sollte pTD unterschiedliche Strategien beanspruchen und sich nicht allein darauf festlegen, die Methoden der Inklusion bzw. Partizipation älterer Menschen als spezielle Nutzergruppe in den Entwicklungsprozess zu verbessern. Diese Einschätzung resultiert aus dem Zusammenhang zwischen dem Bedürfnis nach Partizipation in modernen Gesellschaften und der Art und Weise, wie Partizipation funktionieren sollte bzw. muss, um ihr Ziel zu erreichen. Einerseits ist es sehr unwahrscheinlich, dass zwischen den einzelnen, hoch spezialisierten Bereichen, die durch ‚Entsprachlichung' markiert und auf Rationalität ausgerichtet sind, und solchen, die durch ‚Versprachlichung' und einem hohen Grad an kommunikativem Austausch gekennzeichnet sind, nachhaltig Brücken für einen bidirektionalen ausgewogenen Austausch geschaffen werden können. Andererseits jedoch steht außer Frage, dass es für die Technikentwicklung von großem Nutzen ist, die unterschiedlichen Wissensbestände und Orientierungen der Sozialsysteme in denen bestimmte Technologien einerseits entwickelt, produziert und vertrieben werden sowie andererseits diese hauptsächlich zum Einsatz kommen sollen zusammenzubringen. Dies gilt zwar besonders, aber nicht nur, für Technikentwicklungen, die im Zusammenhang mit dem demographischen Wandel stehen. Die Fallstudie zeigte, dass der konstruktive Einfluss älterer Menschen während der Pilotphasen besonders groß war. Insofern sollte die Bedeutung von Rapid-Prototyping (Bertsche & Bullinger 2007) im Vergleich zu einer frühen Inklusion der Nutzergruppen, d.h. lange vor einem ‚echten' Testlauf, forciert werden. In dieser Phase der Technikentwicklung ist es ungleich schwerer den Verlauf einseitig zu beeinflussen. Ein weiterer Vorschlag ist es, zumindest vorübergehend die Zielnutzergruppen auszuklammern und sich auf einen anderen, geeigneteren sozialen Bereich zu konzentrieren. Die Entwicklung technischer Assistenzsysteme für Autos oder die Anbindung dieser an Smartphones vollzog und vollzieht sich bspw. bei rasender Geschwindigkeit. Die Affinität zwischen Ingenieuren und diesen sozialen Welten und Nutzergruppen könnte die Lücke zu den Herausforderungen des Demografischen Wandels insofern schließen, als dass technische Assistenzsysteme dann erfolgreich entwickelt würden, und es somit leichter wäre, sie in einen anderen Kontext zu übertragen, anstatt den Entwicklungsprozess mit der Nutzergruppe der älteren Menschen beginnen zu lassen. Einen ähnlichen Vorschlag machte Blackman (2013: 763): Seiner Meinung nach sollte es vermieden werden, mit dem Blick auf eine spezielle Gruppe, z.B. ältere Menschen, völlig neue Produkte zu entwickeln. Er schlägt vor, bei der technischen Entwicklung von bereits existierenden Produkten auszugehen, die sich durch nur geringfügige Änderungen eignen, um spezifische Probleme dieser Personengruppe zu lösen.

5 Schluss

Zentraler Gegenstand dieses Beitrags war die Darstellung einer Perspektive auf pTD, die nur selten eingenommen wird. Die empirische Fallstudie, mit der der theoretische Beitrag illustriert werden sollte, war hinsichtlich pTD ambitioniert und hatte das Ziel, das SBD als Methode für die Partizipation von potenziellen Nutzern weiter zu entwickeln, um deren Kompatibilität hinsichtlich der Inklusion älterer Menschen weiter zu erhöhen. Eine solche methodische Vorgehensweise, die eine nutzerorientierte Technikentwicklung unterstützt, entspricht den Anforderungen, die der demographische Wandel an Technikinnovationen stellt, indem z.B. Lösungen spezifisch für die Problemlagen alternder Gesellschaften gefunden werden.

Die Ergebnisse zeigen, dass das SBD im Allgemeinen ein wichtiger und effektiver Ansatz für gerontechnologische Entwicklungen ist. Dennoch bedarf es weiterer Forschung, um die für eine erfolgreiche Partizipation relevanten Kriterien besser zu verstehen (z.B. Lauener et al. 2006). In diesem Aufsatz ist zu diesem Zweck eine Strategie zur Erweiterung des Forschungsradius vorgeschlagen worden: Die Erweiterung der Analyseperspektive für die Untersuchung von Methoden zur Verwirklichung von pTD mittels Mikro- und Mesotheorien um Makrotheorien, die die typischen Strukturen moderner Gesellschaften mitberücksichtigen. Die Einnahme einer solchen Makroperspektive konnte die Ursachen einiger zentraler Problemlagen von pTD aufspüren. Als Konsequenz daraus sollten versuchsweise die Strategien und der Einsatz von Rapid Prototyping deutlich ausgebaut werden, wohingegen die Optimierungsbestreben hinsichtlich direkter Partizipationsmethoden (auf der Grundlage der Mitgestaltung des Entwicklungsprozesses noch während der Konzipierungs- und Planungsphase unter der Verwendung von Szenarien oder anderer epistemischer Objekte) zurückgefahren oder zumindest überdacht werden sollten. In der für das Rapid Prototyping typischen Praxis des Ausprobierens und der faktischen Konfrontation der Entwickler mit dem indirekten (i.d.R. nicht versprachlichtem) Feedback der potenziellen Nutzern zur Usability und allgemeinen Akzeptanz sowie Nutzungsweise kann dieses kaum ‚wegdiskutiert' oder ‚rausverhandelt' werden (Bertsche & Bullinger 2007). Wohingegen die Gestaltung epistemischer Objekte auf der Grundlage verbal geführter Aushandlungsprozesse einem deutlich stärkeren Einfluss der (zumeist sicherlich unbeabsichtigt erfolgende) Manipulation durch die beteiligten Entwickler unterliegen.

Literatur

Akrich, Madeleine (1992): The de-scription of technical objects. In Bijker, Wiebe; Law, John (eds.): Shaping technology / building society: studies in sociotechnical change. Cambridge: MIT Press, 205–225.
Berger, Johannes (2002): Die Versprachlichung des Sakralen und die Entsprachlichung der Ökonomie. In: Axel Honneth & Hans Joas (Hrsg.): Kommunikatives Handeln. Beiträge zu Jürgen Habermas' "Theorie des kommunikativen Handelns". (3. Aufl.), Frankfurt: Suhrkamp, 255–277.
Bertsche, B., Bullinger, H.-J., 2007. Entwicklung und Erprobung innovativer Produkte – Rapid Prototyping – Grundlagen, Rahmenbedingungen und Realisierung. Berlin: Springer.
Bijker, Wiebe E. (1997): Of bicycles, bakelites, and bulbs. Toward a theory of sociotechnical change. Cambridge: MIT Press.
Blackman, Tim (2013): Care robots for the supermarket shelf: a product gap in assistive technologies. In: Ageing and Society, 33 (5), 763-781.

Blumenberg, Hans (1981): Lebenswelt und Technisierung unter Aspekten der Phänomenologie. In: Ders.: Wirklichkeiten in denen wir leben. Aufsätze und eine Rede. Stuttgart: Reclam, 7–54.
Bowker, Geoffrey C. & Susan Leigh Star (1999): Sorting things out. Classification and its consequences. Cambridge: MIT Press.
Braun, Kathrin & Susanne Schultz Susanne (2010): "... a certain amount of engineering involved". Constructing the public in participatory governance arrangements. In: Public Understanding of Science, 19 (4), 403–419.
Brul Mark, Rianne Huis In 't Veld, Lisette ven Gemert-Pijnen, Charles Willems & Hermie Hermens (2010). Designing a telecare system for caregivers: A user-centered approach using scenarios. In: Gerontechnology, 9 (2), 175–176.
Burawoy, Michael (1982): Manufacturing consent. Changes in the labor process under monopoly capitalism. Chicago: Univ. of Chicago Press.
Callén, Blanca, Miquel Domènech, Daniel López & Francisco Tirado (2009): Telecare research: (Cosmo)politicizing methodology. In: ALTER – European Journal of Disability Research / Revue Européenne de Recherche sur le Handicap, 3 (2), 110–122.
Callon, Michel (1986): Elements of a sociology of translation. Domestication of the scallops and the fishermen of St Brieuc bay. In: John Law (ed.): Power, action and belief. A new Sociology of knowledge? London: Routledge, 196–233.
Callon, Michel (1991): Techno-economic networks and irreversibility. In: John Law (ed.): A sociology of monsters. Essays on power, technology and domination. London: Routledge, 132–161.
Carroll, John M. (ed.) (1995a): Scenario-based design. Envisioning work and technology in system development. New York: Wiley.
Carroll, John M. (1995b): Introduction. The Scenario Perspective on System Development. In: Ders. (ed.): Scenario-based design. Envisioning work and technology in system development. New York, NY: Wiley, 1–17.
Chilvers, Jason (2008): Deliberating Competence. Theoretical and practitioner perspectives on effective Participatory Appraisal practice. In: Science, Technology, & Human Values, 33 (3), 421–451.
Clarkson, John, Roger Coleman, Simeon Keates & Cherie Lebbon, C. (eds.) (2003): Inclusive design. Design for the whole population. London: Springer.
Compagna, Diego (2011): Partizipative Technikentwicklung: Eine soziologische Betrachtung und Reflexion. Duisburg: Universität Duisburg (Working Papers kultur- und techniksoziologische Studien). Duisburg: Institut für Soziologie der Universität Duisburg-Essen
Compagna, Diego (2012): Lost in translation? The dilemma of alignment within participatory technology developments. In: Poiesis & Praxis, 9 (1–2), 125–143.
Compagna, Diego & Stefan Derpmann (2009): Verfahren partizipativer Technikentwicklung. Duisburg: Universität Duisburg (Working Papers kultur- und techniksoziologische Studien) Duisburg: Institut für Soziologie der Universität Duisburg-Essen.
Compagna, Diego, Stefan Derpmann & Kathrin Mauz (2009): The operation of autonomous mobile robot assistants in the environment of care facilities adopting a user-centered development design. In: Enterprise and Work Innovation Studies, 5 (5), 11–24.

Compagna, Diego, Stefan Derpmann, Thorsten Helbig & Karen A. Shire (2011): Fazit: Generierung einer Wissenstransferschleife für partizipative Technikentwicklung im Pflegedienstleistungssektor. Working Brief 35. Duisburg: Institut für Soziologie der Universität Duisburg-Essen.

Cooper, Alan (1999): The inmates are running the asylum: why high-tech products drive us crazy and how to restore the sanity. Indianapolis: Sams Publishing.

Czaja, Sara J. &Richard Schulz (2006): Innovations in Technology and Aging: Introduction. In: Generations, 30 (2), 6–8.

Dienel, Hans-Liudger, Alexander Peine & Heather Cameron (2004): New participative tools in product development for seniors. In: David C. Burdick & Sunkyo Kwon Sunkyo (eds.): Gerotechnology: Research and practice in technology and aging. New York: Springer, 224–238.

Drucker, Peter F. (1985): Innovation and entrepreneurship: Practice and principles. New York: HarperCollins.

Drucker, Peter F. (2002): Managing in the next society. New York: St. Martin's Griffin.

Durkheim, Émile (1999): Über soziale Arbeitsteilung. Studie über die Organisation höherer Gesellschaften. Frankfurt: Suhrkamp.

Ebel, Roland H., Willam Wagoner & Henry F. Hrubecky (1979): Get ready for the L-Bomb: a peliminary social assessment of longevity technology. In: Technological Forecasting & Social Change, 13, 131–148.

Eijndhoven, Josée van & Rinie van Est (2002): The choice of participatory technology assessment methods. In: Simon Joss & Sergio Bellucci (eds.): Participatory technology assessment. European perspectives. London: Center for the Study of Democracy, 209–234.

Erickson, Thomas (1995): Notes on design practice. Stories and prototypes as catalysts for communication. In: John M. Carroll (ed.): Scenario-based design. Envisioning work and technology in system development. New York: Wiley, 37–58.

Felt, Ulrike & Maximilian Fochler (2010): Machineries for making publics. Inscribing and de-scribing publics in public engagement. In: Minerva, 48 (3), 219–238.

Fisk, Arthur D., Wendy A. Rogers, Neil Charness, Sara J. Czaja & Joseph Sharit (2009): Designing for older adults. Principles and creative human factors approaches. Boca Raton: CRC Press/Taylor & Francis.

Fung, Archon (2006): Varieties of participation in complex governance. In: Public Administration Review, 66 (Special Issue), 66–75.

Gassmann, Oliver & Gerrit Reepmeyer (2011): Universal design: innovations for all ages. In: Florian Kohlbacher & Cornelius Herstatt (eds.): The silver market phenomenon. Marketing and innovation in the aging society. Berlin: Springer, 101–116.

Glaser, Barney G. & Anselm Strauss (1998): Grounded theory. Strategien qualitativer Forschung. Bern: Huber.

Habermas, Jürgen (2006a): Theorie des kommunikativen Handelns (Band 2). Handlungsrationalität und gesellschaftliche Rationalisierung. Frankfurt: Suhrkamp.

Habermas, Jürgen (2006b): Theorie des kommunikativen Handelns (Band 1). Handlungsrationalität und gesellschaftliche Rationalisierung. Frankfurt: Suhrkamp.

Heintz, Bettina (2000): Die Innenwelt der Mathematik. Zur Kultur und Praxis einer beweisenden Disziplin. Wien: Springer.

Husserl, Edmund (1992): Die Krisis der europäischen Wissenschaften und die transzendentale Phänomenologie. In: Ders.: Gesammelte Schriften 8. Cartesianische Meditationen. Krisis. Hamburg: Meiner.
Hyysalo, Sampsa (2006): Representations of use and practice-bound imaginaries in automating safety of the elderly. In: Social Studies of Science, 36 (4), 599–626.
Joss, Simon & Sergio Bellucci (eds.) (2002): Participatory technology assessment. European perspectives. London: Center for the Study of Democracy.
Jouvenel, Hugues de (2000): A brief methodological guide to scenario building. In: Technological Forecasting and Social Change, 65 (1), 37–48.
Kohlbacher, Florian (2011): Business implications of demographic change in Japan. Chances and challenges for human resource and marketing management. In: Florian Coulmas & Ralph Lützeler (eds.): Imploding populations in Japan and Germany. A comparison. Leiden: Brill, 269–294.
Kohlbacher, Florian & Chang C. Hang (2011): Applying the disruptive innovation framework to the silver market: technology adoption and deployment for older consumers. In: Ageing International, 36 (1), 82–101.
Kohlbacher, Florian & Cornelius Herstatt (2009): "Silver Products" development: the reality of r&d in firms in Japan. In: The R&D Management Conference 2009, Vienna, 21–24 June 2009.
Kohlbacher, Florian / Herstatt, Cornelius (Eds.) (2011): The Silver Market Phenomenon: Marketing and Innovation in the Aging Society (2nd ed.). Heidelberg: Springer.
Kohlbacher, Florian, Pascal Gudorf & Cornelius Herstatt (2011): Japan's growing silver market – an attractive business opportunity for foreign companies? In: Michael Boppel, Stephan Boehm & Sven Kunisch (eds.): From grey to silver: managing the demographic change successfully. Heidelberg: Springer, 189–205.
Konrad, Kornelia (2004): Prägende Erwartungen. Szenarien als Schrittmacher der Technikentwicklung. Berlin: Edition Sigma.
Langer, Judith (1984): Changing demographics: stimulus for new product ideas. In: Journal of Consumer Marketing, 1 (2), 35–43.
Latour, Bruno (1991): Technology is society made durable. In: John Law (ed.): A sociology of monsters. Essays on power, technology and domination. London: Routledge, 103–131.
Latour, Bruno (1992): Where are the missing masses? The sociology of a few mundane artifacts. In: Wiebe Bijker & John Law (eds.): Shaping technology/building society: studies in sociotechnical change. Cambridge: MIT Press.
Latour, Bruno (1997): Der Pedologenfaden von Boa Vista. Eine photo-philosophische Montage. In: Hans-Jörg Rheinberger, Michael Hagner & BettinaWahrig-Schmidt (Hrsg.): Räume des Wissens. Repräsentation, Codierung, Spur. Berlin: Akademie-Verlag, 213–264.
Latour, Bruno (1999): On recalling ANT. In: John Law & John Hassard (eds.): Actor network theory and after. Oxford: Blackwell, 15–25.
Lauener Angela, Frances Slack, Andy Dearden, Chris Roast, Simeon Yates & Steve Cassidy (2006): Methodologies for working with older people: pastiche scenarios. In: Gerontechnology, 5 (1), 16–28.
Law, John (1999): Technology, closure and heterogeneous engineering. The case of the Portuguese expansion. In: Wiebe E. Bijker, Thomas P. Hughes & Trevor J. Pinch

(eds.): The social construction of technological systems. New directions in the sociology and history of technology. Cambridge, Mass.: MIT Press, 111–134.
Luhmann, Niklas (1999): Arbeitsteilung und Moral. Durkheims Theorie. In: Ders.: Über soziale Arbeitsteilung. Studie über die Organisation höherer Gesellschaften. Frankfurt: Suhrkamp, 19–38.
Luhmann, Niklas (2003): Macht. Stuttgart: Lucius und Lucius.
Mack, Robert L. (1995): Discussion. Scenarios as engines of design. In: John M. Carroll (ed.): Scenario-based design. Envisioning work and technology in system development. New York: Wiley, 361–386.
MacKay, Brad & Paul Tambeau (2013): A structuration approach to scenario praxis. In Technological Forecasting and Social Change, 80 (4), 673–686.
Magnus, George (2009): The age of aging: how demographics are changing the global economy and our world. Singapore: Wiley & Sons (Asia).
Neven, Louis (2010): 'But obviously not for me': robots, laboratories and the defiant identity of elder test users. In: Sociology of Health & Illness, 32, (2), 335–347.
Neveryd, Håkan, Johan Molenbroek & Paul Panek (2002): FRR – Friendly rest rooms for ederly and disabled persons – a user centered R&D project. In: Gerontechnology, 2 (1), 94.
Östlund, Britt (2011): Silver age innovators: a new approach to old users. In: Florian Kohlbacher & Cornelius FlorianHerstatt (eds.): The silver market phenomenon. Marketing and innovation in the aging society. Berlin: Springer, 15–26.
Parsons, Talcott (1975): Gesellschaften. Evolutionäre und komparative Perspektiven. Frankfurt: Suhrkamp.
Parsons, Talcott (1976): Zur Theorie sozialer Systeme. Opladen: Westdeutscher Verlag.
Parsons, Talcott (1991): The social system. London: Routledge.
Peine, Alexander & Louis Neven (2011): Social-structural lag revisited. In: Gerontechnology, 10 (3), 129–139.
Peine, Alexander & Andrea M. Herrmann (2012): The sources of use knowledge: towards integrating the dynamics of technology use and design in the articulation of societal challenges. In: Technological Forecasting and Social Change, 79 (8), 1495–1512.
Peine. Alexander & Ingo Rollwagen (2009): The rise of the "innosumer" – how the baby boomers will shape the future of consumer products. Paper presented at the European University Institute's "Max Weber Fellow's Contribution to the Social Sciences and Humanities" Conference, 10–13 June 2009 (Ms).
Pinch, Trevor J. & Wiebe E. Bijker (1999): The social construction of facts and artifacts. Or how the sociology of science and the sociology of technology might benefit each other. In: Wiebe E. Bijker, Thomas Hughes, & Treovor Pinch (eds.): The social construction of technological systems. New directions in the sociology and history of technology. Cambridge: MIT Press, 17–50.
Pirkl, James J. (2011): Transgenerational design: a heart transplant for housing. In: Florian Kohlbacher & Cornelius Herstatt (eds.): The silver market phenomenon. Marketing and innovation in the aging society. Berlin: Springer, 117–131.
Pols, Jeannette & Ingunn Moser (2009): Cold technologies versus warm care? On affective and social relations with and through care technologies. In: ALTER – European Journal of Disability Research / Revue Européenne de Recherche sur le Handicap, 3 (2), 159–178.

Popper, Karl R. (2005): Logik der Forschung. Tübingen: Mohr Siebeck.
Powell, Jason L. (2010): The power of global aging. In: Ageing International, 35 (1), 1–14.
Pruitt, John & Tamara Adlin (2005): The persona lifecycle. Keeping people in mind throughout product design. Amsterdam: Elsevier.
Rammert, Werner (1998): Die Form der Technik und die Differenz der Medien. Auf dem Weg zu einer pragmatistischen Techniktheorie. In: Ders. (Hrsg.): Technik und Sozialtheorie. Frankfurt: Campus, 293–326.
Rheinberger, Hans-Jörg (1997): Von der Zelle zum Gen. Repräsentationen der Molekularbiologie. In: Hans-Jörg Rheinberger, Michael Hagner & Bettina Wahrig-Schmidt (Hrsg.): Räume des Wissens. Repräsentation, Codierung, Spur.. Berlin: Akademie-Verlag, 265–279.
Rosson, Mary B. & John M. Carroll (2003): Scenario-based design. In: Julie A. Jacko & Andrew Sears (eds.): The human-computer interaction handbook. Fundamentals, evolving technologies and emerging applications. Mahwah: Erlbaum, 1032–1050.
Schmidt-Ruhland, Karin & Mathias Knigge, (2011): Integration of the rlderly into the design process. In: Florian Kohlbacher & Cornelius Herstatt (eds.): The silver market phenomenon: marketing and innovation in the aging society. Heidelberg: Springer, 45–63.
Schreuer, Anna, Michael Ornetzeder & Harald Rohracher (2010): Negotiating the local embedding of socio-technical experiments. A case study in fuel cell technology. In: Technology Analysis & Strategic Management, 22 (6), 729–743.
Schuitmaker, Tjerk Jan (2012): Identifying and unravelling persistent problems. In: Technological Forecasting and Social Change, 79 (6), 1021–1031.
Smedt, Peter de, Kristian Borch & Ted Fuller (2013): Future scenarios to inspire innovation. In: Technological Forecasting and Social Change 80 (3), 432–443.
Star, Susan L. & James R. Griesemer (1989): Institutional ecology. 'Translations' and boundary objects: amateurs and professionals in Berkeley's Museum of Vertebrate Zoology, 1907–1939. In: Social Studies of Science, 19, 387–420.
Strauss, Anselm L. & Juliet Corbin (1996): Grounded theory. Grundlagen qualitativer Sozialforschung. Weinheim: Beltz.
Strübing, Jörg (1997): Symbolischer Interaktionismus revisited. Konzepte für die Wissenschafts- und Technikforschung. In: Zeitschrift für Soziologie 26 (5), 368–386.
Taipale V.T. (2002): Combining needs and technological opportunities for success: user-centered design for independent living – a Finnish R&D approach. In: Gerontechnology, 2 (1), 135.
Torrington, Judith (2009): The design of technology and environments to support enjoyable activity for people with dementia. In: ALTER – European Journal of Disability Research / Revue Européenne de Recherche sur le Handicap, 3 (2), 123–137
Weber, Max (1994): Wissenschaft als Beruf. In: Ders.: Wissenschaft als Beruf. Politik als Beruf. Tübingen: Mohr, 1–23.
Wehling, Peter (2012): From invited to uninvited participation (and back?): Rethinking civil society engagement in technology assessment and development. In: Poiesis & Praxis, 9 (1–2), 43–60.
Wellmer, Albrecht (1967): Methodologie als Erkenntnistheorie. Zur Wissenschaftslehre Karl R. Poppers. Frankfurt: Suhrkamp.

Wright, George, George Cairns & Ron Bradfield, Ron (eds.) (2013): Current developments in theory and practice. In: Technological Forecasting and Social Change, 80 (4), 561–838.

How older people matter – Nutzer- und Nutzerinnenbeteiligung in AAL-Projekten

Cordula Endter

1 Altersgerechte Technik und das Leitbild von Selbstbestimmung im Alter

In einer Informationsgesellschaft, die geprägt ist von Technologie und Geschwindigkeit, in der technische Innovationen alltägliche Routinen in kürzester Zeit verändern, verwerfen oder neu erfinden, kann sich auch das Alter weder kulturell noch sozial dieser Temporalisierung und Informatisierung entziehen. So sind es auch diese beiden Bereiche – Information und Kommunikation –, welche bei der Entwicklung und öffentlichen Verhandlung von technologischen Assistenzsystemen vornehmlich aufgegriffen werden.

Information und Kommunikation werden neben Sicherheit und Gesundheit als natürliche Bedürfnisse einer wachsenden Zahl älterer Menschen dargestellt und die Entwicklung dieser Technologien mit deren Wunsch nach Teilhabe begründet. Sowohl im Kontext von Information und Kommunikation als auch von Sicherheit und Gesundheit wird dabei verstärkt auf den Einsatz technischer Systeme gesetzt. Dahinter steht die Idee, mittels moderner Informations- und Kommunikationstechnologien den Herausforderungen einer alternden Gesellschaft begegnen zu können. Zu diesen Herausforderungen zählen sowohl die Sicherstellung von Pflege- und Gesundheitsdienstleistungen als auch Fragen der Teilhabe und gesellschaftlichen Integration, beispielsweise im Kontext von Mobilität und Wohnen.

Eine Strategie, auf welche die deutsche Bundesregierung, vertreten durch das *Bundesministerium für Bildung und Forschung* (BMBF), zur Bewältigung dieser demographischen Herausforderungen setzt, ist die Unterstützung durch assistive intelligente Technologien. Seit 2008 fördert sie dazu technische und soziale Innovationen im Bereich umgebungsunterstützender Assistenz bzw. Ambient Assisted Living (AAL), wobei der Schwerpunkt eindeutig auf technischen Innovationen liegt, überblickt man die durch das BMBF getätigten Bekanntmachungen.

AAL selbst muss dabei als ein Sammelbegriff einerseits für ganz unterschiedliche Vorstellungen von altersgerechter Technik und anderseits von Altern selbst verstanden werden, die sich nicht nur in den Texten der Bekanntmachung wiederspiegeln, sondern auch in den Projekten, welche gefördert werden. Während die *VDI/VDE Information und Technik GmbH* (VDI/VDE-IT) als Projekt-

© Springer Fachmedien Wiesbaden GmbH, ein Teil von Springer Nature 2018
H. Künemund und U. Fachinger (Hrsg.), *Alter und Technik*, Vechtaer Beiträge zur Gerontologie, https://doi.org/10.1007/978-3-658-21054-0_11

träger des BMBF unter AAL „Konzepte, Dienstleistungen und Produkte, die neue Technologien und soziales Umfeld miteinander verbinden, um die Lebensqualität für Menschen in allen Lebensabschnitten zu erhöhen" (VDI/VDE-IT, 2014) versteht, fasst sich das BMBF mit seiner Formulierung „Altersgerechte[r] Assistenzsysteme für ein gesundes und unabhängiges Leben" (BMBF, 2014) deutlich kürzer und lässt offen, inwieweit technologische und soziale Innovationen hier mitgedacht werden sollen. Auffällig ist jedoch, dass neben der expliziten Unterscheidung zwischen technischen und sozialen Innovationen auch andere potentielle Nutzer/-innen, wie zum Beispiel Menschen mit einem Handicap oder jüngere Pflegebedürftige nicht angesprochen werden.

Diese Fokussierung auf Menschen in einem höheren Lebensalter als Nutzer/-innen und deren Lebenswelt als Anwendungskontext irritiert, wäre doch eine breitere Gruppe von Nutzerinnen und Nutzern technisch nicht nur naheliegend, sondern auch effizient. So liegen gerade im Bereich der Disability Studies langjährige Erfahrungen in Entwicklung und Anwendung assistiver Technologien vor. Allein die *Fraunhofer-Allianz Ambient Assisted Living* berücksichtigt weitere Gruppen in ihrer Definition von AAL als „intelligente Umgebungen, die sich selbstständig, proaktiv und situationsspezifisch den Bedürfnissen und Zielen des Benutzers anpassen, um ihn im täglichen Leben zu unterstützen [und die, CE] insbesondere auch älteren, behinderten und pflegebedürftigen Menschen ermöglichen, selbstbestimmt in einer privaten Umgebung zu leben" (Fraunhofer-Allianz Ambient Assisted Living, 2014).

Was stattdessen wiederholt wird, ist das Ziel, der wachsenden Mehrheit der älteren Bevölkerung ein selbstbestimmtes Leben im eigenen Zuhause, optimale Gesundheitsversorgung auch fernab medizinischer Institutionen und soziale Teilhabe mittels AAL-Technologien zu ermöglichen. Dabei sollen die Geräte alltägliche Abläufe vereinfachen, Orientierungs- und Unterstützungsangebote bereitstellen und Verhaltensweisen, Gewohnheiten und Handlungen aktiv erkennen, erlernen und unterstützen beispielsweise durch Navigationssysteme, internetbasierte Trainingsprogramme oder selbstlernende Kommunikationssysteme (vgl. Lindenberger et al. 2011). Dazu müssen AAL-Technologien situationsabhängig, nutzerzentriert, adaptiv und unaufdringlich unterstützen. Im Zentrum stehen die Bedürfnisse der Nutzer/-innen. Aus ingenieurwissenschaftlicher Sicht stellt sich hierbei die Frage, wie Selbstbestimmung in smarte Technologien übersetzt werden kann, damit ältere Menschen als zukünftige Nutzer/-innen dieser smarten Technologien diese selbständig, erfolgreich und zufriedenstellend nutzen können. Diese Frage berührt damit Aspekte der alters- bzw. generationengerechten Usability (Czaja 1997; Czaja & Lee 2007; Fisk & Rogers 1997; Fisk et al. 2009). Dazu zählen neben Aspekten nutzerfreundlicher Gestaltung und Bedienbarkeit auch die Berücksichtigung von Kompetenzen und Ressourcen, Bedürfnissen und Anforderungen zukünftiger Nutzer und Nutzerinnen (vgl.

Kelly & Charness 1995; Kubeck et al. 1999; Hawthorn 2000; Rogers et al. 2001; Medhi et al. 2011). Human Factors und Usability Studies beantworten diese Fragen vornehmlich aus einer ergonomischen Perspektive (vgl. Fisk & Rogers 1997; Dickinson et al. 2007; Struve et al. 2010) und weisen darauf hin, dass die Bereitschaft zur Nutzung neuer Technologien vorhanden ist (vgl. Czaja & Sharit 1998; Mitzner et al. 2010) auch wenn diese maßgeblich durch die bisherigen Erfahrungen im Umgang mit Computern oder ähnlichen Geräten, verfügbarem Training und sozialer Unterstützung bestimmt sind (Czaja 1997).[1]

Offen bleibt, inwieweit die Einführung technischer Unterstützungssysteme den Einfluss von Informations- und Kommunikationstechnologien auf die Lebenswelt älterer Menschen ausweitet. Diese Ausweitung kann den Druck auf das alternde Subjekt, sich diesen Technologien gegenüber anpassen bzw. sie sich aneignen zu müssen, verschärfen. Damit würde die Lebensphase „Alter" unter einen neuen Optimierungsdruck geraten, der sich in der öffentlichen Rede vom erfolgreichen oder gelingenden Alter wiederspiegelt (Denninger et al. 2014; Schroeter 2000).

Aus diesem Grund möchte ich hier eine Definition vorschlagen, die AAL als eine soziale Praxis versteht, in der Techniker/-innen und Informatiker/-innen ihre Vorstellungen von einem „guten Alter" in das technische Artefakt einschreiben und damit bestimmen, was altersgerechte Technik ist. Im Anschluss an Lindenberger et al. (2011) verstehe ich AAL dabei erstens als eine Technologie, die adaptiv und nutzerzentriert gestaltet ist und situativ und intelligent funktioniert. Zweitens ist AAL eine Form von Mensch-Technik-Interaktion, die Selbständigkeit, Information und Kommunikation, Wohnen, Gesundheit und Sicherheit in Handlung zwischen menschlichen und nicht-menschlichen Akteuren übersetzt und damit Handlungspotentiale nicht nur erzeugt, sondern vor allem auch verteilt bzw. zuweist. Diese Praktiken der Delegation müssen als machtvoll verstanden werden. Drittens ist AAL aber auch ein Innovationsfeld, in dem neue interaktive bzw. intelligente Systemtechnologien entwickelt werden sollen, um – viertens – den Anforderungen demographischer Entwicklungen begegnen zu können. Die argumentative Verschränkung von technischer zugunsten demographischer Entwicklung muss als eine politische Strategie verstanden werden, die darauf abzielt, dem zukünftigen personellen Pflegebedarf und den damit einhergehenden Kosten mittels Technik zu begegnen, und die gleichzeitig damit das Ziel verbindet, Innovationen im Bereich smarter Technologien voranzubringen. Dabei bleibt offen, inwieweit der Einsatz technischer Assistenzsysteme das soziale

---

[1] Diese Richtung wird auch als „Gerontechnology" oder „Gerontotechnik" bezeichnet und verknüpft Erkenntnisse, Paradigmen und Methoden der Human-Factors-Forschung mit Ansätzen und Entwicklungen der „Assistive Technology" unter dem Paradigma altersgerechter Anwendung (vgl. Charness & Schaie 2001; Bouma 2007, Bouma et al. 2009; Künemund & Tanschus, 2013).

Handeln älterer Menschen und ihre kulturelle Praxis des Alterns verändern wird. Ich verstehe diese Frage auch als politische Frage, die im Diskurs um altersgerechte Technologien meist unsichtbar gemacht wird. So ist die erfolgreiche Nutzung an eine Vielzahl nicht nur technischer, sondern vor allem sozialer und kultureller Bedingungen gebunden, die in den technologieorientierten AAL-Projekten bisher nur wenig Berücksichtigung findet. Dieser blinde Fleck wiegt umso schwerer, als dass hier Technologien für eine Zielgruppe entwickelt werden, deren inter- und intraindividuelle Heterogenität sowohl hohe technische als auch ökonomische und nicht zuletzt ethische und rechtliche Ansprüche an die Entwicklung und Produktion technischer Lösungen stellt und die Aspekte sozialer Ungleichheit ebenso wie die Sicherstellung persönlicher Integrität und Autonomie adressiert (vgl. Manzeschke et al. 2012). In den Projekten findet häufig eine Verkürzung dieser Problematik statt, die mit dem Verweis, dass es sich hier um ethische Problemlagen handelt, auf die im begrenzten Projektzeitraum und aufgrund der fehlenden Expertise der Projektbeteiligten nur eingeschränkt Rücksicht genommen werden kann, reagiert wird. Dieser Begründung setze ich die Annahme entgegen, dass diese Aspekte im Sinne Latours gezielt geblackboxt werden (Latour 2002). Die Beteiligungspraktiken von Nutzer_innen exemplifizieren diese Logik beispielhaft und sollen im Folgenden Gegenstand meiner Ausführungen sein.

2 Users matter – Wie die Nutzer/-innen in die Technik kommen

Folgt man den Beobachtungen von Nelly Oudshoorn und Trevor Pinch, so könnte man behaupten, dass es in den letzten Jahren eine Art *user turn* in den Technikwissenschaften gegeben hat, in dem die Maxime „users matter" evident geworden ist (Oudshoorn & Pinch 2008). Gerade die Diskussion um die Frage des „social shaping of technology" (MacKenzie & Wajcman 1985) hat zu einer Fokussierung auf Aspekte der Beteiligung und Konstruktion der Nutzer/-innen geführt (vgl. Oudshoorn & Pinch 2003; Oudshoorn et al. 2004). Gegenstand dieser vornehmlich aus dem Kontext der *Science and Technology Studies* kommenden Überlegungen war die Frage, wie Nutzer/-innen in Technologieprozessen konfiguriert werden (Woolgar 1991). Dabei spielte bereits in der frühen Phase der Hinwendung zum „User" die Frage der Repräsentation eine Rolle. „While ‚lead users' often self-identify, there is clearly an issue about how users with no voice are represented. [...] This raises the interesting issue that users may represent other groups as end-users while at the same time promoting their own interests" (Oudshoorn & Pinch 2008: 543).

> Als erstes absolviert Herr Kastner das Musik Memory.[2] „Heute geht es aber wirklich schwerer als sonst", meint Herr Kastner. Auch bei der nächsten Aufgabe gibt es Schwierigkeiten, das Programm überspringt einzelne Aufgaben oder ändert während der Aufgabenbearbeitung die Bildschirmoberfläche, so dass die Aufgabe nicht abschließend gelöst werden. „Jetzt, sehen Sie, jetzt ist der so gesprungen!" Herr Kastner zeigt auf den Bildschirm. „Das macht der immer mal und man weiß gar nicht warum." Da erscheint schon die nächste Aufgabe und Herr Kastner tippt wieder das falsche Feld an. „Ja, das bringt einen dann raus", sagt er wütend, nachdem er drei Aufgaben hintereinander nicht richtig lösen konnte, „das ärgert einen dann schon oder man möchte wissen, warum das so ist".

In Bezug auf den hier interessierenden Kontext der Anwendung technischer Assistenzsysteme durch ältere Nutzer/-innen scheint die aus der feministischen Soziologie stammende Unterscheidung in „end-users" (Casper & Clarke 1985), „lay end-users" (Saetnan et al. 2000) und „implicated actors" (Clark 1998) produktiv. Vor allem das von Adele Clarke vorgeschlagene Konzept der „implicated actors" verweist auf die ambivalente Repräsentation von Nutzer/-innen in AAL-Projekten. Clarke versteht unter „implicated actors" diejenigen, welche von der Technik beeinflusst und diskursiv als „die Nutzer/-innen" konstruiert und angesprochen werden, im Entwicklungsprozess aber stumm oder physisch nicht anwesend sind (vgl. Clarke 1998: 267). Während der von Clarke und anderen vertretene feministische Ansatz vor allem auf Fragen der Verteilung von Macht und der Anerkennung von Diversität beruht, wurden in den *Science and Technology Studies* vor allem semiotische Ansätze herausgearbeitet, die stärker aus einer wissenssoziologischen Perspektive die Frage stellen, „how meanings are built" (Oudshoorn & Pinch 2008: 548). Steve Woolgar hat dabei die Konfigurierung der Nutzer/-innen im Designprozess analysiert, um zu betonen, dass die Art und Weise wie Nutzer/-innen technische Geräte benutzen, bereits durch Design- und Produktionsprozesse festgelegt ist (vgl. Woolgar 1991). Diese Konfigurie-

---

[2] Folgende Ausführungen zu Herrn Kastner beruhen auf meiner Feldforschung in dem AAL-Projekt *Spielen um nicht zu Vergessen*, welche ich von März bis Dezember 2014 durchführte. Teil der Feldforschung war neben Interviews und Gesprächen die teilnehmende Beobachtung des Projektalltags sowie des Nutzertests, indem Studienteilnehmer/-innen das im Projekt entwickelte interaktive Gedächtnistraining zuhause testeten. Die hier berichtete Szene von Herrn Kastner stammt aus der teilnehmenden Beobachtung während des Nutzertests und trägt sich in seinem Arbeitszimmer zu. Sowohl der Projektname als auch die Projektmitarbeiter/-innen und Teilnehmer/-innen, welche im Folgenden von mir zitiert werden, sind anonymisiert. Die Feldforschung bildet einen Teil der empirischen Grundlage meiner Dissertation mit dem Arbeitstitel „Fürsorgende Technologien", in der ich mich mit der Ko-Konstruktion von Alter(n) in der Entwicklung sogenannter altersgerechter, assistiver Technologien aus einer kulturanthropologischen Perspektive auseinandersetze.

rungsarbeit wurde in der Folge auf weitere Akteure erweitert, die an dieser Arbeit beteiligt sind (Mackay et al. 2000). „From this perspective, technological development emerges as a culturally contested zone where users, patient advocacy groups, consumer organizations, designers, producers, salespeople, policymakers, and intermediary groups create, negotiate, and give differing, sometimes conflicting forms, meanings, and uses to technologies" (Oudshoorn & Pinch 2003).

> Auch bei der nächsten Übung, dem Zahlenvergleich, überspringt das Programm Aufgaben. „Eigentlich stört mich das jetzt nicht so", kommentiert Herr Kastner das Vorgehen, „aber ich frage mich, wie das dann mit den Punkten ist, wie das dann gezählt wird, weil ich die Aufgabe ja gar nicht machen konnte. Da fehlen mir dann ja Punkte". Herr Kastner trainiert seit vier Wochen an einem Tablet-PC sein Gedächtnis mit Hilfe einer Plattform, die ihm dazu aus einem konstanten Set aus zehn kognitiven Aufgabenformaten fünf Aufgaben auswählt, die Herr Kastner nach einer vorgegebenen Reihenfolge und in einer bestimmten Zeit absolvieren muss. Die Punkte, die Herr Kastner bei jeder Übung erreicht, werden aufsummiert und ihm als persönlicher Score mittels einer graphischen Darstellung veranschaulicht. Die graphische Darstellung besteht aus einem Kurvendiagramm und einer Tabelle, in der grüne Pfeile eine Verbesserung und rote Pfeile eine Verschlechterung der Trainingsergebnisse symbolisieren. Das Kurvendiagramm erscheint nach jeder Übung, die Pfeile, wenn Herr Kastner alle fünf Übungen seines Trainingsplan vollständig absolviert hat. Kommt es zu technischen Problemen, beispielsweise zu Unterbrechungen der WLAN-Verbindung oder zu einer Überlastung des Programms, bricht dieses unerwartet ab und Herr Kastner muss mit einem neuen Trainingsplan beginnen. Um einem Verlust von Punkten vorzubeugen, zählt Herr Kastner aus diesem Grund, die nach jeder Übung angezeigten Punkte selbst mit, wobei er festgestellt hat, dass die Punkte, welche er zählt, nicht mit den Punkten, die das System verrechnet, übereinstimmen. „Ich weiß das ja jetzt, dass das nicht stimmt", erklärt mir Herr Kastner seine Kontrollmethode, „aber ich frage mich, wie das dann anderen geht, denen das nicht auffällt und die ja dann auch so ein Endergebnis bekommen". Er teilt mir diese Beobachtung mit, ich schreibe diese Beobachtung auf, zusätzlich hält er sie auf dem Fragebogen, den ihm das Projekt zur Evaluation zugeschickt hat fest. Ich werde seine Beobachtung an das Projektteam rückmelden und Herr Kastners Fragebogen wird ausgewertet. Zu welcher Konsequenz seine Beobachtung aber führen wird, das wissen weder er noch ich.

Auch Akrich und Latour gehen mit ihrem Konzept des "scripts" davon aus, dass sich in der Herstellung und Gestaltung neuer (technischer) Produkte die Vorstellungen der am Produktionsprozess Beteiligten, wie Ingenieur_innen, Designer/-innen oder Techniker/-innen, über zukünftige Nutzer/-innen in den Objekten materialisieren (vgl. Akrich & Latour 1992; Akrich 1992, 1995). Diese Objekte stellen in Folge neue oder transformierte „geographies of responsibilities" her (Akrich 1992: 207). Im Gegensatz zu Woolgar verstehen Akrich und Latour den Prozess des Konfigurierens/Einschreibens nicht als unidirektionalen, linearen Prozess, indem die Nutzer/-innen passiv bleiben, vielmehr schlägt Akrich mit „subscription" und „de-inscription" (Akrich 1992) Begriffe vor, die für eine praxeologisch-ethnografische Beschreibung der Nutzung hilfreich sind.

Die Beteiligung der Nutzer/-inen in AAL-Projekten folgt zunehmend häufig dem Ansatz des *User-Centered Design* (UCD). Dieses ISO-Norm geprüfte Verfahren zielt darauf ab, Systeme gebrauchstauglich und zweckdienlich zu gestalten, indem der Bedarf und die Anforderungen potentieller Benutzer/-innen berücksichtigt werden (DIN EN ISO 9241-210, 2011). Dadurch sollen Effektivität, Effizienz und Zufriedeheit erhöht und die Zugänglichkeit und Nachhaltigkeit der Technologien verbessert werden. Staatlich geförderte AAL-Projekte sollen seit 2010 diesem Ansatz folgen (BMBF 2010). Eine Forderung, die der praktischen Realisierung viel Handlungsspielraum lässt. So bezeichnete ein renommierter Usability-Consultant, der selbst Technologieprojekte durchführt, begleitet und berät, die Umsetzung dieses Anspruchs in den Projekten als „eine Farce" (Gesprächsnotiz, Design-Workshop zu AAL, Berlin, 11.03.2014). Auch die Mitarbeiterin von *Spielen um nicht zu Vergessen* betitelte die Verpflichtung auf Beteiligung der Nutzer/-innen als „Antragsprosa" (Interview, Nina Krause, 31.03.2014). Diese Aussagen weisen daraufhin, dass UCD etwas ist, das gemacht werden muss, dass erst in den Projekten durch die Beteiligung aller relevanten Beteiligten möglich wird und durch deren Praktiken in die Technik übersetzt wird.

Dass dieser Anspruch im Alltag der Projekte zur „Farce" werden kann, wirft die Frage auf, inwieweit der Anspruch an die falschen Personen adressiert ist, nämlich Informatiker/-innen und Ingenieur/-innen, die weder dafür ausgebildet sind noch in ihrem professionellen Selbstverständnis darauf fokussieren, mit Nutzer/-innen zu interagieren. Die Folge sind Alibi-Praktiken und Übersetzungsprobleme. Hier stellt sich die Frage, inwieweit die Förderinstitutionen diese Alibi-Praktiken unterstützen und damit ein System aufrechterhalten, dass an den tatsächlichen Bedürfnissen der Nutzer/-innen vorbei entwickelt und trotz zahlreicher Beispiele verkennt, dass UCD gezielter Koordination, Steuerung und Training bedarf.

An dieser Stelle wird auch deutlich, dass die Entwicklung „Altersgerechte[r] Assistenzsysteme für ein gesundes und unabhängiges Leben" (BMBF) sich nicht auf die Entwicklung von „Konzepte[n], Dienstleistungen und Produkte[n], die neue Technologien und soziales Umfeld miteinander verbinden, um die Lebensqualität für Menschen in allen Lebensabschnitten zu erhöhen" (VDE/VDI-IT) begrenzen lässt, sondern als eine politische Praxis verstanden werden muss, mit der staatlich geförderte Interventionen in sensible Lebensbereiche wie Gesundheit und Pflege ermöglicht und legitimiert werden. Technisierungen des Alltagshandelns, die einhergehen mit zahlreichen sozialen und kulturellen Veränderungen, entstehen in diesem Kontext erst durch diese Technologien. „This means [...]", so Akrich, „that new technologies may not only lead to new arrangements of people and things. They may, in addition, generate and ‚naturalize' new forms and orders of causality and, indeed, new forms of knowledge about the world" (Akrich 1992: 207).

3 *Doing Users* - Nutzer/-innenbeteiligung als *tipping point*

„Man muss schon den richtigen Einstieg finden", meint Herr Schreiner[3], als er von seinen Projekterfahrungen berichtet, „entweder [trifft man] auf Personen mit einer sowieso hohen Motivation, allein aus Neugier, während bei der anderen Gruppe Interesse über persönliche Vorlieben geweckt wird". Herr Schreiner sitzt neben Herrn Wolf und verfolgt, wie dieser die Plattform testet, die Herr Schreiner seit zwei Jahren entwickelt. „Zuhause würde ich jetzt einfach anrufen", sagt Herr Wolf, „ich würde mein Telefon nehmen und dann einfach den anrufen, mit dem ich das machen will, und dann weiß ich auch gleich, ob der kann oder nicht." Aber ein Telefon liegt nicht auf dem Tisch des Usability-Labors, also versucht Herr Wolf die Anwendung zu öffnen. „Knopf drücken und dann rüberschieben", murmelt er, während er den weißen Knopf drückt und den auf dem Bildschirm sichtbar werdenden Pfeil nach rechts schiebt. Aber nichts passiert, der Pfeil schnippt zurück in die Ausgangsposition. Herr Wolf wackelt auf seinem Stuhl, rückt ein Stück näher und probiert es erneut. Es funktioniert, der Pfeil verschwindet und ein neuer Bildschirm öffnet sich. „Das ist eben das Tolle an EASY-Talk, man nimmt es in die Hand, schaltet es ein und los geht`s!", kommentiert Herr Schreiner die Szene.

---

[3] Diese Szene ereignete sich während einer weiteren teilnehmenden Beobachtung, die ich von März bis Juli 2013 im Rahmen der Nutzerstudie des AAL-Projekts EASY-Talk durchführte. Sowohl die Protagonisten als auch der Projektname wurden von mir anonymisiert. Die hier beschriebene Interaktion zwischen Herrn Schreiner und Herrn Wolf fand am 08.05.2013 statt und wurde von mir protokolliert.

Wie bedarfsgerecht und bedienbar das Produkt gestaltet wird, so zeigt diese Szene, ist abhängig von der Art und Weise, wie Beteiligung konzipiert und umgesetzt wird, welche Personen dazu beispielsweise ausgewählt werden, über welche Hintergründe diese verfügen und mit welcher Intention sowohl auf Seiten des Projekts als auch auf Seiten der Testnutzer/-innen die Beteiligung stattfindet. Hier spielen Fragen der Auswahl und Beteiligung ebenso eine Rolle wie die Frage nach den Ressourcen, über die das jeweilige Projekt verfügt.

Im Falle BMBF-geförderter AAL-Projekte ist die häufigste Projektform ein Verbund unterschiedlicher Träger aus den Sektoren Technik, Soziales und Wissenschaft. Je nach Projektgröße variiert die Zahl der Partner durchschnittlich zwischen fünf und acht.[4] Bereits in der Beschreibung der Arbeitspakete im Rahmen der Antragstellung werden die Aufgaben den jeweiligen Partnern zugeordnet. Dabei fällt die Durchführung des UCD meist einer Projektgruppe zu und stellt somit kein Instrument dar, mit welchem innerhalb der Projekte andere Formen der Zusammenarbeit etabliert werden könnten. Die entsprechende Gruppe hat dann die Aufgabe, über Anforderungs- und Bedarfsanalysen zu Beginn des Projekts, über formative Evaluationen innerhalb des iterativen Entwicklungsprozesses bis hin zu summativen Evaluationen – den sogenannten Nutzertests – die Perspektive potentieller Nutzer/-innen einzubringen. Häufig verfügt diese Gruppe nicht über spezifische Kenntnisse der Usability Studies und eignet sich die einzelnen Aufgabenbereiche im Rahmen des Projekts an. In selteneren Fällen wird das Arbeitspaket UCD tatsächlich von professionellen Usability Consultants oder Wissenschaftler/-innen aus dem Bereich Human Factors/Kognitive Ergonomie durchgeführt. Das heißt, wie UCD realisiert wird, beruht häufig auf Entscheidungen (nicht-)professioneller Usability-Praktiker/-innen, auf deren Vorerfahrungen und methodischen Kenntnissen sowie auf deren Bereitschaft, sich mit UCD-Methoden und Zugängen vertraut zu machen. UCD erscheint somit vor allem als ein praxisgeleitetes Handeln, das stark von den personellen Ressourcen des jeweiligen Projektpartners abhängt.

Zwei Beispiele sollen dies im Folgenden illustrieren. Im ersten Beispiel handelt es sich um das Projekt *AlterLeben* aus der ersten Bekanntmachung des BMBF mit dem Thema „Selbstbestimmt Leben im Alter" (BMBF, 2009), das von 2009 bis 2012 gefördert wurde. Federführend in diesem Projektverbund war der Verband Sächsischer Wohnungsbaugenossenschaft e.V., dessen Engagement in diesem Projekt sich maßgeblich aus der demografischen Entwicklung in Sachsen begründete. Denn die sächsischen Wohnungsbaugenossenschaften sind jenseits der urbanen Ballungszentren um Leipzig und Dresden mit einer alternden Mietergenossenschaft konfrontiert, deren Bedürfnisse die meist in den 1950er Jahren entstandenen Wohnungen bautechnisch nur noch bedingt erfüllen.

---

[4] In europäischen Projektverbünden können es auch deutlich mehr Partner werden, dann liegt die Zahl zwischen zehn bis vierzehn im Durchschnitt.

Um den Bestand an Mietern und Mieterinnen auch zukünftig gerade in Gebieten mit einer alternden Bevölkerung zu sichern, wurde im Projekt *AlterLeben* nicht nur auf eine bautechnische Modernisierung gesetzt, sondern auch auf die Ausstattung des Wohnraumes mit Mikrosystemtechnik u.a. im Bereich der Hausautomation und Sicherheitstechnik, um einen Verbleib in der Wohnung auch in höherem Alter zu ermöglichen (vgl. Verband Sächsischer Wohnungsgenossenschaften e.V. (VSWG), 2012: 52ff.). Entstanden ist dabei eine „mitalternde Wohnung" (ebd.), die nicht nur den Bedarf älterer Menschen abdecken soll, sondern auch auf junge Familien abzielt (ebd.: 36ff.). „Schließlich", so der Verbandsvorsitzende Axel Viehweger, „profitieren ja nicht nur die Älteren von einer barrierefreien Dusche, sondern auch junge Familien" (Interview, Axel Viehweger, 08.01.2014). Dass am Ende der Förderphase tatsächlich zwei altersgerechte und mit AAL-Sensorik ausgestattete Wohungen bezogen werden konnten, lag unter anderem an der engen Einbindung der Genossenschaftler/-innen. Sie wurden regelmäßig über das Projekt in der vierteljährlich erscheinenden Mitgliederinformation in Kenntnis gesetzt, ihnen standen Ansprechpartner des Verbandes und der Wohnungsbaugenossenschaften, beispielsweise in einem lokalen Informationsbüro, zur Verfügung und es fanden wiederholt Informationsveranstaltungen und Vernetzungstreffen mit lokalen Akteuren statt. Darüber hinaus wurde der Bedarf und die Anforderungen an unterstützende Technik im Wohnkontext sowie die finanzielle Bereitschaft der Mieter/-innen, in diese zu investieren, in zwei sächsischen Wohnungsbaugenossenschaften mittels einer Befragung erhoben (vgl. ATB, 2010) und diejenigen, welche sich für das Projekt interessierten, konnten als Testnutzer*innen im Rahmen der Nutzerstudie in Burgstädt und Döbeln in einer der technisch altersgerecht gestalteten Wohnungen auf Probe wohnen. So auch das Ehepaar Roland und Gertraude Claus, das die intelligente „Technik nicht mehr missen [möchte] und sich daran schnell gewöhnt [hat]" (Sparrer, 2013), auch wenn sie froh sind, dass sie den Lichtschalter, welcher eine direkte Verbindung zu einem Pflegedienstleister bei längerem Drücken herstellen soll, noch nicht betätigen mussten.

Bei der Einbindung der Genossenschaftler/-innen profitierte das Projekt zum einen davon, dass die Wohnungsbaugenossenschaften selbst als Projektpartner auftraten, so konnte das Vertrauensverhältnis zwischen Mieter/-innen und Genossenschaft genutzt werden, um erstere für das Projekt zu gewinnen. Darüber hinaus wurde die Technik in eine bestehende sowohl bautechnisch als auch soziale Infrastruktur eingebettet, was die Akzeptanz gegenüber dieser laut Verband ebenfalls beförderte, gerade auch weil es neben der Ausstattung mit Mikrosensoren auch zu weiteren Modernisierungen im Wohnbereich kam (vgl. VSWG, 2012: 50). Auf diese Weise profitierten auf den ersten Blick beide Seiten von dem Projekt: Die Genossenschaften konnten ihren Wohnungsbestand sanieren und an die Bedürfnisse ihrer älter werdenden Klientel anpassen und so weiterhin attraktiv für die Mieterschaft bleiben und sich damit auch ökonomisch unter den

Bedingungen einer älter werdenden Bevölkerung absichern. Aber auch die Mieter/-innen profitierten von den Umbaumaßnahmen. Zu fragen ist jedoch, inwieweit sie auch von der Ausstattung mit assistiven, ambienten Technologien profitieren. Zwar wünschen sich die Befragten mehr Sicherheit im Haushalt, wie beispielsweise eine „automatische Unterbrechung der Wasserzufuhr bei Überschwemmungen, Rauchmelder mit akustischen Warnsignalen, das automatische Abstellen der Küchengeräte bei Brandgefahr oder die automatische Regulierung der Raumtemperatur" (ATB, 2010: 4), nicht aber die Übertragung der Blutdruckwerte an den Hausarzt oder Pflegedienst, wie es im Projekt angedacht ist (vgl. VSWG, 2010: 4). So stellt sich die Frage, ob die auf den ersten Blick vorteilhafte Einbindung der Genossenschaftler/-innen als Nutzer/-innen für diese nicht eine bestimmte Form der Abhängigkeit produziert, die sich durch das besondere Mietverhältnis der Genossenschaft noch einmal verstärkt, und ihren Spielraum sich dieser nicht nur bautechnischen, sondern auch sicherheitstechnischen Modernisierung zu entziehen bzw. zu verweigern. Hier steht nicht allein die Freiheit, die Technik zu nutzen oder es nicht zu tun, zur Disposition, sondern die Frage, inwieweit Mieter/-innen zugunsten einer baulichen Sanierung auch in die Nutzung assistiver Technologien einwilligen, die zwar den Herd abschalten können oder das Licht im Flur bei entsprechender Bewegung, aber eben auch den Pflegedienst über Aktivitäten und den Hausarzt über Vitalwerte der Bewohner/-innen informieren können. Damit zeigt sich, dass gerade bei Projektverbünden, wie beispielsweise *AlterLeben*, noch einmal genau geprüft werden muss, welche Handlungsspielräume den Beteiligten bleiben, welche sie gewinnen, aber auch welche ihnen möglicherweise verloren gehen können.[5]

Während die Nutzereinbindung im Projekt *AlterLeben* auf dem Vertrauensverhältnis zwischen Genossenschaftler/-innen und Wohnungsbaugenossenschaften aufbaute, wurde in dem Projekt *S-Mobil 100* aus der zweiten Bekanntmachung „Mobil bis ins hohe Alter" (BMBF, 2010) vor allem auf direkten, kontinuierlichen Kontakt zwischen Projektpartnern und Nutzer/-innen gesetzt. In diesem zweiten Projekt, in welchem gemäß der Bekanntmachung nicht nur ein nutzerzentriertes Design angewendet wurde, sondern auch eine sozialwissenschaftliche Begleitforschung stattfand, wurden die Nutzer/-innen regelmäßig von einem konstanten Kreis von Beteiligten aus Wissenschaft, Stadtverwaltung und Pflegedienstleistung begleitet. Neben niedrigschwelligen Informationsveranstaltungen zu Beginn des Projekts beförderten vor allem Beteiligungsformate im Projektverlauf wie regelmäßig stattfindende Nutzer-Cafés oder Schulungen durch Seniorinnen und Senioren und/oder Schüler/-innen sowohl die Nutzung der Plattform als auch eine aktive Beteiligung. So gab es beispielsweise selbstorganisierte informelle Treffen der Nutzer und Nutzerinnen zum gemeinsamen Testen, Lernen und Austauschen sowie eine durch das Gerät vermittelte Kommunikation in

---

[5] Zur Anwendung von AAL-Technologie im Wohnkontext siehe auch Schelisch (2016).

Form einer Messenger-Gruppe. Parallel wurden die Teilnehmer/-innen regelmäßig durch Sozialwissenschaftler/-innen zu ihrem Nutzungsverhalten befragt, Nutzertests durchgeführt und Prototypen evaluiert, wobei das begleitende Team sich stets aus den gleichen Personen zusammensetzte. Die zeitnahen, regelmäßigen Treffen, der enge Kontakt und die direkte persönliche Ansprache erhöhten bei den Nutzer/-innen nicht nur die Bereitschaft die Plattform regelmäßig zu nutzen bzw. zu testen, sondern auch die Bereitschaft, sich kritisch mit Fragen von Mobilität und räumlicher Infrastruktur in ländlichen Gebieten auseinanderzusetzen. Während die meisten zu Beginn der Studie PKW-Nutzer/-innen waren, so führte die Teilnahme nicht nur theoretisch, sondern auch praktisch zur Nutzung des regionalen ÖPNV, wodurch die Nutzer/-innen ein Problembewusstsein für die Belange anderer Älterer entwickelten, die zum Beispiel über kein eigenes PKW verfügen. So äußerte ein Nutzer während eines von mir ethnografierten Nutzer-Cafés, dass er zwar ein ganz seltener Linienbusfahrer sei, aber wenn er dann fahren würde, dann fände er oft keinen Sitzplatz und es stünde auch niemand für ihn auf (Feldnotiz, Nutzer-Café, 27.02.2014). Als Nutzer der Smartphone App des Projekts, die ihm dabei helfen soll, möglichst kurze und barrierearme Mobilitätsketten zu den von ihm anvisierten Zielen zu finden, schlussfolgert er, dass wenn er keinen Sitzplatz fände, auch nicht sein Smartphone zur Hand nehmen könne, um in der App nach der Fahrverbindung zu schauen (ebd.). Diese Aussage macht deutlich, wie relevant die Einbindung von Nutzer/-innen in der Technikentwicklung ist, denn sie weist nicht nur daraufhin, wie wichtig beispielsweise ein Sitzplatz für die Nutzung des ÖPNV ist, sondern auch, wie dieser mit der Nutzung der Smartphone-App in Zusammenhang steht, denn ohne Sitzplatz kann die App nicht geöffnet und die weitere Fahrtstrecke nicht abgerufen werden. Im Rahmen des regelmäßig stattfindenden Nutzer-Cafés konnten Informationen wie diese gesammelt werden, um sie später im Projekt zu diskutieren – auch wenn diese nicht immer umgesetzt wurden. Dennoch erlebten die Teilnehmer/-innen der Nutzer-Cafés ihre Arbeit als sinnvoll, die Anwesenheit der Projektpartner/-innen wurde dabei nicht als störend oder kontrollierend, sondern vielmehr als Wertschätzung ihres Engagements als Nutzer/-innen erlebt und so waren auch nach zwei Jahren Projektlaufzeit alle 23 Teilnehmer/-innen noch dabei.

Diese zwei Projekte geben einen Eindruck, wie ältere Menschen zu Nutzer/-innen von Technologien gemacht werden, die sie überhaupt erst als solche, nämlich „ältere Nutzer/-innen assistiver Technologien" adressieren. Sie zeigen auch, dass die Vorstellung, die Akquise von Teilnehmerinnen und Teilnehmern mit einem Alter 60+, deren Kontaktdaten in einer Datenbank liegen, die es nur gilt anzuschreiben, einzuladen und zu testen, dem gedanklichen Trugschluss obliegt, dass die Nutzer/-innen in den Projekten einen natürlichen Ausschnitt gesellschaftlicher Wirklichkeit repräsentieren. Nutzer/-innen in AAL sind etwas Gemachtes, die erst in der Durchführung des UCD, sozusagen *in the making*, entstehen. Erst die Ansprache als Nutzer/-innen, ihre Beteiligung am Entwicklungsprozess und die Delegation von Handlungspotential im Sinne Latours (1992) lässt die Adressierten zu Nutzer/-innen werden. Sie stellen damit nicht nur eine künstliche Auswahl dar, die eine natürliche Entität suggerieren soll, sondern sie sind eben vor allem eine Projektion – ein Bild von einem älteren Nutzer.

Die Frage nach der Beteiligung von Alltagsmenschen an Entwicklungsprozessen und die Frage nach dem Zusammenspiel dieser Alltagsmenschen mit Fachleuten lässt sich dabei parallel zu der Frage lesen, welche die beiden Wissenschaftssoziologen Harry Collins und Robert Evans in Bezug auf die Beziehung von Wissenschaft und Politik aufwerfen. Sie gehen davon aus, dass nicht nur Wissenschaftler/-innen Wissen produzieren, das auf Gesellschaft bzw. Politik zurückwirkt, sondern auch sogenannte Laienexperten und -expertinnen. Deshalb stellt sich ihnen die Frage, wie weit der Kreis der teilnehmenden Personen ausgeweitet werden kann und muss. Sie bezeichnen dieses Problem als „problem of extension" (Collins & Evans 2002). Estrid Sørensen antwortet auf das von Collins und Evans aufgeworfene Problem der Ausweitung mit der Aussage, dass die „Ausweitung auf *relevante* Betroffene [...] politisch entschieden werden" muss (Sørensen 2012: 206). Innerhalb der Entwicklung altersgerechter Assistenzsysteme muss die Beteiligung von Alltagspersonen folglich als *tipping point* für die erfolgreiche Entwicklung der Produkte und ihrer Integration in die Lebenswelt älterer Nutzer/-innen verstanden werden.

4 Beteiligung als Ko-Konstruktion von Alter(n) und Technik

An dieser Stelle erscheint die Erweiterung einer techniksoziologischen Lesart um Ansätze aus den Gender Studies vielversprechend, um innerhalb der Forschungsfrage zu konturieren, wie das „Alter(n)" in AAL-Technologien eingeschrieben wird. Dabei kann sowohl auf die Arbeiten Judy Wajcmans zur Ko-Konstruktion von Technik und Geschlecht in Technikforschungsprozessen rekurriert werden (Wajcman 2002: 285) als auch auf das Konzept des „gender scripts" wie es Nelly Oudshoorn, Ellen van Oost und Els Rommes zur Beschreibung von strukturellen, symbolischen und identitären Praktiken der Vergeschlechtlichung von technischen Artefakten vorschlagen (Rommes et al. 1999). Ihr Ansatz beruht dabei auf dem Begriff des „scripts" wie ihn Madelaine Akrich entwickelt hat, um die Designprozesse von Entwickler/-innen als Einschreibungsprozesse sichtbar zu machen (vgl. Akrich 1992). Ausgangspunkt von Akrichs Überlegungen ist dabei die Beobachtung, dass Entwickler/-innen Vorstellungen über den Nutzungskontext, die Nutzungspraktiken und vor allem über die Nutzer/-innen während des Entwicklungsprozesses produzieren und diese die Designentscheidungen und den Gestaltungsprozess beeinflussen: „A large part of the work of innovators is that of ‚inscribing' this vision of (or prediction about the world in the technical content of the new object" (ebd., S. 208).

Ausgehend von dem „gender script"-Ansatz möchte ich den Begriff des „age scripts" einführen, um die Ko-Konstruktion von Alter und Technik zu beschreiben. Indem Entwickler/-innen altersgerechte Technik herstellen, schreiben sie nicht nur ihre Vorstellungen von Alter(n) und altersgerechter Techniknutzung in die Technik ein, sondern konstruieren gleichzeitig auch ein technikgerechtes Alter(n), welches ebenfalls in die Technologien eingeschrieben wird. Dieser doppelte Einschreibungsprozess kann mittels des „age script"-Ansatzes sichtbar gemacht werden.

AAL kann dann als eine soziale Technologie verstanden werden, die erst durch das Aushandeln unterschiedlicher Akteurinnen und Akteure entsteht. Zu diesen zählen neben den technischen Geräten und ihrer benötigten Infrastruktur vor allem die Entwickler/-innen und Nutzer/-innen, die – folgt man dem Ideal des UCD – in einem engen iterativen Prozess miteinander aushandeln, wie die Technik gestaltet werden soll. Neben diesen sind aber auch weitere Stakeholder am Aus-Agieren technischer Entwicklung beteiligt und müssen als ko-konstruierend verstanden werden, wie zum Beispiel Angehörige, (Pflege)-Dienstleister/-innen, politische Förderinstitutionen und nicht zuletzt – wie in meinem Fall – die beobachtende Ethnographin. Sie alle handeln aus, wie in dem konkreten Projekt, mit der spezifischen Technik – Tablet oder Armband, Teppich oder Brille – Autonomie und Teilhabe hergestellt werden. Ko-Konstruktion von Technik und Alter in AAL-Projekten ist dabei oftmals transitiv und prozesshaft und nicht zu gleichen Teilen sinnstiftend für das Handeln der Beteiligten. So zeigen beispielsweise in dem von mir untersuchten Projekt zum kognitiven Training die technischen Entwickler/-innen wenig Interesse an den Beiträgen der Nutzer/-innen. Diese Anerkennungsproblematik tritt auch innerhalb des Projekts auf. So beschreibt eine Projektmitarbeiterin den mühsamen Prozess, indem sie versucht, ihre kognitionswissenschaftlichen Vorschläge zur Gestaltung eines Gedächtnistrainings den ausführenden Techniker/-innen verständlich, transparent und anwendbar zu machen: „Da hab ich zum Beispiel dann auch angefangen so Zeichnungen zu machen, die liegen alle in dem Ordner, damit die dann sehen, wie ich mir das vorstelle, aber dann habe ich gemerkt, dass da nie jemand reinguckt. [lacht] Das hab ich dann wohl eher so für mich gemacht?" (Interview, *Spielen um nicht zu Vergessen*, Nina Krause, 31.03.2014). Die Übersetzungsarbeit, welche die Projektmitarbeiterin leistet, stellt den Versuch dar, an der Einschreibung von Vorstellungen der Nutzer/-innen teilzuhaben und diese mitzubestimmen. Da sie selbst aber nur „Lieferantin" von Wissen ist und als solche von ihren technischen Projektpartner/-innen angesprochen wird, entsteht wie Moser und Law sagen würden ein Artikulationsproblem (vgl. ebd.: 500). Die Projektmitarbeiterin erlebt ihre Marginalisierung innerhalb des Projekts kongruent zu den Erfahrungen der Nutzer/-innen, wenn diese wie beispielsweise Herr Kastner erleben, dass ihre tatsächlich erzielten Punkte im Gedächtnistraining nicht mit denen übereinstimmen, die das Programm errechnet. Das heißt, UCD ist relational, nicht nur die teilnehmenden älteren Personen sind – wie Moser und Law argumentieren – „constructed in relations" (Moser & Law 2003: 491), sondern auch die Mitarbeiter/-innen in den Projekten wie auch nicht zuletzt die Technik selbst. Im Verlauf der Zusammenarbeit bilden diese Akteure ein Arrangement aus Relationen, das aus der Perspektive der Actor-Network-Theory als ein soziotechnisches Netz oder Ensemble verstanden werden kann, in dem die Akteure ein spezifisches Wissen, eine spezifische Praxis und eine spezifische Macht herstellen, einschreiben, teilen und dabei AAL, verstanden als eine materialisierte Mensch-Technik-Interaktion, erfinden, gestalten und stabilisieren. Die Praxis des UCD muss dann verstanden werden als eingebunden in eine Pragmatik der Relationen und Strukturen, indem die jeweiligen Beteiligten je nach Situation über ganz unterschiedliche Handlungspotentiale verfügen und diese aktiv einsetzen oder auch verweigern. Während Usability-Consultants über vermeintlich viel Gestaltungsmacht qua Status als Projektleiter/-innen verfügen, wird in der Beobachtung deutlich, dass auch ihr Handeln eingebunden ist in das Handeln von Förderprogrammen und Finanzierungsmodellen. Das heißt auch, dass es in der Beobachtung von AAL aus einer kritischen, möglicherweise sogar politischen Perspektive redundant wäre, Experten- und Laienstatus als fix gesetzte Größen in den verschiedenen Akteurssettings zu verstehen. Vielmehr ist es die Situation und der dadurch aufgerufene Kontext, der Handlungsmacht verteilt, Rollen zuweist und Entscheidungen fällen lässt. Welcher Inhalt letztendlich in das Gerät eingeschrieben bzw. wie das Gerät konstruiert wird, bestimmt ein heterogenes Geflecht an sichtbaren und unsichtbaren Anforderungen und Widerständen, menschlichen und nicht-menschlichen Akteuren und Akteurinnen, die sowohl durch die technischen Möglichkeiten, die finanzielle Ausstattung, aber vor allem durch das gegenseitige Verständnis und eine gemeinsame Auffassung dessen bestimmt wird, was altersgerechte Technik in dem jeweiligen Nutzungskontext – Wohnen, Mobilität oder Kognition – sein soll und sein kann.[6] Sowohl die Techniker/-innen, als auch die begleitenden Wissenschaftler/-innen, beratenden Dienstleister/-innen, testenden Nutzer/-innen und fördernden Institutionen müssen sich als handelnde Akteure im Gestaltungs-

---

[6] Die Marginalisierung von Mitsprachepositionen durch Praktiken des Abwartens, Verzögerns, Verweigerns oder Kontrollierens innerhalb des Projektnetzwerks kann auf Seiten der Marginalisierten zu widerständigen oder resignativen Praktiken führen. Die Förderstruktur lässt jedoch kein Aushandeln dieser Spannungen zu, es gibt weder die Möglichkeit der Beschwerde noch des Aufkündigens der Zusammenarbeit ohne den Verlust der eigenen Projektbeteiligung. Auf diese Weise werden Kompromisse produziert, die die Gestaltung der Technik zum einen sowohl an der zeitlichen als auch technischen Machbarkeit des Projekts ausrichten, zum anderen aber auch an den Anforderungen an und der Bereitschaft zu einer Projektzusammenarbeit.

prozess wahrnehmen und diese Position auch als eine der Verantwortlichkeit begreifen, die sich eben nur begrenzt delegieren lässt. Dass ein solches Verantwortlichkeitsensemble Steuerung, Beratung und Kontrolle bedarf, fand bisher zu wenig Berücksichtigung in der Konzeption der Förderformate.

Der Entwicklungsprozess von AAL-Technologien gleicht damit einem Arrangement, das die beteiligten Akteur_innen miteinander aushandeln. Dazu zählen Informatiker/-innen, Designer/-innen, Wissenschaftler/-innen, Projektträger/-innen, Nutzer/-innen, Geräte und Infrastrukturen. In diesem Arrangement wird User-Centered Design dann zu einer kooperativen Praxis – transparent, partizipativ, gleichberechtigt – wenn ältere Nutzer/-innen frühzeitig und ernsthaft in die Entwicklung einbezogen werden. Um ein solches Arrangement zu erreichen, erscheint ein Paradigmenwechsel lohnenswert, der die Nutzerbeteiligung öffnet und alle Projektbeteiligten zu Nutzern und Nutzer/-innen macht.

Literatur

Akrich, Madelaine (1992): The de-scription of technical objects. In: Wiebe E. Bijker & John Law (eds.): Shaping technology / building society: Studies in sociotechnical change. Cambridge: MIT Press, 205–225.

Akrich, Madelaine & Bruno Latour (1992): A summary of a convenient vocabulary for the Semiotics of human and nonhuman assemblies. In: Wiebe Bijker & John Law (eds.): Shaping technology / building society: Studies in sociotechnical change. Cambridge: MIT Press, 259–264.

Akrich, Madelaine (1995): User representations: practices, methods and Sociology. In Arie Rip, Thomas J. Misa, & Johan W. Schot (eds.): Managing technology in society: the approach of constructive technology assessment. London: Pinter, 167–184.

Arbeit, Technik und Bildung GmbH (ATB) (2010): Ergebnisüberblick zur Befragung von Mietern in ausgewählten sächsischen Wohnungsgenossenschaften 2010. Kurzinformation zu Ergebnissen (http://alter-leben.vswg.de/uploads/media/Schlaglichter_Mieterbefragung_2010_07_15_final_01.pdf (letzter Zugriff: 19.09.2017).

Bouma, (2007): Gerontechnology in perspective. In: Gerontechnology, 6 (4), 190–216.

Bouma, Herman, James L. Fozard & Johanna van Broonswijk (2009): Gerontechnology as a field of endeavour. In: Gerontechnology, 8 (2), 68–75.

Bundesministerium für Bildung und Forschung (BMBF) (2008): Selbstbestimmt Leben: Altersgerechte Assistenzsysteme für ein gesundes und unabhängiges Leben – AAL (https://www.bmbf.de/foerderungen/bekanntmachung.php?B=337, letzter Zugriff: 19.09.2017).

Bundesministerium für Bildung und Forschung (BMBF) (2010): Mobil bis ins hohe Alter – nahtlose Mobilitätsketten zur Beseitigung, Umgehung und Überwindung von Barrieren (https://www.bmbf.de/foerderungen/bekanntmachung.php?B=586, letzter Zugriff: 19.09.2017).

Bundesministerium für Bildung und Forschung (BMBF) (2014): Überblick Bekanntmachungen, http://www.mtidw.de/ueberblick-bekanntmachungen/selbstbestimmt-leben, (letzter Zugriff: 30.06.2014)
Casper, Monica J. & Adele E. Clarke (1998): Making the pap smear into the right tool for the job: cervical cancer screening in the United States, circa 1940–95. In: Social Studies of Science, 28 (2), 255–90.
Charness, Neil & A. Warner Schaie (eds.) (2001): Communication, technology and aging: opportunities and challenges for the future. New York: Springer.
Clarke, Adele (1998): Disciplining reproduction: modernity, American life sciences and "the problems of sex". Chicago: University of Chicago Press.
Clark, Adele (2005): Situational analysis – Grounded Theory after the postmodern turn. Thousand Oaks: Sage Publications.
Collins, H. M. & Robert Evans (2002): The third wave of science studies. Studies of expertise and experience. In: Social Studies of Science, 32 (2), 235–296.
Czaja, Sara J. (1997): Computer technology and the older adult. In Martin G. Helander, Thomas K. Landauer & Prasad V. Prabhu (eds.): Handbook of Human–Computer Interaction. Amsterdam: Elsevier, 797–812.
Czaja, Sara J., & Joseph Sharit (1998): Age differences in attitudes towards computers: The influence of task characteristics. In: The Journals of Gerontology: Psychological Sciences and Social Sciences, 53(5), 329–340.
Czaja, Sara J. & Chin C. Lee (2007): The impact of aging on access to technology. In: Universal Access in the Information Society, 5 (4), 341–349.
Denninger, Tine, Silke v. Dyk, Stephan Lessenich & Anna Richter (2014): Leben im Ruhestand: Zur Neuverhandlung des Alters in der Aktivgesellschaft. Bielefeld: transcript.
Dickinson, Anna, John Arnott & Suzanne Prior (2007): Methods for human – computer interaction research with older people. In: Behaviour & Information Technology, 26 (4), 343–352.
DIN EN ISO 9241-210 (2011): Ergonomie der Mensch-System-Interaktion – Teil 210: Prozess zur Gestaltung gebrauchstauglicher interaktiver Systeme (ISO 9241-210: 2010). Berlin: Beuth Verlag.
Fisk, Arthur D, & Wendy A. Rogers (1997): Handbook of Human Factors and the Older Adult. San Diego: Academic Press.
Fisk, Arthur D., Wendy A. Rogers, Neil, Charness, Sara J. Czaja & Joseph Sharit (2009): Designing for older adults: principles and creative human factors approaches. Boca Raton: CRC Press.
Frauenhofer Allianz Ambient Assisted Living (2014): Überblick Ambient Assisted Living, http://www.fraunhofer.de/de/institute-einrichtungen/verbuende-allianzen/Ambient_Assisted_Living.html (letzter Zugriff: 30.06.2014)
Hawthorn, Dean (2000): Possible implications of aging for interface designers. Interacting with computers, 12 (5), 507–528.
Kelly, Catherine L. & Neil Charness (1995): Issues in training older adults to use computers. In: Behaviour and Information Technology, 14 (2), 107–120.
Kubeck, Jean E., Sally A. Miller-Albrecht & Diane Murphy (1999): Finding information on the World Wide Web: Exploring older adult's exploration. In: Educational Gerontechnology, 25 (2), 167–183.

Künemund, Harald & Nele M. Tanschus (2013): Gero-technology: old age in the electronic jungle. In: Kathrin Komp & Marja Aartsen (eds.): Old age in Europe: a textbook of Gerontology. New York: Springer, 97–112.

Latour, Bruno (2002): Die Hoffnung der Pandora. Untersuchungen zur Wirklichkeit der Wissenschaft. Frankfurt: Suhrkamp.

Lindenberger, Ulman, Jürgen Nehmer, Elisabeth Steinhagen-Thiessen, Julia Delius & Michael Schellenbach (Hrsg.) (2011): Altern und Technik: Altern in Deutschland, Band 6. Stuttgart: Wissenschaftliche Verlagsgesellschaft.

Mackay, Hugh, Chris Crane, Paul Beynon-Davies & Doug Tudhope (2000): Reconfiguring the user: using rapid application development. In: The Social Studies of Science 30, 737–59.

MacKenzie, Donald & Judy Wajcman, J (1985): The social shaping of technology. Milton Keynes: Open University Press.

Manzeschke, Arne, Karsten Weber, Elisabeth Rother & Heiner Fangerau (2012): Ethische Fragen im Bereich Altersgerechter Assistenzsysteme. Ergebnisse der Studie. Berlin: VDI/VDE.

Medhi, Indrani, Somani Patniak, Emma Brunskill, Nagasena Gautama, William Thies & Kentaro Toyama (2011): Designing mobile interfaces for novice and low-literacy users. In: ACM Transactions on Computer-Human Interaction, 18 (1), 2011, 1–28.

Mitzner, Tracy L., Julie B. Boron, Cara Bailey Fausset, Anne E. Adams, Neil Charness, Sara J. Czaja, Katinka Dijkstra, Arthur D. Fisk, Wendy A. Rogers & Joseph Sharit (2010): Older adults talk technology: technology usage and attitudes. In: Computers in Human Behavior, 26 (6), 1710–1721.

Moser, Ingunn & John Law (2003): 'Making voices': New Media Technologies, disabilities, and articulation. In Gunnar Liestøl, Andrew Morrison & Terje Rasmussen (eds.): Digital media revisited: theoretical and conceptual innovation in digital domains. Cambridge: MIT Press, 491–520.

Oudshoorn, Nelly & Trevor Pinch (2003): Introduction. How users and non-users matter. In: Nelly Oudshoorn & Trevor Pinch (eds.): How users matter: the co-construction of users and technologies. Cambridge: MIT Press, 1–25).

Oudshoorn, Nelly, Els Rommes & Marcelle Stienstra (2004): Configuring the user as everybody: gender and cultures of design in information and communication technologies. In: Science, Technology & Human Values, 29, 30–64.

Oudshoorn, Nelly Trevor & Pinch, T. (2008): User-technology relationships: Some recent developments. In: Edar J. Hackett, Olga Amsterdamska, Michael E. Lynch & Judy Wajcman (eds.): The handbook of science and technology studies, third edition. Cambridge: MIT Press, 541–567.

Rommes, Els, Ellen Van Oost & Nelly Oudshoorn (1999): Gender in the design of the digital city of Amsterdam. In: Information, Communication & Society, 2 (4), 476–495.

Rogers, Wendy A., Regan Campbell & Richard Pak (2001): A systems approach for training older adults to use technology. In Neil Charness & K. Warner Schaie (eds.): Communication, technology and aging: opportunities and challenges for the future. New York: Springer, 187–208.

Saetnan, Anne R., Nelly Oudshoorn & Marta Kirejczyk (eds.) (2000): Bodies of technology: women's involvement with reproductive medicine. Columbus: Ohio State University Press.

Schelisch, Lynn (2016): Technisch unterstütztes Wohnen im Stadtquartier: Potentiale, Akzeptanz und Nutzung eines Assistenzsystems für ältere Menschen. Wiesbaden: Springer VS.

Schroeter, Klaus R. (2000): Die Lebenslagen älterer Menschen im Spannungsfeld ‚später Freiheit' und ‚sozialer Disziplinierung': Forschungsleitende Fragestellungen. In: Gertrud M. Backes & Wolfgang Clemens (Hrsg.): Lebenslagen im Alter. Gesellschaftliche Bedingungen und Grenzen. Opladen: Leske + Budrich, 31–52.

Sparrer, Thomas (2013): Sprechende Wohnung gibt Sicherheit. Gertraude und Roland Claus leben seit einem halben Jahr in einer Musterwohnung voller Sensoren. In: Leipziger Volkszeitung, 24.05.2013.

Sørensen, Estrid (2012): STS und Politik. In Stefan Beck, Jörg Niewöhner & Estrid Sørensen (Hrsg.): Science and technology studies. Eine sozialanthropologische Einführung. Bielefeld: transcript, 191–221.

Struve, Dirk, Michael Sengpiel & Hartmut Wandke (2010): Adaptive Lernunterstützung zur interaktiven Systemnutzung für ältere Benutzer (ALISA). Berlin: GRIN Verlag.

VDI/VDE Innovativen + Technik (2014): Altersgerechte Assistenzsysteme, http://www.vdivde-it.de/projekte/altersgerechte-assistenzsysteme-fuer-ein-gesundes-und-unabhaengiges-leben (letzter Zugriff: 30.06.2014).

Verband Sächsischer Wohnungsgenossenschaften (VSWG) (Hrsg.) (2010): Die „Mitalternde Wohnung" – Lösungen für ein selbstbestimmtes Wohnen im Alter (http://alter-leben.vswg.de/uploads/media/imagebroschuere_01.pdf, letzter Zugriff: 19.09.2017).

Verband Sächsischer Wohnungsgenossenschaften (VSWG) (Hrsg.) (2012): AlterLeben – die „Mitalternde Wohnung". Sicher & selbstbestimmt wohnen. Dresden: Eigenverl. Verband Sächsischer Wohnungsgenossenschaften e.V.

Wajcman, Judy (2002): Gender in der Technologieforschung. In Ursula Pasero & Anne Gottburgsen (Hrsg.): Wie natürlich ist Geschlecht? Gender und die Konstruktion von Natur und Technik. Wiesbaden: Westdeutscher Verlag, 270–289.

Woolgar, Steve (1991): Configuring the user: the case of usability trials. In: John Law (eds.): A Sociology of monsters: essays on power, technology and domination. London: Routledge.

Verzeichnis der Autorinnen und Autoren

Denise Becka, Institut Arbeit und Technik (IAT), wissenschaftliche Mitarbeiterin im Forschungsschwerpunkt Gesundheitswirtschaft und Lebensqualität.

Dr. Tanja Bratan, Fraunhofer-Institut für System- und Innovationsforschung ISI, Leiterin des Geschäftsfelds Innovationen im Gesundheitssystem.

Michael Cirkel, Institut Arbeit und Technik (IAT), wissenschaftlicher Mitarbeiter im Forschungsschwerpunkt Gesundheitswirtschaft und Lebensqualität.

Dr. Diego Compagna, Technische Universität Berlin, Postdoktorand am Fachgebiet Regelungstechnik im Projekt „Sozio-technische Interaktion von Mensch und Roboter im demografischen Wandel (MTI-engAge)".

Elke Dahlbeck, Institut Arbeit und Technik (IAT), wissenschaftliche Mitarbeiterin im Forschungsschwerpunkt Raumkapital.

Cordula Endter, Universität Hamburg, wissenschaftliche Mitarbeiterin im Institut für Volkskunde/Kulturanthropologie, Fachbereich Kulturwissenschaften.

Professor Dr. Uwe Fachinger, Universität Vechta, Professur für Ökonomie und demographischer Wandel der Fakultät Bildungs- und Gesellschaftswissenschaften.

Kate A. Hamblin, PhD, University of Oxford, Senior Research Fellow at the Oxford Institute of Population Ageing.

Prof. Dr. Rolf G. Heinze, Ruhr-Universität Bochum, Professor für Allgemeine Soziologie, Arbeit und Wirtschaft in der Fakultät Sozialwissenschaft.

Prof. Dr. Josef Hilbert, Institut Arbeit und Technik (IAT), Geschäftsführender Direktor und Direktor des Forschungsschwerpunkts Gesundheitswirtschaft und Lebensqualität

Prof. Dr. Andreas Hoff, Hochschule Zittau/Görlitz, Professur für Soziale Gerontologie der Fakultät Sozialwissenschaften.

Emma-Reetta Koivunen, PhD, University of Leeds, Research Fellow at the Centre for International Research in Care, Labour and Equalities (CIRCLE).

© Springer Fachmedien Wiesbaden GmbH, ein Teil von Springer Nature 2018
H. Künemund und U. Fachinger (Hrsg.), *Alter und Technik*, Vechtaer Beiträge zur Gerontologie, https://doi.org/10.1007/978-3-658-21054-0

Professor Dr. Harald Künemund, Universität Vechta, Professur für Empirische Alternsforschung und Forschungsmethoden der Fakultät Bildungs- und Gesellschaftswissenschaften.

Dr. Sibylle Meyer, Leiterin der SIBIS GmbH – Institut für Sozialforschung, Berlin.

PD Dr. Helga Pelizäus-Hoffmeister, Universität der Bundeswehr München, wissenschaftliche Mitarbeiterin der Fakultät Staats- und Sozialwissenschaften.

Dr. Lynn Schelisch, Technische Universität Kaiserslautern, wissenschaftliche Mitarbeiterin im Fachbereich Raum- und Umweltplanung.

Prof. Dr. Annette Spellerberg, Technische Universität Kaiserslautern, Wissenschaftliche Mitarbeiterin im Fachbereich Raum- und Umweltplanung.

Prof. Sue Yeandle, PhD, University of Sheffield, Professor of Sociology, Department of Sociological Studies.

Dr. Sven Wydra, Fraunhofer-Institut für System- und Innovationsforschung ISI, Geschäftsfeldleiter Bioökonomie und Lebenswissenschaften

Druck:
Canon Deutschland Business Services GmbH
im Auftrag der KNV-Gruppe
Ferdinand-Jühlke-Str. 7
99095 Erfurt